刨煤机理论基础及其应用

康晓敏　著

科 学 出 版 社

北　京

内 容 简 介

我国是世界上煤炭资源较为丰富的国家之一，目前煤炭在我国一次性能源结构中仍处于重要位置。刨煤机是一种能够实现薄煤层和中厚煤层机械化和自动化开采的采煤机械，对于提高资源回收率、实现安全高效开采和可持续发展具有十分重要的意义，在我国具有越来越广泛的应用前景。本书深入系统地论述了刨煤机的相关基础理论及其应用，为刨煤机教学、刨煤机设计和厂矿应用构建了较为完善的理论体系。

本书可作为科研机构研究人员、制造厂和煤矿工程技术人员的参考资料，亦可供高等院校、科研院所中机械工程、矿业工程等专业的本科生、研究生和教职员工使用。

图书在版编目（CIP）数据

刨煤机理论基础及其应用 / 康晓敏著. —北京：科学出版社，2021.3

ISBN 978-7-03-068053-2

Ⅰ. ①刨… Ⅱ. ①康… Ⅲ. ①刨煤机－研究 Ⅳ. ①TD421.6

中国版本图书馆 CIP 数据核字（2021）第 025370 号

责任编辑：张 震 张 庆 / 责任校对：樊雅琼
责任印制：吴兆东 / 封面设计：无极书装

科学出版社 出版
北京东黄城根北街 16 号
邮政编码：100717
http://www.sciencep.com

北京中石油彩色印刷有限责任公司 印刷
科学出版社发行 各地新华书店经销

*

2021 年 3 月第 一 版 开本：720 × 1000 1/16
2021 年 3 月第一次印刷 印张：13 1/4
字数：261 000

定价：99.00 元

（如有印装质量问题，我社负责调换）

前　言

我国煤炭资源丰富，刨煤机作为一种能够实现薄煤层和中厚煤层机械化和自动化开采的采煤机械，对实现安全高效开采、智能开采具有重要意义，应用前景十分广阔。刨煤机是一种专用的采煤机械设备，因此除了机械设备的共性理论基础之外，又具有其独特的理论。只有掌握好刨煤机理论，才能在刨煤机研发、设计和制造中有所创新，才能在运用刨煤机采煤时真正掌握刨煤机的性能，充分发挥其优势。

刨煤机在国外的使用已逾百年，随着科学的发展和技术的进步，刨煤机不断改进和完善，已经发展成为具有独特优势的主要煤炭开采设备之一，在煤炭开采智能化的道路上已经展示出广阔的前景，并且人们已经建立了许多与之相关的理论。

刨煤机在我国的使用虽已超过 50 年，但只有极少数煤矿使用效果较好，另有少数煤矿浅尝辄止，多数煤矿对刨煤机不敢问津。因此，作为煤炭开采设备之一的刨煤机，在我国没有得到普遍使用。究其原因，不是我国适于使用刨煤机的煤层少，而是多年来刨煤机相关理论知识在我国没有得到普及，许多煤矿对刨煤机的结构和性能几乎一无所知，更谈不上结合本矿情况考虑是否使用刨煤机。在大专院校相关专业的教材中，涉及刨煤机的内容也偏少。对此，改变我国刨煤机使用偏少的现状的措施主要有三个方面：一是刨煤机制造单位不断改进自己的产品、提高其性能，生产出满足煤矿要求的针对性产品；二是现在使用刨煤机的煤矿应不断总结经验，推而广之，强化示范作用；三是教学和科研单位在承接前人成果的基础上，结合我国研究制造和使用刨煤机的具体情况，尽快总结符合我国国情的刨煤机理论和技术经验，以支撑刨煤机的使用。

刨煤机的设计、制造与使用涉及的理论基础多而广，作者经分析与归纳、适当取舍，完成本书。全书共 9 章，第 1 章介绍刨煤机的工作原理，对刨煤机的发展历程进行回顾。第 2 章对煤的物理机械性质及机械破碎机理，尤其是对煤的抗截强度和煤层可刨性进行分析，这是刨煤机理论研究和设计使用的前提。第 3 章分析刨煤机的静力学问题，主要分析刨煤机运行中各零部件的受力情况，静力学分析是刨煤机设计中基本的理论依据。第 4 章分析刨煤机的动力学问题，通过建立刨煤机动力学模型，找到动载荷作用下刨煤机零部件动态响应的规律和各种影响因素。第 5 章分析在动载荷作用下刨煤机的能耗变化规律，为降低能耗提供理论依据。第 6 章基于刨煤机动力学模型，在随机动载荷作用下，分析刨链可靠性和刨链的疲劳寿命问题。第 7 章介绍刨煤机刨削实验，对刨链张力和功率进行测试，验证前述理论分析的结果。第 8 章分析总结刨煤机的设计理论与方法，包括工况参数选择、刨头结构设计及刨煤机设计原则。第 9 章对刨煤机的研制、引进和应用等情况进行总结，探讨我国刨煤机面临的问题和发展对策。

在教学与科学研究过程中，在与刨煤机制造厂和煤矿企业进行科研合作的过程中，我们加深了对刨煤机相关理论的认识，并针对刨煤机设计、使用过程中出现的问题及解决这些问题的方法，形成自己的观点，且经过实验验证其行之有效，因此进一步丰富了刨煤机理论。作者所在团队建成了我国第一个刨煤机实验台，在刨煤机实验工艺、刨煤机工况参数及刨煤机零部件力学参数数据采集和处理等方面积累了丰富经验。本书将着力体现上述内容。

只有对刨煤机的基本理论问题进行深入研究，才有可能设计好和使用好刨煤机。对于刨煤机的力学问题、结构设计问题和零部件的可靠性问题等，都需要高等院校的科研工作者和企业的工程技术人员在研究和使用过程中逐渐积累经验，并形成高等院校和企业合作的常态，共同为刨煤机的发展献计献策。另外，还有很多问题是我们不能忽视的，例如，刨煤机零部件的失效除了与载荷和工作参数有关外，还与材料、工艺和结构形状等因素有关。限于篇幅，本书不能一一道来。也正是如此，作为科研工作者，也期望引起同行对刨煤机相关理论研究的重视，进而推动创新研究，为采煤机械的发展和国家能源战略的实施贡献力量。

衷心感谢李贵轩教授审阅本书并提出宝贵意见。特别感谢国家自然科学基金项目“动载荷作用下大功率刨煤机能耗变化规律研究”（51104082）和其他科研项目的资助。

由于水平有限，书中难免存在不足之处，恳请专家和读者批评指正。

康晓敏

2020 年 5 月

目　　录

第1章　绪　　论

我国是世界上煤炭资源较为丰富的国家之一，目前煤炭在我国一次性能源结构中仍处于重要位置，其2018年在我国一次性能源消费结构中占比为58%。未来几十年内，煤炭仍将是我国的主要能源，在整个能源资源配置过程中继续发挥重要作用。

煤炭是宝贵的化石能源，煤炭的开采由人工挖掘到机械化挖掘、从高档普采到高端综采，机械化和自动化程度逐步提高，采煤机械的发展使实现煤炭安全高效的开采成为可能。对于不同厚度的煤层，采煤机械和开采方法也不同，煤层厚度分类如表1-1所示（张荣立等，2005）。

表1-1　煤层厚度分类

煤层类型	薄煤层	中厚煤层	厚煤层
煤层厚度/m	≤1.3	（1.3，3.5）	≥3.5

注：本表源自《采矿工程设计手册（上册）》（张荣立等，2005）。

刨煤机是一种能够实现薄煤层和中厚煤层机械化和自动化开采的采煤机械。目前，刨煤机适用的煤层厚度已达到2m左右，未来将会有更大的发展空间。而从我国的煤炭资源赋存情况看，仅1.3m以下薄煤层的储量就约占全国煤炭可采总储量的20%。使用刨煤机开采薄煤层，对于提高资源回收率、实现安全高效开采和可持续发展具有十分重要的意义，在我国具有越来越广泛的应用前景。

1.1　刨煤机工作原理、总体结构及类型

1.1.1　刨煤机工作原理和总体结构

刨煤机的刨头上装有刨刀，刨头在圆环链的牵引下沿安装在采煤工作面刮板输送机中部槽上的导轨运行，刨刀刨削煤壁，煤壁因刨刀的刨削而破碎，破碎下来的块度大小不等的碎煤落在底板上，随即在刨头犁形斜面的作用下装入输送机。图1-1为卡特彼勒公司生产的在采煤工作面运行的滑行刨煤机。

图 1-1　卡特彼勒公司生产的在采煤工作面运行的滑行刨煤机

1-刨刀；2-刨头；3-导轨；4-输送机

刨煤机的主要优点如下：①结构简单可靠；②刨削深度较小，一般为 30～150mm；③刨头速度高；④刨落的煤块度大，采煤工作面粉尘浓度低；⑤瓦斯涌出量均匀，更适用于瓦斯含量高的煤层；⑥能充分利用顶板对煤壁的压张效应，单位能耗低。但是刨煤机对煤层地质条件的适应性相对较差，开采硬煤比较困难，运行时摩擦阻力较大。

刨煤机由刨头、刨链、驱动装置、电控系统及液压系统等组成。一般刨煤机为工作面双端电动机驱动，功率小的刨煤机也可以采用单端电动机驱动。如果是单端电动机驱动，刨煤机系统中只有一端具有驱动装置，另一端只有从动链轮，没有电动机和减速装置。

刨头是刨煤机刨削煤壁的工作机构，由刨体和装有各种刨刀的旋转刀架组成，刨体是刨头的主体。通常根据煤层厚度的不同，需要增减加高块来调整刨头的高度，加高块又是刨刀的刀座。当刨头的高度超过一定值后，需要安装支撑架以保证刨头运行的稳定性。刨链是由棒料加工成的圆环链，对于滑行刨煤机，滑架是起到导向和保护刨链作用的装置，与输送机中部槽固定在一起，保证刨链在链道中运行，同时也能够保证刨头沿导轨运行。刨煤机驱动装置固定安装在输送机两端，刨头由驱动装置中的电动机、减速器和驱动链轮带动做往复直线运动。图 1-2 为卡特彼勒公司生产的 GH800 型滑行刨煤机刨头。

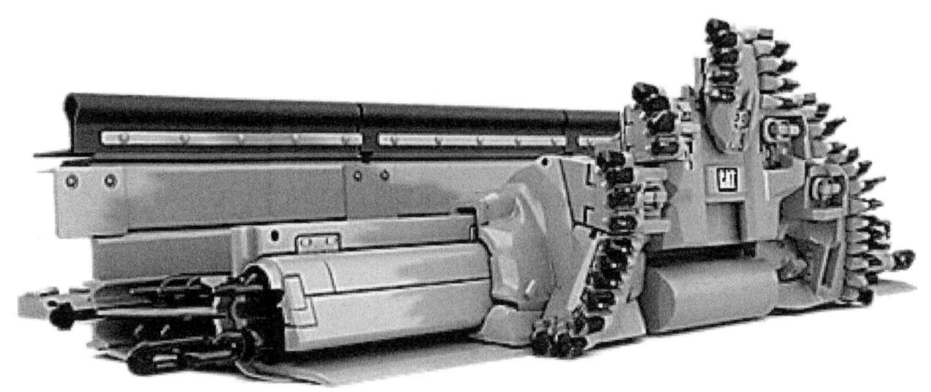

图 1-2 卡特彼勒公司生产的 GH800 型滑行刨煤机刨头

1.1.2 刨煤机的类型

刨煤机按刨煤方式可分为静力刨煤机、动力刨煤机和动静结合刨煤机三大类（陈引亮，2000）。静力刨煤机刨头不安装动力装置，靠刨链牵引刨头刨削煤层。动力刨煤机刨头带有动力，靠冲击或水射流等方式破碎煤层。动静结合刨煤机在静力刨煤机的基础上，通过某种方式使刨刀带有动力，靠冲击煤壁实现破碎煤层。

静力刨煤机的种类较多，可分为拖钩刨煤机、滑行刨煤机和滑行拖钩刨煤机。拖钩刨煤机用拖板连接刨头实现刨煤，如图 1-3 所示。刨头牵引部分在输送机采空区侧，便于维护操作，但拖板在输送机和煤层底板之间，运行阻力大、消耗功率高，所以拖钩刨煤机要在煤层地质构造简单、底板较硬的煤层使用。

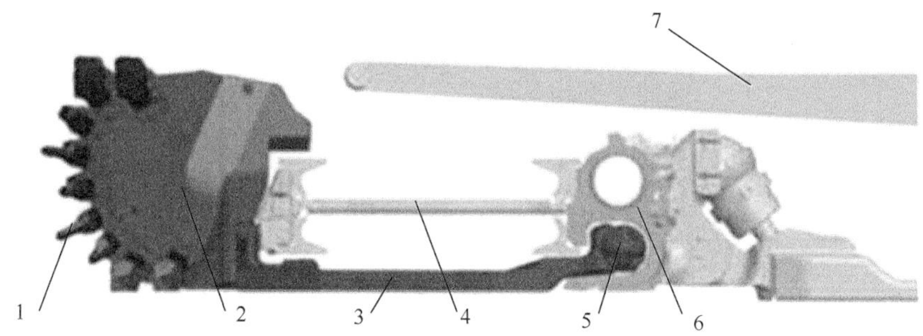

图 1-3 卡特彼勒公司生产的拖钩刨煤机

1-刨刀；2-刨头；3-拖板；4-输送机；5-刨链；6-导链架；7-液压支架顶梁

滑行刨煤机刨头的牵引装置在煤壁和输送机之间，刨头在封闭的滑架导轨上运行，如图1-4所示，刨头运行平稳、阻力小，牵引机构简单，刨头可高速运行，但牵引导护链装置在输送机与煤壁之间，空间小、维护不便。

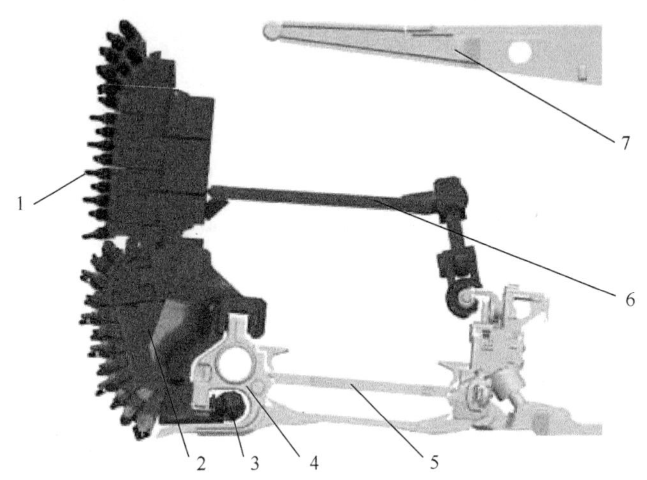

图1-4　卡特彼勒公司生产的滑行刨煤机

1-刨刀；2-刨头；3-刨链；4-滑架；5-输送机；6-支撑架；7-液压支架顶梁

滑行拖钩刨煤机汇集了拖钩刨煤机和滑行刨煤机的优点。刨头牵引链在输送机采空侧的导护链装置内运行，而刨头在输送机煤壁侧封闭的滑架导轨上运行；刨头与牵引链用拖板连接，拖板在工作面底板与输送机封闭的中部槽的底槽板间运行，减小拖板的运行阻力。

动力刨煤机是为了刨削较坚硬的煤层而设计的。根据动力来源不同可分为冲击刨煤机和水射流刨煤机。

动静结合刨煤机是为了克服动力刨煤机在刨煤过程中因刨头速度较快、往返次数多带来的电缆或管线移动困难和易出现故障的缺点，实现刨硬煤目的而设计的。动静结合刨煤机仍处于实验和研究阶段，尚未被采用。

静力刨煤机具有结构简单、使用可靠、便于管理等特点，是我国和世界上主要产煤国家使用较多的刨煤机。目前，滑行刨煤机的应用较为广泛。

1.2　刨煤机的发展和应用历程

1.2.1　国外刨煤机的发展和应用历程

关于刨削煤的专利最早出现在1912年，部分相关发明专利的发明时间及国家（Paschedag，2011）如表1-2所示。

表 1-2　部分早期刨煤机发明专利的发明时间及国家

年份	国家
1912	德国
1917	英国
1922	荷兰
1927	法国
1929	美国
1935	德国
1941	德国

1941 年，德国 Ibbenbüren 煤矿装备了第一台刨煤机，它的发明者是 Konrad Grebe，刨头由绳子牵引，装机功率为 2×40kW，刨削速度为 0.3m/s，如图 1-5 所示（Paschedag，2011）。Löbbe 是德国 Westfalia Luenen 公司的总工程师，发明和改良了刨煤机（Paschedag，2011）。Löbbe 通过减小刨削深度和增加刨削速度，提高了刨煤机性能。1949 年，这种“快速刨煤机”第一次安装在德国的 Friedrich-Heinrich 煤矿。1950 年，装机功率仅为 2×40kW 的刨煤机日产量第一次超过了 1000t，从此刨煤机得到了快速发展（Paschedag，2011）。1950 年的 Löbbe 刨煤机如图 1-6 所示。

(a)

(b)

图 1-5　1941 年的 Ibbenbüren 刨煤机

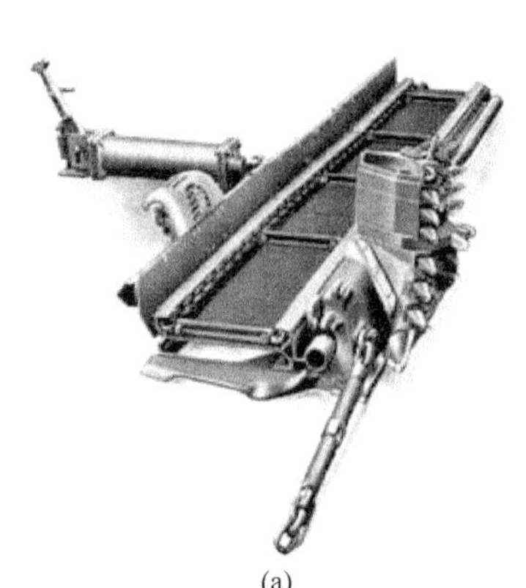
(a)

(b)

图 1-6 1950 年的 Löbbe 刨煤机

在世界煤炭生产较早实现机械化的国家中，德国和苏联对刨煤机的研发和使用卓有成效。经历了不断的研制和实践，德国的刨煤机技术水平已位居世界前列，实现了刨煤机工作面的自动化，并且在自动控制方面不断向前发展，刨煤机被推广到波兰、英国和法国等 20 多个国家。德国在煤炭生产鼎盛时期，曾达到数十个刨煤机工作面。德国 DBT 公司（2006 年被美国比塞洛斯国际公司收购，2011 年比塞洛斯国际公司被美国卡特彼勒公司收购）生产的自动化刨煤机有拖钩刨煤机和 GH 型滑行刨煤机，拖钩刨煤机适用于开采极薄煤层。滑行刨煤机经过 GH7-26 型、GH9-30V 型、GH9-34VE 型、GH9-38VE 型，后来发展到 GH42 型。滑行刨煤机中最大装机功率已达到 2×800kW，刨链链环直径为 42mm，刨头速度最高可达 3.6m/s。DBT 公司生产的刨煤机在美国、中国、俄罗斯、哈萨克斯坦、捷克等国家均有广泛使用。目前，卡特彼勒公司的产品主要有 GH1600 型、GH800 型、GH800B 型滑行刨煤机，RHH800 型拖钩刨煤机，其基本参数如表 1-3 所示。

表 1-3 卡特彼勒公司刨煤机基本参数

刨煤机类型及型号		煤层采高/m	适用煤层硬度	最大装机功率/kW	最大刨头速度/(m/s)	最大刨削深度/mm
滑行刨煤机	GH1600	1.1～2.3	中硬到极硬	2×800	3.6	210
	GH800	1.0～2.0	软到硬	2×400	3.0	180
	GH800B	0.8～2.0	软到硬	2×400	3.0	205
拖钩刨煤机	RHH800	0.8～1.6	软到硬	2×400	2.5	190

苏联早在20世纪30年代就已经在薄煤层开采中使用比较简单的犁形采煤机械，这是刨煤机的雏形。由于煤炭采出率的要求和技术进步的支撑，经过几十年的努力，刨煤机采煤方法在苏联已相当成熟，在苏联各矿区得到了广泛应用。为方便刨煤机的设计、制造和选用，将刨煤机设计计算方法、机械制造工艺参数和煤层赋存条件参数与刨煤机技术参数匹配关系固化为苏联国家标准或部颁标准，这种刚性措施使刨煤机采煤技术与方法在苏联得到空前发展。近些年来，俄罗斯的刨煤机技术未见起色，尤其在刨煤机工作面自动化方面已落后于德国。

1.2.2 我国刨煤机的发展和应用历程

我国刨煤机研制工作起步于20世纪60年代，煤炭科学研究总院上海分院和张家口煤矿机械厂共同研制了我国第一台刨煤机——MBJ-1型刨煤机，并于1966年在徐州韩桥煤矿进行了井下工业性试验。在研制第一台刨煤机的基础上，1967～1971年曾研制全液压传动刨煤机、极薄煤层机械传动刨煤机和轻型滑行刨煤机。20世纪80年代中期，开始研制较大功率的拖钩刨煤机和滑行刨煤机，共开发出MBJ-2A型、BT26/2×75型拖钩刨煤机和BH26/2×75型、BH30/2×90型、BH26/2×110型滑行刨煤机。为了适应我国煤炭工业发展的需要，赶上世界先进水平，第八个五年计划（简称“八五”计划）期间，国家重点开发研制了强力刨煤机，如国家“八五”计划重点科研项目成果——BQ34/2×200型拖钩滑行刨煤机等填补了国内多项空白。国产刨煤机研制成功以后，经徐州、淮南、皖北、枣庄、平顶山、阳泉等矿务局的多个煤矿使用并取得了较好的经济效益。

作者与中煤张家口煤矿机械有限责任公司合作完成科研项目期间，中煤张家口煤矿机械有限责任公司研制出BH30/2×160型滑行刨煤机（图1-7），已在平顶

图1-7 BH30/2×160型滑行刨煤机

山煤矿应用，效果良好，并且该公司研发的 BH38/2×400 型大功率刨煤机成套设备于 2012 年在陕西省南梁煤矿进行了井下工业性试验。该成套设备突破了强韧性极难刨煤层的开采技术和开采工艺，取得了最大小时产量 380t、最大班产量 900t 的成绩，实现了成套设备的自动化运行，达到了预期的研发目标和设计要求，为后续刨煤机的改进积累了丰富的经验（张建军等，2014）。这不仅为本书提供了丰富的有价值的资料，也体现出理论研究在工程应用中的价值。

淮南长壁煤矿机械有限责任公司已有十几年生产刨煤机的历史，该公司生产的中型刨煤机在国内十几个煤矿中得到应用。

在我国制定的“节约煤炭资源、限制煤矿最低采出率”等政策拉动下，我国刨煤机需求量呈增加趋势。为满足市场需求，三一重装国际控股有限公司也在研发生产大功率自动化刨煤机，该公司研制的 BH38/2×400 型全自动刨煤机成套设备于 2010 年 11 月～2011 年 3 月在晓明煤矿 $N_2$419 工作面进行了工业性试验。

从 20 世纪 60 年代开始，为加速薄煤层开采机械化，我国先后引进若干国外刨煤机成套设备。例如，1965 年，平顶山矿务局引进了德国莱斯哈肯 D 型拖钩刨煤机，用于开采中厚煤层；1975 年，徐州矿务局和平顶山矿务局引进了德国 8/30 型和 7-26 型滑行刨煤机；1989 年，四川新胜煤矿引进了西班牙 H-300 型拖钩刨煤机；1992 年，四川松藻矿务局引进了德国布朗公司生产的 KHS-2 型紧凑型滑行刨煤机；1993 年，云南后所煤矿引进了德国威斯特伐利亚 GS34/4 型滑行刨煤机，用于开采厚度为 0.7～0.8m 的缓倾斜极薄煤层；1993 年，开滦矿务局从俄罗斯引进了 CH75 型滑行刨煤机（陈引亮，2000）。

进入 21 世纪，我国煤炭开采企业已经认识到薄煤层开采的重要性，又先后从德国引进十余套刨煤机成套设备，均取得了较好的经济效益。例如，2000～2007 年，铁法煤业（集团）有限责任公司先后引进 GH9-34ve/4.7 型、GH9-38ve/5.7 型滑行刨煤机共 4 套，是我国成功使用刨煤机的范例，积累了使用和管理刨煤机的丰富经验；2005 年，山西离柳焦煤集团有限公司的朱家店煤矿，引进德国 DBT 公司一套全自动化拖钩刨煤机。此外，还有西山煤电（集团）有限责任公司、山西晋城无烟煤矿业集团有限责任公司、大同煤矿集团有限责任公司和沈阳煤业（集团）有限责任公司等引进了德国 DBT 公司的刨煤机。

刨煤机在开采薄煤层和中厚煤层时不仅能实现高产高效，而且能显著提高安全性。当国产刨煤机暂不能满足市场需求时，引进国外产品是必然的。进口产品国产化和研发有自主知识产权的刨煤机的任务已刻不容缓。

1.3　刨煤机的发展前景

随着科学技术的发展和应用，刨煤机也正在逐渐向大功率、高刨头速度、自动化、智能化方向发展，主要发展前景有以下几点。

1. 功率逐渐提高

提高功率能够使刨煤机适用的煤层范围更广，包括极薄煤层、薄煤层、中厚煤层、硬煤层和韧性煤层等；同时也能够增加刨削深度并提高刨头速度，提高生产能力。增加刨削深度还能使刨削下来的煤块度增大，减少瓦斯排放量。

2. 高自动化程度和智能化

刨煤机工作过程自动化控制，包括刨削深度控制、液压支架移动控制，以及工作面上其他方面的检测控制等。刨煤机智能化使工作面完全实现自动化、无人化，实现安全高效生产，提高煤矿经济效益。

3. 高可靠性

刨煤机设备零部件的可靠性影响刨煤机的安全运行，在设计中运用现代科学技术手段，分析各种工况下零部件如刨刀、刨链等的可靠性问题，提高零部件性能。具有高可靠性的刨煤机是实现智能开采的重要前提。

4. 刨煤机工作面成套设备研制

为了适应不同的煤层条件和智能化开采的需求，应开发适应性较强的刨煤机工作面成套设备，包括刨煤机、刮板输送机、液压支架、转载机、破碎机、皮带运输机等相关设备。使刨煤机能够根据煤层赋存条件和生产要求，快速响应市场需求，实现个性化设计与制造。

第 2 章　煤的物理机械性质及煤的机械破碎

在使用采煤机械的过程中，煤是被破碎对象，是破碎动作的接受者（称为破碎动作的受体或客体，煤接受破碎动作后，发生瞬变和破碎），采煤机械是施予破碎的主动者（称为主体，在破碎煤过程中，刨煤机的零部件将发生瞬变和渐变，即弹性变形、磨损甚至断裂等）。煤是已经客观存在的，采煤机械则是根据对煤的破碎需要设计并制造出来的。因此，对煤的现存状态、物理机械性质应充分了解，才能有针对性地设计和制造采煤机械。掌握煤的各种性质和研究刀具破碎煤的机理是设计、制造和使用采煤机械的重要基础条件。基于此，本章重点介绍煤的物理机械性质，尤其着重介绍与采煤机械密切相关的煤的坚固性、抗截强度和煤层可刨性，并对煤的机械破碎机理研究进行详细论述。

2.1　煤的物理机械性质

埋藏在地下的煤和其他矿产资源都是地壳物质运动和各种地质作用的产物。煤是由古代植物遗体演化形成的。几千年前，当人们用最原始的方式——仅靠自己的体力挖煤时，人们无需对煤的性质有更多了解，可以仅凭感性认识来决定是否对某一处的煤进行采挖。随着社会的进步，人们使用的采煤工具从简单到复杂，直至出现了高度机械化和自动化的成套煤炭开采设备。了解煤层构造特点和煤的性质、采用合适的设备和方法开采煤炭，对采煤工作及采煤机械设计制造来说既是前提，也是至关重要的内容。

按照“量体裁衣”的设计原则，用于不同煤层的煤炭开采设备，其结构形式、形状、尺寸大小、装机功率及操作方式等均存在一定差别。为此，人们对煤的性质的了解开始由浅入深。如今，科学技术先进的一些国家，已经掌握了诸多与设计煤炭开采设备相关的煤的性质，我国煤炭行业对此的认识仅仅到了“应该掌握”的程度，尚未达到“必要性和紧迫性”的高度。因此，我国对与设计煤炭开采设备相关的煤的性质掌握得还不全面。

下面简述煤层构造特点。由于地质因素的影响，煤层的构造在不同地域有很大差异。煤层的构造特点按其形成原因分为原生性构造和次生性构造两大类。

1. 原生性构造特点

原生性构造的特点由煤层生成时的条件所致，如生成煤层的材料、当时的自然条件和环境条件等。通常用层理、节理和非均质性等来描述原生性构造特点。

层理和节理是指在煤层整体中固有的结构面，这是一种非连续性弱结合面。层理是煤层在形成时由于沉积作用所致的层状结构，平行于煤层倾斜方向。节理是与层理相交的微小裂隙。煤层的非均质性是指构成煤层材料的非单一性和材料密度的非一致性。

2. 次生性构造特点

次生性构造特点是指由于地质动力形成的煤层特征，通常用断裂和裂隙这两个概念来描述。断裂是指在煤层内明显充实的分离面，裂隙是指煤层内张开着的明显可见的大裂缝。

在设计采煤机械时，为了更好地针对具体煤层和地质条件设计合适的采煤机械、做到个性化设计，必须充分了解煤的物理机械性质，真正体现"量体裁衣"原则。

2.1.1　煤的物理性质

煤的物理性质主要包括光学性质、空间结构性质、电磁性质和热性质，具体包括颜色、光泽、反射率和折射率、相对密度和密度、孔隙率、导电性、磁性、导热性等（李增学，2009）。煤的物理性质是煤的化学组成和分子结构的外部表现，受煤化程度、煤岩组成和煤风化程度的影响。

（1）颜色。煤的颜色是煤对不同波长可见光波吸收的结果。在不同的光学条件下，煤呈现不同的颜色。

（2）光泽。煤的光泽是指煤的新鲜断面对日光的反光特征。光泽与煤的成因类型、煤岩成分、煤化程度和煤风化程度有关。

（3）反射率和折射率。煤的反射率是在垂直照明条件下，煤岩组分磨光面的反射光强度与入射光强度之比，用百分率表示。随着煤化程度的增大，煤的反射率也不断提高。

煤的折射率是指光线通过煤的界面时，在界面发生折射后进入煤的内部，其入射角和折射角的正弦之比。随着煤化程度的增大，煤的折射率也相应提高。

（4）相对密度和密度。煤的相对密度是指 20℃时，煤的质量与同温度、同体积水的质量之比。煤的密度是指单位体积煤的质量。相对密度和密度的数值相等，但物理意义不同。煤的相对密度与煤岩成分、煤化程度、煤中矿物质的性质和含量有关。

（5）孔隙率。煤中毛细孔和裂隙的总体积与煤的总体积之比称为煤的孔隙率或孔隙度，也可用单位质量煤包含的孔隙体积表示。

（6）导电性。煤的导电性是指煤传导电流的能力，通常用电阻率表示。煤的导电性与煤化程度、煤中的水分、煤中矿物质的性质和含量、煤岩成分，以及煤的孔隙率、风化程度等有关。

（7）磁性。煤属于抗磁性物质。物质置于磁场内，由于其原子核吸收了磁场能，引起物质相对于磁场的自旋方向发生变化，这就是物质的核磁共振。核磁共振是煤的重要磁性质之一。

（8）导热性。煤的导热性指煤的热传导性能。它是煤加工使用时重要的物理性质。煤的导热性与煤的孔隙率及孔隙中的气体有关，还与煤级和煤中无机矿物质有关。随着煤化程度的增大，煤的导热性增强。

2.1.2 煤的机械性质

煤的机械性质是指煤体受到机械施加的外力时所表现的性质和表现出的抵抗外力的能力，主要有强度、硬度、脆度和可磨性、摩擦与磨蚀性、弹性和塑性、蠕变和松弛等。

（1）强度。煤体在一定条件下受外力作用开始发生破坏时所具有的极限应力值，即强度。煤体材料的强度用不同的测定方法可以得到抗压强度 σ_{bc}、抗剪强度 σ_c 和抗拉强度 σ_b。这三种强度在数值上大约有如下关系（李贵轩和李晓豁，1994）：

$$\sigma_{bc} : \sigma_c : \sigma_b = 1 : 0.3 : 0.1$$

几种煤岩材料的抗压强度值如表 2-1 所示（李贵轩和李晓豁，1994）。

表 2-1 几种煤岩材料的抗压强度

煤岩材料	烟煤	褐煤	无烟煤	泥质岩	粗粒砂岩	花岗岩
抗压强度 σ_{bc} /MPa	2.4～13	5～9	10～35	21～77	140～176	180～240

不同地区、不同矿层的煤岩材料强度不同。影响煤岩体材料强度的因素很多，例如：①煤岩材料的不均匀性和不单一性；②煤岩体内的不同构造特性，如层理、节理、断裂和裂缝、裂缝密度、裂缝倾角及裂缝充填材料等。众所周知，层理和节理发育的煤体，其强度要低于层理和节理不发育的煤体。

（2）硬度。煤的硬度是指煤抵抗外来机械作用的能力。随着外加机械作用力的性质不同，煤的硬度表现形式也不一样。煤的硬度分为刻划硬度、压痕硬度和磨损硬度三类。

（3）脆度和可磨性。煤的脆度是指煤受外力作用而突然断裂的难易程度，表现为抗压强度和抗剪强度。强度小者，煤易破碎、脆度大；反之，煤不易破碎、脆度小。

脆度和硬度的概念不同。丝炭的脆度大，硬度也大；镜煤的脆度大，但硬度小；暗煤的硬度大，脆度小。不同的宏观煤岩成分和类型，其脆度不同。腐泥煤和残植煤的脆度都较小，如我国抚顺的煤精属腐植腐泥煤，其脆性小、韧性好。煤的脆度还与煤化程度有关，中煤级的烟煤脆度最大，低煤级煤的脆度较小，无烟煤的脆度最小。

苏联对煤的脆韧性进行测定，按测定结果分为韧性、脆性和极脆性三级。为便于设计采煤机械时考虑脆韧性，按抗截强度 A 值对脆性煤和韧性煤进行分级，抗截强度 A 值的详细论述参见 2.1.3 节，表 2-2 中给出按抗截强度 A 值对韧性煤的坚固性的分级结果（别隆等，1965）。

表 2-2　按抗截强度 A 值对韧性煤的坚固性分级

煤坚固性	等级	A/(N/mm)
软煤	—	—
中等坚固	II	61～180
上中坚固	III	120～180
坚固	IV	181～240
很坚固	V	241～300
极坚固	VI	301～360

除了按抗截强度 A 值和按脆韧性对煤岩进行分级，还可以按截槽侧边崩落角 φ 的大小从宏观角度大体上分出脆性煤和韧性煤。切削深度 h 与截槽侧边崩落角 φ 的关系如图 2-1 所示（别隆等，1965），在相同截割参数条件下，韧性煤的截槽侧边崩落角小于脆性煤。

脆韧性不同的煤，机械化采煤的工况参数差别较大，尤其对单位能耗的影响较大。因此，在进行采煤机械设计计算时，针对不同脆韧性的煤，许多参数的取值是不同的。

煤的可磨性是指粉碎煤的难易程度，可用哈氏可磨性指数（Hardgrove grindability index，HGI）来表示。可磨性越大的煤越容易粉碎；反之，越难。

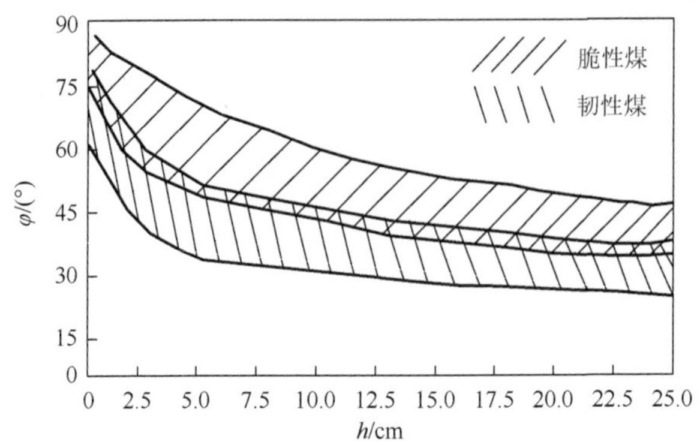

图 2-1　切削深度 h 与截槽侧边崩落角 φ 的关系

（4）摩擦与磨蚀性。金属零部件或硬质合金在煤体表面运动时，要受到摩擦阻力的作用。煤体对金属或硬质合金的摩擦作用大小用摩擦系数 μ 表示，可以通过专门的实验测定。μ 值大小因金属或硬质合金及煤岩材料种类而异，也因做相对运动时二者之间的压力大小和相对运动速度大小而异。

磨蚀性（研磨性）指煤岩对金属、硬质合金或其他固体磨蚀的能力。表征煤岩磨蚀性的方法很多，这里介绍几种应用比较普遍的方法。用标准金属试件在一定压力下与被测煤岩材料接触，并做相对移动，则磨蚀系数 ω_f 为（徐小荷和余静，1984）

$$\omega_f = \frac{\Delta V}{P_y L_y} \tag{2-1}$$

式中，P_y 为压力；L_y 为摩擦路程；ΔV 为金属试件被磨蚀掉的体积。

此外，还可以用标准金属试棒在一定条件下每千米摩擦路程磨蚀掉的质量或长度来表征磨蚀性，此时用 ρ 表示磨蚀系数。

研究结果表明，对于磨蚀性已经确定的煤岩，切割刀具在破碎煤岩时的磨损量与摩擦路径成正比，与刀具对煤岩表面的正压力成正比，与刀具和煤岩之间的相对速度成正比，还与刀具的温升成正比。这一研究成果对采煤机械的设计和使用都是很重要的，说明采煤机械应该具有适当的工况参数，以尽量减少在工作过程中刀具的磨损量。

（5）弹性和塑性。当作用于煤体上的外力消失后，煤体的变形也完全消失，煤的这种能恢复其原来形状和体积的性能为弹性。破碎弹性较高的煤体，消耗的能量也较高，破碎也较困难。一般情况下，煤体的弹性都比较小。

煤的塑性是指当作用于煤体上的外力去除后，其形状和体积不能得到恢复。破碎塑性高的煤体，也要多消耗能量。

（6）蠕变和松弛。矿山井下由于采空区和巷道等的形成，煤体所承受的载荷会发生变化。这种变化持续一段时间后，会出现较长时间相对稳定的状态。这种变化后的载荷作用在煤体上，而且时间较长。

煤体在长时间持续不变的载荷作用下，其变形增加的过程称为煤体的蠕变，变形大小与载荷大小及载荷作用的时间长短有关。

煤体在一定载荷作用下保持变形量为常数而其应力下降的现象，称作松弛。

井下煤岩体的蠕变现象和松弛现象是客观存在的。在煤层开采过程中要利用工作面煤体应力下降的现象，提高开采速度，降低能耗。同时，也不能忽视围岩变形增加的现象，要加强顶板维护。

2.1.3　煤岩的坚固性和抗截强度

苏联是世界上较早实现煤炭生产机械化的国家之一。早在 20 世纪 30～40 年代，苏联已开始掌握煤岩层的性质，并且认识逐渐提高。到 20 世纪 50～60 年代，苏联已经对全国主要煤矿的开采煤层的物理机械性质进行了普测，并由国家统一发布检测和实验结果，这些结果成为采掘机械设计和煤炭生产的权威依据。

1. 煤岩的坚固性

煤岩的坚固性是反映煤岩抵抗外力破碎能力的一个综合指标，是从宏观的角度对煤岩物理力学性质的高度概括，它不等同于任何一个煤岩构造特性或物理机械特性，但它又与煤岩的这些特性息息相关，苏联学者对此有较为深入的研究。

坚固性系数，又称为普氏系数，用 f 表示，可以用捣碎法在实验室测定。煤的坚固性分级如表 2-3 所示（李贵轩和李晓豁，1994）。

表 2-3　煤的坚固性分级

煤的种类	f	A/(N/mm)
软煤	＜1.5	＜150
中硬煤	1.5～3	150～300
坚硬煤	＞3	＞300

煤岩比较细的分级如表 2-4 所示（徐小荷和余静，1984）。根据岩石的坚固性系数 f，可将岩石分成 10 级，等级越高的岩石越容易破碎。为了方便使用，又在

第Ⅲ、Ⅳ、Ⅴ、Ⅵ、Ⅶ级的中间加了半级。考虑到生产中不会遇到大量抗压强度高于 200MPa 的岩石，故把抗压强度高于 200MPa 的岩石都归入Ⅰ级。

表 2-4　按坚固性系数的煤岩分级

岩石级别	坚固程度	代表性岩石	f
Ⅰ	最坚固	坚固、致密、有韧性的石英岩、玄武岩和其他各种特别坚固的岩石	20
Ⅱ	很坚固	很坚固的花岗岩、石英斑岩、硅质片岩，较坚固的石英岩，坚固的砂岩和石灰岩	15
Ⅲ	坚固	致密的花岗岩，很坚固的砂岩和石灰岩，石英矿脉，坚固的砾岩，很坚固的铁矿石	10
Ⅲa	坚固	坚固的砂岩、石灰岩、大理岩、白云岩、黄铁矿，不坚固的花岗岩	8
Ⅳ	较坚固	一般的砂岩、铁矿石	6
Ⅳa	较坚固	砂质页岩，页岩质砂岩	5
Ⅴ	中等坚固	坚固的泥质页岩，不坚固的砂岩和石灰岩	4
Ⅴa	中等坚固	各种不坚固的页岩，致密的泥灰岩	3
Ⅵ	较软弱	较软弱的页岩，很软的石灰岩、白垩、盐岩、石膏、无烟煤、普通泥灰岩、破碎的砂岩和石质土壤	2
Ⅵa	较软弱	碎石质土壤，破碎的页岩，黏结成块的砾石、碎石，坚固的煤，硬化的黏土	1.5
Ⅶ	软弱	软致密黏土，软弱的烟煤，坚固的冲积层，黏土质土壤	1
Ⅶa	软弱	轻砂质黏土、砾石，黄土	0.8
Ⅷ	土质岩石	腐殖土，泥煤，轻砂质土壤，湿砂	0.6
Ⅸ	松散性岩石	砂，山砾堆积，细砾石，松土，开采下来的煤	0.5
Ⅹ	流沙性岩石	流沙，沼泽土壤，含水黄土及其他含水土壤	0.3

2. 煤岩的抗截强度

为了在设计采煤机械时能够直接得到刀具上的截割阻力，进一步计算工作机构所需的截割功率，20 世纪 50 年代，苏联学者提出在煤岩体上直接进行截割，从中测定作用在刀具上的截割阻力的方法。苏联制造了一种专用设备，用标准刀具（截割刀宽度为 20mm，截角为 40°，后角为 10°）对煤岩体进行截割测定，测得单位截割深度作用于刀具上的截割阻力值，称此截割阻力值为截割阻抗，用 A 表示，单位为 N/mm，又称为截割阻力系数或抗截强度。

为测得某工作面的 A 值，在工作面近顶板、近底板及采高中间处，还要沿倾斜方向在不同部位进行多次测定，再用多次测定结果的平均值作为该工作面的 A 值。

辽宁工程技术大学于 1991 年研制出我国第一台实验室用 MJ-1 型抗截强度 A 值测定装置。MJ-1 型测定装置不仅可以实现水平截割，而且还可以在垂直方向截割，更接近于采掘机械的实际工况。因此，测出的 A 值更具实际应用价值。

抗截强度 A 与坚固性系数 f 一样，都是从不同角度综合反映煤岩的坚固性和可截割性。而 A 值能以截割阻力这种更直观更确切的概念表达煤岩的抗截割性。

按抗截强度 A 对煤层分级，如表 2-5 所示（李贵轩和李晓豁，1994）。

表 2-5　按抗截强度 A 对煤层分级

煤层级别	抗截强度 A/(N/mm)
软煤	＜150
中硬煤	150～300
硬煤	300～450
极硬煤	＞450

3. 煤的坚固性系数、抗截强度与抗压强度的关系

煤的坚固性系数 f、抗截强度 A 及强度、硬度等，广义上来说都属于煤的机械性质参数。这些参数的测定和研究还不完善，所以下面给出这些参数之间的对应关系，以便在缺少实测资料情况下来确定相关参数。同时，这些关系都是特定条件下确定的，有其局限性，因此最好应采用直接测得的参数值来进行计算和设计。

1）坚固性系数 f 与抗压强度 σ_{bc} 的关系

普洛托奇雅可诺夫给出 f 与 σ_{bc} 的关系（李贵轩和李晓豁，1994）为

$$\sigma_{bc}=10f \tag{2-2}$$

式中，σ_{bc} 的单位为 MPa。

巴隆在研究中发现，当用 f 值来确定 σ_{bc} 值时，上述计算结果偏小，于是又提出如下关系（李贵轩和李晓豁，1994）：

$$f=\frac{\sigma_{bc}}{30}+\sqrt{\frac{\sigma_{bc}}{3}} \tag{2-3}$$

我国采用式（2-2）的居多。

2）坚固性系数 f 与抗截强度 A 的关系

苏联学者索洛德给出如下的关系（李贵轩和李晓豁，1994）：

$$A=150f \tag{2-4}$$

但大量的统计资料表明，$A=100f$ 的情况亦存在（李贵轩和李晓豁，1994）。

3）抗截强度 A 与抗压强度 σ_{bc} 的关系

苏联学者 Малебиц 给出 A 与 σ_{bc} 的关系为（李贵轩和李晓豁，1994）

$$A=12\sigma_{bc} \tag{2-5}$$

捷克和波兰学者分别提出如下关系（李贵轩和李晓豁，1994）：

$$A=(6\sim 7)\sigma_{bc} \tag{2-6}$$

$$A=(7\sim 8)\sigma_{bc} \tag{2-7}$$

由式（2-2）和式（2-4）又可得到

$$A=15\sigma_{bc} \tag{2-8}$$

2.1.4　煤层可刨性

对于煤层可刨性，目前还没有确切的统一定义。可以认为，可刨性是指在采用刨削方式破碎煤层时，描述反映煤层抗刨削能力的指标。可刨性是在设计之前必须掌握的重要参数，这样才能发挥其关键作用。通过掌握相关国家对煤的物理机械性能的描述，以及对比我国对可刨性认识的现状进行详细分析，我们迫切希望其能引起足够的重视，从而推进我国对煤的可刨性的描述方法和分类标准的研究。

苏联通过坚固性系数 f、抗截强度 A 和煤的脆韧性等表征煤的可刨性，如前所述。这里仅介绍德国和波兰对煤的可刨性的研究成果。

1. 德国对煤层可刨性描述

为适应刨煤机设计的需要，德国研制出一种专用装置，用于测定煤层对刀具的阻力，称为可刨性，用 F_S 表示。由于这种装置的工作机构是几把刀齿并排安装，其工作方式与刨煤机的刨刀排列相类似，能比较真实地反映刨刀在工作时所受刨削阻力的强弱。

F_S 的测定是在即将使用刨煤机的煤层上进行的，可直接描述该煤层的情况，用于刨煤机设计，确保“一面一机”的设计理念在刨煤机设计过程中体现出来。按 F_S 值大小，把煤层可刨性分成几个等级（四级或五级），以便宏观认识煤层性质。把煤层可刨性分为四级时的分级情况，如表 2-6（Voß and Bittner，2003）所示。

表 2-6　煤层可刨性分级情况

煤层易刨	F_S＜1.5kN
煤层可刨	1.5kN≤F_S＜2kN
煤层难刨	2kN≤F_S≤2.5kN
煤层特难刨	F_S＞2.5kN

除了测取 F_S 用于刨煤机设计，德国也很重视实地观察煤层的节理、层理、脆韧性、顶底板状态及地压对煤层的影响等情况。这些资料不能量化，但在设计过程中必须考虑这些因素。因此，其设计结果也体现了这些因素的影响。

2. 波兰对煤岩物理机械性质的描述

波兰学者借鉴苏联和德国的研究成果，又独立地研究出适于本国情况的煤岩物理机械性质的检测手段、方法和描述形式，这对于波兰煤矿机械化的发展是至关重要的。

1）致密性指数 f_x 和可截割性能量指数 U

波兰学者认为，苏联提出的坚固性系数 f 有一定的局限性，它只能用于评价对煤岩截割阻力的大小，不能评价截割过程中的能量消耗，更不能用于评价采掘机械工作机构的最佳特性。波兰采矿研究总院认为，将 f_x 称作致密性指数是合适的，并且给出经验公式（吉迪宾斯基，1989）：

$$f_x = 0.104\sqrt{R_c} \tag{2-9}$$

式中，R_c 为煤岩抗压强度，单位为 daN/cm^2。

波兰学者又进一步给出致密性指数 f_x 与煤岩的地质年代、变化程度和埋藏深度等的关系。

从研究截割过程的能量消耗，发现能量消耗对于评价煤岩的可截割性和评估采掘机械的装机功率与结构优劣有可操作性。于是，波兰采矿研究总院的学者提出了可截割性能量指数 U 的理论依据及其经验公式（吉迪宾斯基，1989）：

$$U = 2.7\gamma_0 \frac{1}{n}\sum_{1}^{n}\frac{P_d \Delta l_d}{q_d} \tag{2-10}$$

式中，U 为可截割性能量指数，单位为 hJ/dm^3；γ_0 为煤岩密度，单位为 g/cm^3；n 为被测岩石块数（$n = 15$～20）；P_d 为单块崩裂的临界力，单位为 daN；Δl_d 为单块的纵向临界变形，单位为 cm；q_d 为单块质量，单位为 g。

波兰学者还进一步研究了致密性指数 f_x 和可截割性能量指数 U 的对应关系，并且在大量实践的基础上，给出了不同埋藏深度、不同 U 值的煤层选用的采煤设备及其采煤工艺的建议。

2）抗截强度 A 和刨削阻力指数 B

波兰学者赞同苏联提出的煤岩抗截强度 A 的概念及其测定方法。为了评价煤层可刨性，波兰学者又提出刨削阻力指数 B 的概念（吉迪宾斯基，1989）：

$$B = \frac{P_b}{h} \tag{2-11}$$

式中，B 为刨削阻力指数，单位为 daN/cm；P_b 为测定装置上显示的刨削阻力的平均值，单位为 daN；h 为刨削深度，单位为 cm。

波兰煤矿对刨煤机的使用比较普遍，一个重要原因是刨削阻力指数 B 能准确评价煤层的可刨性。我国至今没有描述煤层性质的独特表达方式，坚固性系数 f 从苏联引入，现在已普遍用于描述煤岩坚固性的强弱，可以在实验室用专门装置测定煤试块的 f 值。抗截强度 A 也是从苏联引入的，但至今仅在科研院所和高等院校有所应用，尚未得到普遍关注。我们可以在实验室测定煤试块的 A 值，或由 f 值换算出 A 值。

关于刨煤机工作面煤层的可刨性，由于我国尚没有普遍应用的直接在井下测定煤层可刨性的方法，只能通过获取描述煤层性质的参数，从不同角度认识煤层的可刨性。这里所说的可刨性，可从两个方面来描述：一方面是仅表明在使用刨煤机采煤时的难易程度，可以通过坚固性系数 f、抗截强度 A 和煤层脆韧性来表征煤层的可刨性；另一方面是用德国可刨性指标 F_S 来描述煤层的可刨性，这是按相关参数计算推断出来的。

由于世界各国测知煤层性质的手段不同，所测得的参数也不同。为方便煤矿采掘机械在世界市场的销售，许多国家采用对比法寻求不同国家所测得的煤层参数的对应关系。例如，波兰经过分析研究，找到了苏联的坚固性系数 f 与波兰可截割性能量指数 U 之间的对应关系，如表 2-7 所示（吉迪宾斯基，1989）。同时，波兰按可截割性能量指数 U 推荐的采煤设备如表 2-8 所示（吉迪宾斯基，1989）。这样，当与苏联进行采掘设备进出口时，就很容易找到设备的适用范围。

表 2-7　坚固性系数 f 与可截割性能量指数 U 的对应关系

可截割性等级	f	U
很易截割	0.3～0.7	0.3～0.8
易截割	0.7～1.2	0.8～1.35
中等截割	1.2～1.5	1.35～1.7
较难截割	1.5～1.7	1.7～1.9
难截割	1.7～2.0	1.9～2.2
很难截割	＞2.0	＞2.2

表 2-8　波兰按可截割性能量指数 U 推荐的采煤设备

U		推荐使用的采煤设备
井深≤500m	井深＞500m	
＜1.2	＜1.4	刨煤机或小功率采煤机
1.2～1.5	1.4～1.7	小功率采煤机、刨煤机，并松动煤层
1.5～1.8	1.7～2.0	中功率采煤机、大功率刨煤机，并松动煤层
1.8～1.9	2.0～2.2	提高采煤机功率
1.9～2.2	＞2.2	大功率采煤机

目前，我国没有可刨性测定装置，不能在工作面直接测定可刨性 F_S。但通过采用对比的方法，用已经测知的表示煤层物理机械性质的参数与 F_S 相对比，设法找到二者之间的关系，从而找到已测知的那个表示煤层物理机械性质的参数与 F_S 的对应关系，就可以用 F_S 表示煤层的可刨性。因此，我国应加强煤层可刨性的研究，尽快研制实用的井下煤层可刨性测定装置，并且在全国范围内对煤层开展可刨性普测，获得直接的数据资料，就可以根据煤层条件来选择合适的刨煤机。结合各国的煤层性质描述和可刨性数据，建立适合我国的可刨性分类标准和描述方法，指导采煤机械设计。

2.2　煤的机械破碎

利用刀具（截齿）破碎煤体是采煤机械工作的关键过程，煤的机械破碎机理研究为截齿与煤的作用力分析提供最基本的理论依据，为采煤机械的设计制造提供基础的理论支撑。

2.2.1　国内外研究简介

关于煤的机械破碎机理研究，早在 20 世纪中叶已起步，有诸多学者陆续参与了此项研究，此处仅列出几个有代表性的研究成果。20 世纪 50 年代，别隆和保晋等苏联学者对煤炭切削进行了实验研究，提出了“密实核”学说，描述了刀具切削煤炭的规律，为研究刀具破煤过程和刀具上的作用力奠定了基础（别隆等，1965）。20 世纪 70～80 年代，英国学者 Evans 提出了以最大拉应力破坏为前提的力学模型（Evans，1984），日本学者西松裕一提出西松模型（徐小荷等，1984），以及 1993 年我国学者牛东民提出断裂力学破煤理论（牛东民，1993）等。

1.“密实核”学说

20 世纪 50 年代，苏联学者别隆和保晋等做了大量的煤炭切削实验，对切削机理和切削参数进行了研究，提出了“密实核”学说（别隆等，1965）认为刀具以某一速度向前运动，在首先与刀尖接触的煤体的一小部分面积的压应力达到煤体的抗压强度时，这一小部分煤体首先被压碎。随着刀具的继续前进，煤体又被压成粉状。在刀具前进过程中，与粉状区域相邻的煤体破裂，粉状物高速喷出。由于粉状物与刀具前表面的摩擦作用，一小部分煤粉黏附在刀具的前表面，形成小突起，称此突起为“密实核”，如图 2-2(a)所示。刀具继续前进，“密实核”逐渐长大，形成一个随刀具一起做截割动作的“瘤”，如图 2-2(b)所示。在“瘤”继续扩大的过程中，对其周围煤体的挤压力使煤体破裂，出现大块崩落，如图 2-2(c)所示。

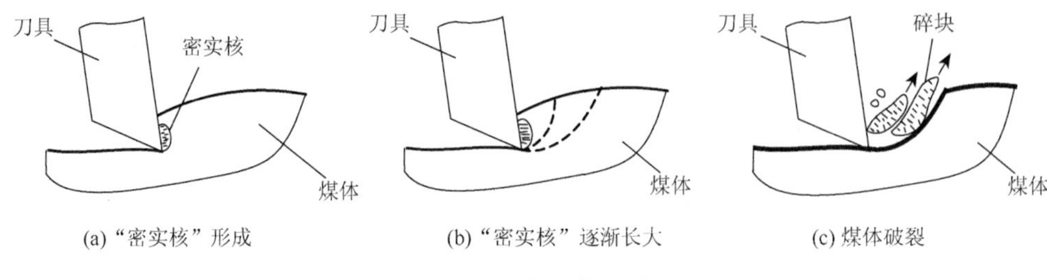

图 2-2　刀具截割煤体过程

因此，刀具受到的切削阻力也会随着煤块的崩落出现相应的波动，并非恒定值。刀具受到的切削阻力 F 与刀具的切削路径 L 的关系曲线如图 2-3 所示（别隆等，1965）。

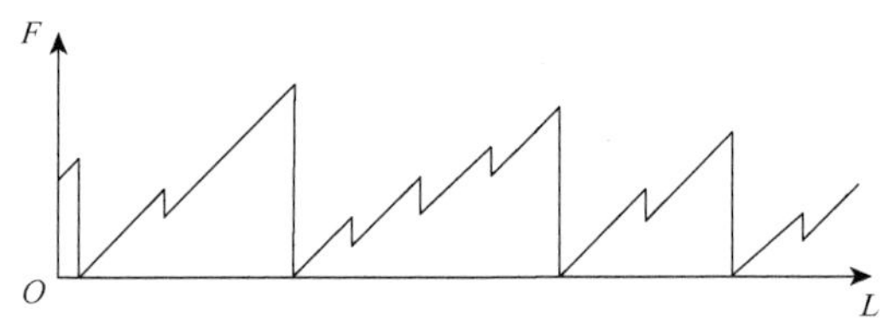

图 2-3　刀具受到的切削阻力与切削路径的关系

2. Evans 的切削模型

20 世纪 60 年代初，英国学者 Evans 提出了以最大拉应力破坏为前提的切削模型（Evans，1984），如图 2-4 所示。

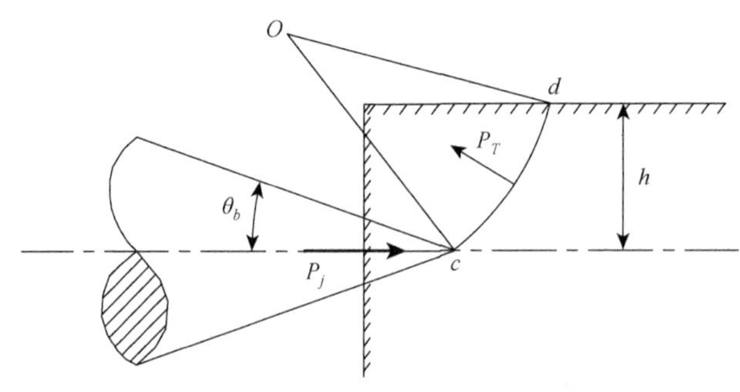

图 2-4　Evans 的切削模型

半锥角为 θ_b 的锥体沿水平方向侵入煤岩体，当在锥体上方角状部位所受合力 P_T 足够大，使与水平线相切的弧线 cd 断面上的拉应力达到煤岩材料的破坏应力，则角状部位崩落。这就是最大拉应力理论。

截割力 P_j 按式（2-12）计算：

$$P_j = \frac{2\delta_t h \sin(\theta_b + \phi_t)}{1 - \sin(\theta_b + \phi_t)} \tag{2-12}$$

式中，δ_t 为煤岩抗拉强度，单位为 Pa；h 为截入煤岩体深度，单位为 m；θ_b 为锥体半锥角，单位为（°）；ϕ_t 为刀具表面与煤岩之间的摩擦角，单位为（°）。

上述结论虽曾被引用，但由其物理模型和力学模型可以看出，依据欠充分。

3. 西松的切削模型

日本学者西松于 1972 年在《国际岩石力学与采矿科学》杂志上发表了以刀形齿为切削模型的切削力计算方法（徐小荷和余静，1984）。西松的切削模型如图 2-5 所示。

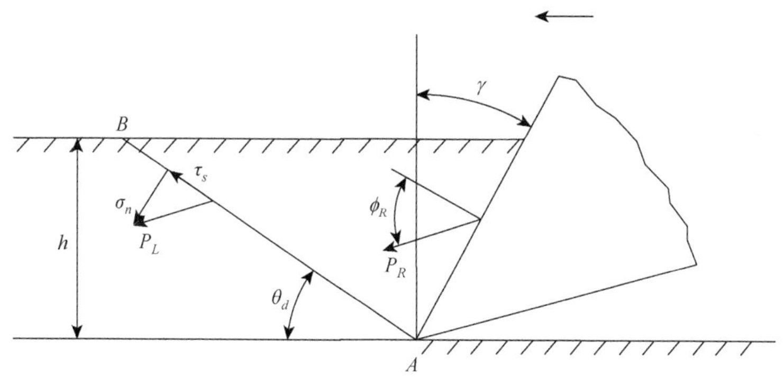

图 2-5　西松的切削模型

其主要观点有：①切屑分离面遵守莫尔-库仑强度准则；②刀刃与切削方向垂直，无侧向断裂和流动；③断裂平面与切削平面成 θ_d 角。

其力学模型为

$$P_R = \frac{2}{n_f + 1} \tau h \frac{\cos\phi_n}{1 - \sin(\phi_n - \gamma + \phi_R)} \tag{2-13}$$

式中，P_R 为刀具对煤岩体的切削力，单位为 N；τ 为岩石抗剪强度，单位为 Pa；n_f 为应力分布系数；γ 为刀具前角；ϕ_R 为切削力 P_R 与刀具前刃面法线的夹角；ϕ_n 为煤岩内摩擦角。

在图 2-5 中，刀具前刃面之前的矿体在 P_R 足够大时，将沿 AB 线崩落，称 A-B 为剪切面；τ_s 为在剪切平面上的剪应力，单位为 Pa；σ_n 为与 τ_s 正交的正应力，单位为 Pa；P_L 为 σ_n 和 τ_s 的合成应力，单位为 Pa。由此力学模型和物理模型可知，此规律仅限于切削面为平面的刀具，而被截割矿体的状态与实际煤岩体差距甚远。

4. 断裂力学破煤理论

煤岩体中存在不同方向的裂隙，如层理和节理等，所以在煤岩体内存在许多弱结合面。当刀尖侵入煤岩体后，与刀尖接触的局部首先达到抗压强度而破碎，并在刀尖前面形成应力场。从断裂力学角度分析，脆性材料破坏时的能耗与断裂方向和路径有关。由于弱结合面存在，在应力场范围内，煤岩体沿弱结合面破碎将消耗较小能量，即沿层理和节理破碎是必然的。断裂力学破煤模型如图 2-6 所示，自刀尖始，裂纹扩展沿层理和节理方向向斜上方发展，直至形成块状崩落（牛东民，1993）。

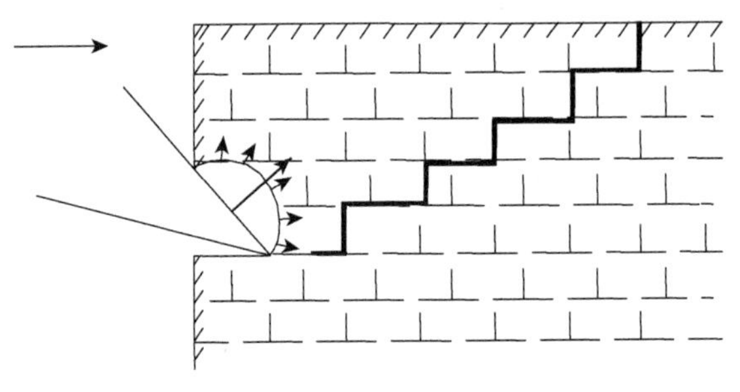

图 2-6　断裂力学破煤模型

2.2.2　煤的机械破碎机理研究

刨刀的刀刃部分结构简化后如图 2-7 所示，*ABC* 为刀刃与煤岩接触的弧形线。截割煤岩时，刨刀与煤岩是线接触，是点接触的集合，而锥形截齿齿尖点（合金头）与煤岩的接触是点接触，二者破煤机理一致。因此，可以借助研究锥形截齿的破煤过程，来了解刨刀的破煤机理。

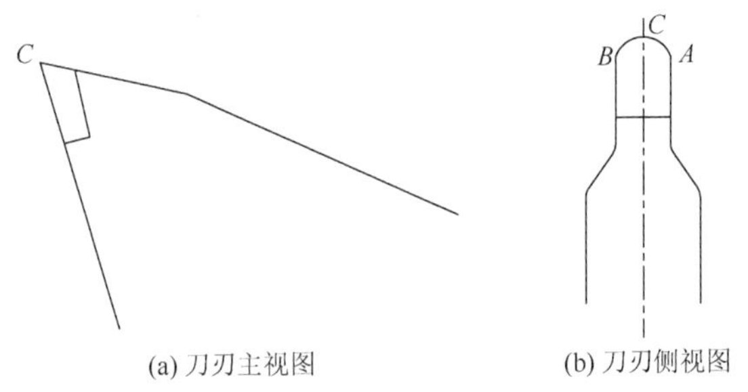

图 2-7　刨刀刀刃简图

煤岩在特定形状机械作用下的破碎机理，与破碎刀具和工作机构设计密切相关。至今国内外已有若干学者予以研究，因为模拟材料、实验手段的限制等因素，得到的结论不免有一定局限性。

本节中实验材料选用强度很高的硬煤，将煤体精心修制成若干试块，煤体中含有层理和节理，因此实验结果具有普遍意义。为了全面揭示机械作用下煤岩的破碎机理，本节进行三种实验：锥形截齿破煤综合实验、锥形截齿破煤散斑实验和锥形截齿破煤红外实验（王春华，2004；王琦，2002；姚宝恒，2000）。在实验中应用了物理量的数据采集和数据处理系统、高速摄影机、红外热像仪和非接触式红外测温仪等，对影像和数据进行记录和分析。

1. 锥形截齿破煤综合实验

图 2-8 是由龙门刨床改装的截割实验台简图。在刨床的导轨 1 上装有可以往复移动的滑座 2，被测试煤块 3 固定在滑座 2 上。大油缸 4 与滑座 2 相连，油缸的柱塞杆伸缩运动使滑座 2 在导轨 1 上左右移动。锥形截齿 5 安装在齿座 6 中，齿座 6 经传感单元 7 与可沿横螺杆 9 左右移动的螺母座 8 相连。横螺杆 9 可沿纵螺杆 10 上下移动。

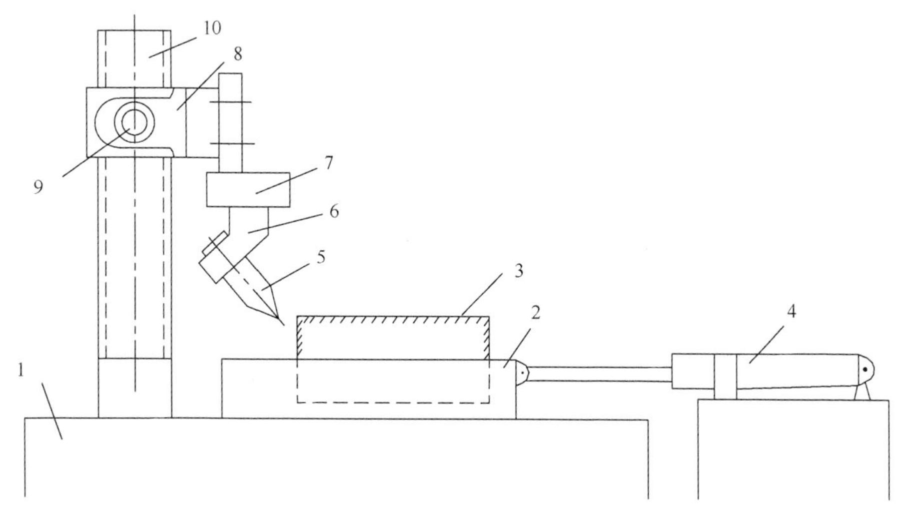

图 2-8　截割实验台简图

1-导轨；2-滑座；3-煤块；4-大油缸；5-锥形截齿；6-齿座；7-传感单元；8-螺母座；9-横螺杆；10-纵螺杆

实验时，油缸驱使试块运动，截齿不动。油缸的柱塞伸缩速度即截齿的切削速度，此速度可调。通过纵横螺杆可调节切削深度和改变截线距。采用 HY16/10 型高速摄影机进行图像记录，用中国地震局研制的多通道低频高精度数据处理系统进行数据采集和处理。该实验系统可以测出或观察出以下内容：①截齿在 x、y、z 轴三个方向的力及其变化（载负谱）；②单位能耗；③截槽崩落角及其与切削深度的关系；④被割下煤的粒度分布，由此可进一步计算出煤的脆度；

⑤煤的破碎过程，尤其可以看到裂纹产生、扩展过程。

图 2-9 为截割实验现场。

图 2-9　截割实验现场

在用锥形截齿截割大块煤体的实验中，清楚地记录了齿尖前煤体裂纹的产生和发展过程，如图 2-10 所示。截割煤体破坏过程如图 2-11 所示，按裂纹产生的时间排序，可以明显观察到碎块间的错动和位移，这是剪切破坏的特征［图 2-11（a）］。在散斑实验中，通过应力-应变曲线可明显地表明端部效应存在，即在齿尖前的煤体表面产生局部变形，而在煤体内齿尖作用部位的应力场的分布为：齿尖前是剪应力，其周边是拉应力［图 2-11（b）］。随着齿尖前移，进一步对煤体加载，应力场扩大，并且出现带状倾斜，由剪应变图和位移矢量图可以判定带内应变增长速率变大。由于介质内部结构存在节理和层理等弱结构面，抗剪强度较小，当外力产生的剪应力超过介质体固有抗剪强度时，应力场范围内的结构失稳，沿弱结构面产生滑移，于是原有的微裂纹扩大，出现体胀效应，产生拉应力，使介质体内产生微断裂，裂纹迅速增加、延伸，直至达到表面，形成宏观裂纹，造成碎块崩落（王春华，2004；姚宝恒，2000）。

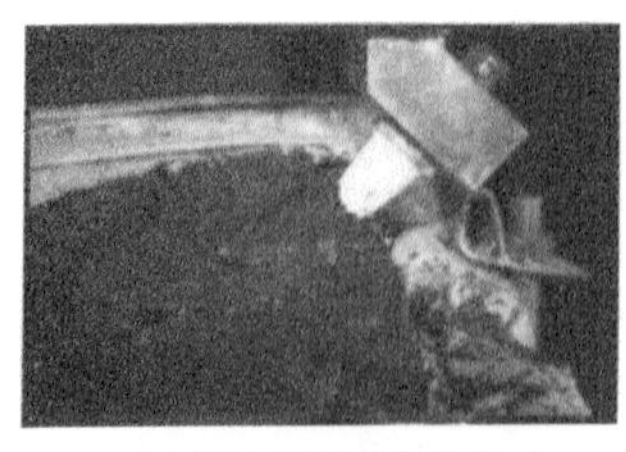

(a) 齿尖周围产生裂纹

(b) 裂纹扩展到表面形成小块崩落

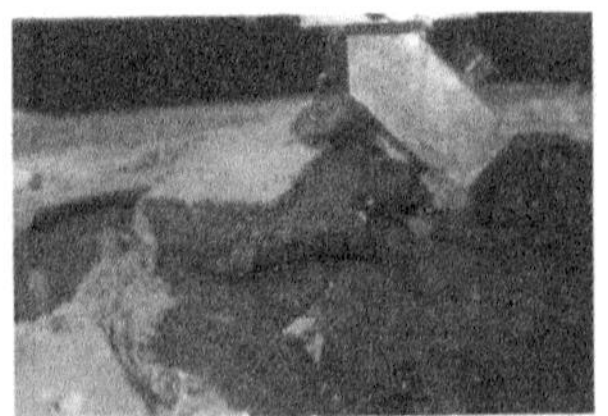

(c) 裂纹沿层理节理继续发展

图 2-10　在截割过程中煤体裂纹的产生和发展

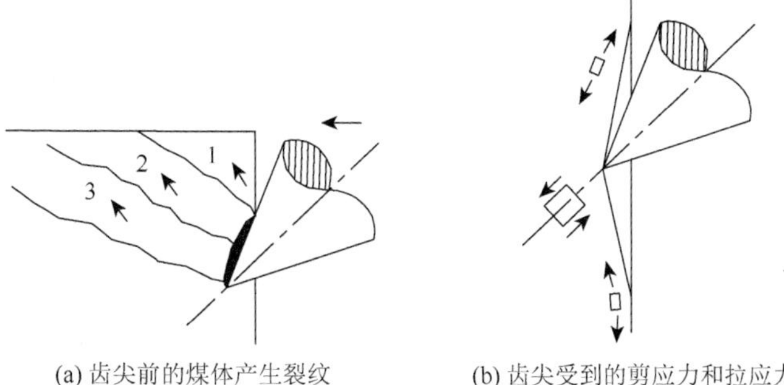

(a) 齿尖前的煤体产生裂纹　(b) 齿尖受到的剪应力和拉应力

图 2-11　截割煤体破坏过程

2. 锥形截齿破煤散斑实验

散斑测试是观测变形与应力关系的新技术。按照散斑实验的要求，把煤试块修磨成 5cm×5cm×10cm 的长方体，在试件 5cm×5cm 的平面上涂玻璃微珠漆。把锥形截齿固定在试验机压头上，专用摄像机与计算机图形处理系统相连，用白色光照明。加载速率极小，加载位移为 0.005mm，每次加载通过摄像与数据处理系统存储散斑场的图像并可进行相应的数据处理。图 2-12 为散斑测试实验设备布置图。因为是用白色光照明，所以该实验称为白光数字散斑相关实验。实验时采用每秒 5 帧的拍摄速度，在视场内有 768×576 个像素点。图 2-13 为散斑测试实验现场（王春华，2004）。

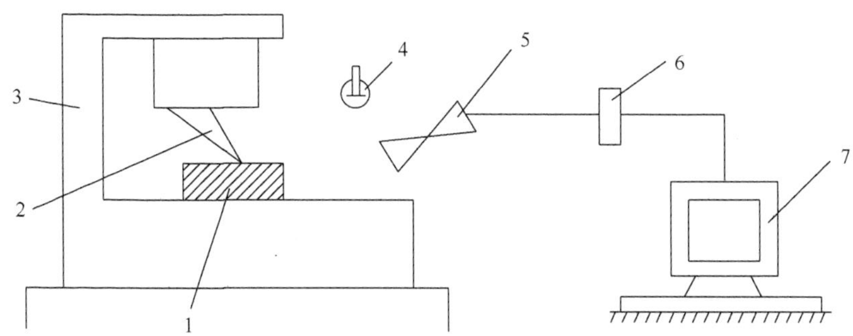

图 2-12　散斑测试实验设备布置图

1-试件；2-截齿；3-试验机；4-白光光源；5-CCD 摄像机；6-图像采集卡；7-计算机

通过散斑变化可以分析出试块表面局部变化及发展趋势，结合同时由计算机给出的最大剪应变和位移矢量图，能判断出煤岩试块在截齿作用下的破坏原因。

图 2-13　散斑测试实验现场

3. 锥形截齿破煤红外实验

红外实验能监测视场全范围内长时的面信息，信息处理量大，能较全面反映在实验中所表现问题的本质。实验在截割实验台上进行（王春华，2004）。使用的仪器主要有：武汉高德红外股份有限公司的 IR-910 型红外热像仪，用来监测红外辐射温度场的变化过程；CENTER313 型非接触式红外测温仪，用来连续测量试件表面的红外辐射温度；奥林巴斯 E-10 摄像机，同步监测试件表面变形情况。红外实验现场如图 2-14 所示，设备布置如图 2-15 所示。煤试块 2 固定在滑座 8 上，油缸 7 使滑座 8 在导轨 9 上左右移动，移动速度可调。当截齿 1 截割煤试块 2 时，摄像机 3、红外测温仪 4 和红外热像仪 5 及计算机 6 同时工作。

图 2-14　红外实验现场

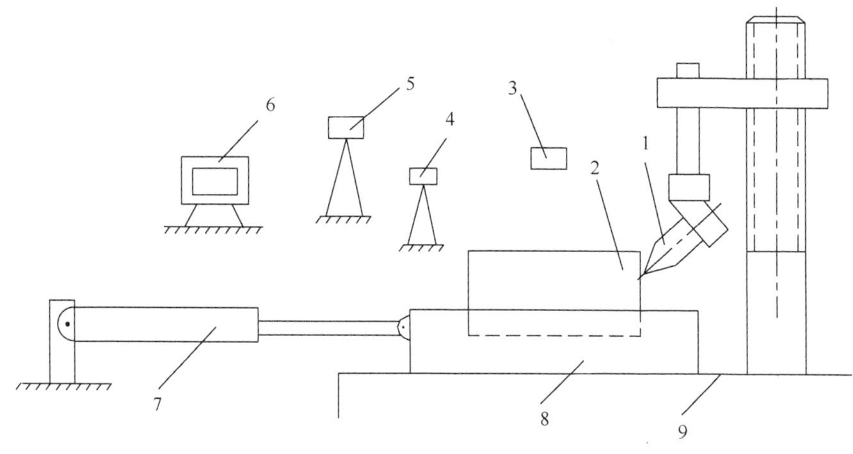

图 2-15　红外实验设备布置

1-截齿；2-煤试块；3-摄像机；4-红外测温仪；5-红外热像仪；6-计算机；7-油缸；8-滑座；9-导轨

在实验过程中，由于截齿与煤试块相互作用的机械能在试块破裂过程中发生转移，机械能可转变为其他形式的能，如声能、热能等。其中，热能就改变了试块内外部温度场，由此测出此温度场的温度分布，就可由此判断裂纹的发展过程。

4. 锥形截齿破煤机理综合分析

在研究锥形截齿破煤机理的若干年中，对取自国内若干矿区的百余块煤试块进行了近百次截割实验研究。这样大范围的采集煤样，采用实验手段之多及实验手段的现代化程度等，在我国乃至世界范围也是首次。因此，通过实验得到的结论是可靠和有说服力的。锥形截齿的破煤机理可以叙述如下。

通过截割综合实验，可以清楚地观察齿尖前面的煤试块表面裂纹的发展过程和发展速度，如图 2-16（a）所示，由于裂纹的出现有先后顺序，说明碎块间产生错动和移位，这是明显的剪切破坏特征。图 2-16（d）中，碎块 1、碎块 2、碎块 3 相继崩落。

锥形截齿破煤的散斑实验，是从微观的角度来认识在机械作用下煤的破碎过程。以每次加载位移为 0.005mm 的方式加载，通过齿尖作用的加载表面的散斑变化的特征和应力-应变曲线走势的变化分析，确认煤这种脆性材料在齿尖作用点前面的部分内的剪应力是存在的［图 2-16（b)］，而且出现局部变形［图 2-16（c)］。变形局部化是大多数脆性材料在破坏前都会出现的重要现象，这是材料密度重新分布的结果，当然也伴随着应力场出现［图 2-16（c)］，在齿尖前是剪应力，其周围是拉应力。随着进一步加载，形成变形的局部化带，而且具有带状倾斜特征，从最大剪应变图和

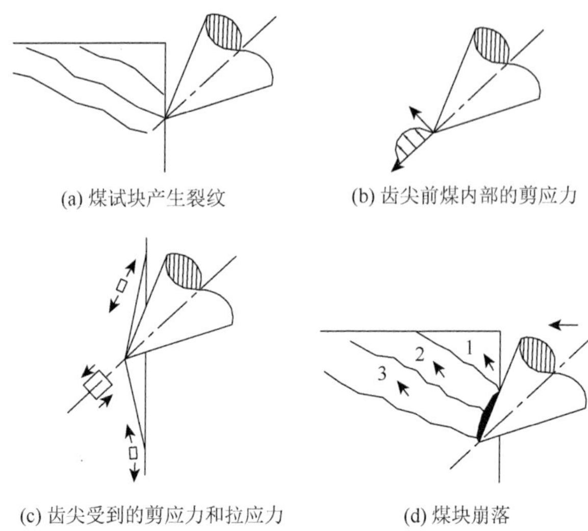

(a) 煤试块产生裂纹　　(b) 齿尖前煤内部的剪应力

(c) 齿尖受到的剪应力和拉应力　　(d) 煤块崩落

图 2-16　煤试块表面裂纹的发展过程

位移矢量图可以得到，带内应变是带周围应变的 10 倍以上，表明材料内部剪应力已超过其抗剪强度，出现微裂纹。进一步加载，局部化变形带失稳，微裂纹沿层理、节理迅速发展成宏观裂纹，碎块开始崩落。

锥形截齿破煤的红外实验，在截割破煤过程中，机械能将转化为其他不同形式的能，如破裂声能、裂纹尖端产生的能、小颗粒和相对位移面间的摩擦能等。这些能必然引起与之相关部位的温度变化，因此通过检测温度分布及其变化规律，就可以掌握裂纹的产生和扩展规律。在观测过程中，试件表面温度由低到高，是由于试件表面由平静到裂纹出现发生物理变化。从截割开始不久，就可检测到红外辐射，有力地说明试块内部出现微裂纹，而且从红外场变化速率可以分析到内部微裂纹的扩展速度。由于介质层的阻隔，内部温升无法测出。但当出现大块崩落时，内部结构外露，温升出现阶跃，这是内部温升的结果。介质抗压强度远远高于抗拉强度和抗剪强度，因此内部微裂纹是由拉剪作用而产生的。尤其从温升的速度之快可以判定这是发生表面错位产生较高的能量所致，而表面错位则是剪切作用所致。可见试块在齿尖的机械作用下产生的内部微裂纹是拉剪综合作用的结果，而且以剪切作用为主，这与图 2-16（c）是一致的（王春华，2004）。

由于煤层条件的复杂性，刀具破煤过程也很复杂，虽然取得了一定的研究成果，但对刀具破煤过程的机理仍需进一步的深入研究。

第 3 章　刨煤机静力学分析

静力学分析是刨煤机结构设计、参数选择等最基本的理论依据。本章针对刨煤机的主要零部件进行静力学分析，如刨刀、刨头和刨链的受力分析，结合相关学者的研究成果给出具体的计算公式。刨链预紧力、刨头稳定性对刨煤机运行起到至关重要的作用，因此也针对这两个问题进行深入分析和探讨，并给出详细的计算公式，为刨煤机设计提供直接的理论依据和计算方法。

3.1 刨 刀 受 力

刨刀是刨煤机破煤的刀具，是刨头的重要组成部分。刨头沿着工作面运行刨煤，刨头上单个刨刀受到的煤壁作用力可按三维直角坐标系各坐标轴方向分解，得到三个方向的力，即与工作面方向平行的刨削阻力 Z、与煤壁方向垂直的挤压力 Y，以及与顶底板垂直的侧向力 X，如图 3-1 所示。在刨煤过程中，刨刀受到的作用力是变化的，为了便于在设计刨煤机时计算刨刀受力，下面给出各力的平均值计算公式。

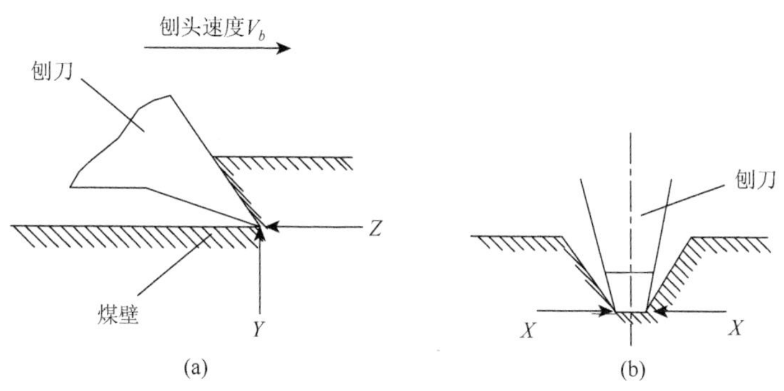

图 3-1　刨刀受力图

单个刨刀受到的平均刨削阻力 Z_p（索洛德等，1989）为

$$Z_p = Z_0 + f_z Y_p \tag{3-1}$$

式中，Z_0 为单个锐利刨刀受到的平均刨削阻力，单位为 N；f_z 为截割阻抗系数，$f_z = 0.38 \sim 0.44$，当抗截强度 A 较大时，f_z 取较小值；Y_p 为单个刨刀受到的平均挤压力，单位为 N。

单个刨刀受到的平均挤压力Y_p（索洛德等，1989）为

$$Y_p = k_n(1+1.8S_z)Z_0 \tag{3-2}$$

式中，k_n为挤压力与锐利刨刀刨削阻力的比值，对于韧性煤，$k_n = 0.45$，对于脆性煤，$k_n = 0.4$，对于特脆煤，$k_n = 0.35$；S_z为刨刀磨损后在切削平面上的投影面积，当A＜2000N/cm时，$S_z = 1.2$，当$A = 2000$～2500N/cm时，$S_z = 1.0$，当A＞2500N/cm时，$S_z = 0.75$。

单个锐利刨刀受到的平均刨削阻力Z_0（索洛德等，1989）为

$$Z_0 = 1.1A\frac{0.35b_p+0.3}{(b_p+h\tan\psi)k_6}ht_p k_1k_2k_3k_4k_5\frac{1}{\cos\beta} \tag{3-3}$$

式中，A为煤层非地压影响区的截割阻抗（即煤的抗截强度），单位为N/cm；h为刨削深度，单位为 cm；b_p为刨刀工作部分的计算宽度，指刨刀与煤体接触高度上的切削刃之间的距离，单位为cm，其具体计算可参考保晋等关于截齿切削部分计算宽度的公式（保晋等，1992）；t_p为刨槽宽度，单位为cm；ψ为截槽侧面崩落角，单位为（°）。

ψ与h的关系（索洛德等，1989）为

$$\tan\psi = \frac{0.45h+2.3}{h} \tag{3-4}$$

式（3-3）中，k_1为刨刀的外露自由表面系数，对于直线式排列刨刀，外露自由表面系数k_1按式（3-5）计算；掏槽刀、上端刨刀、下端刨刀，按表3-1选取；对于韧性煤，取较大的数值。

$$k_1 = 0.38\left[1+2\left(\frac{t_{zi}}{t_z}-1\right)^2\right] \tag{3-5}$$

式中，t_{zi}为精算出的刨刀间距，单位为 cm，$t_{zi} = \dfrac{H_{b\min}}{n_{\min}-1}$，$H_{b\min}$为刨头最小高度，单位为 cm，$n_{\min}$为刨头为最小高度时的截线数；$t_z$为直线排列刨刀合理间距的计算值，单位为cm，$t_z = \left[\dfrac{7.5h}{h+0.65}+0.3h+(b_p-2)\right]k_w$，$k_w$为刨槽的宽度系数，对于韧性煤，$k_w = 0.85$，对于脆性煤，$k_w = 1.0$，对于特脆煤，$k_w = 1.15$。

式（3-3）中，k_2为截角的影响系数，其具体取值见表 3-2；k_3为刨刀排列切屑图形式系数，对于直线式排列刨刀，$k_3 = 1$，对于阶梯式排列刨刀，$k_3 = 1.17$；k_4为刨刀前刃面形状系数，其具体取值见表 3-3；k_5为地压系数，对于韧性煤，$k_5 = 0.67$，对于脆性煤，$k_5 = 0.5$，对于特脆煤，$k_5 = 0.38$；k_6为考虑煤的脆塑性的系数，对于韧性煤，$k_6 = 0.85$，对于脆性煤，$k_6 = 1.0$，对于特脆煤，$k_6 = 1.15$；β为刨刀相对刨头牵引方向的安装角度，单位为（°）。

表 3-1　刨刀外露自由表面系数 k_1

掏槽刀	上端刨刀	下端刨刀
1	1.1～1.15	1.2～1.25

表 3-2　截角影响系数 k_2

δ/(°)	40	50	60	70	80	90
韧性煤	0.98	1	0.90	0.98	1.08	1.24
脆性煤	0.97		0.91	1.00	1.17	1.29
特脆煤	0.96		0.92	1.06	1.26	1.34

表 3-3　刨刀前刃面形状系数 k_4

前刃面为平面的刨刀	前刃面为椭圆形的刨刀	前刃面为屋脊形的刨刀
1	0.9～0.95	0.85～0.90

单个刨刀受到的平均侧向力 X_p 为（索洛德等，1989）

$$X_p = 10K_o(0.22AK_5 + 75hK_h - 40t_z - 100) \tag{3-6}$$

式中，K_o 为刨刀排列方式对 X_p 的影响系数，对于直线式排列刨刀，$K_o = 0$，对于阶梯式排列刨刀，$K_o = 1$，对于顶部刨刀，当其安装角度 β 为 25°～45°时，$K_o = 1.3$，对于底部刨刀，当其安装角 $\beta = 20°～30°$时，$K_o = 1.5$；K_h 为刨削深度对 X_p 的影响系数，当 $h \leqslant 3$cm 时，$K_h = 1.5$，当 3cm＜h＜5 cm 时，$K_h = 1.2$，当 $h \geqslant 5$cm 时，$K_h = 1.0$。

Y_p、X_p 也可以分别估算为（李贵轩和李晓豁，1994）

$$\begin{cases} Y_p = K_Y Z_p \\ X_p = K_X Z_p \end{cases} \tag{3-7}$$

式中，K_Y 为挤压力系数，可取为 0.5～0.8；K_X 为侧向力系数，可取为 0.1～0.2。

3.2　刨头及刨链受力

滑行刨煤机刨头结构和受力情况如图 3-2 所示。由单个刨刀受力公式并考虑刨头单侧刨刀总数，可进一步计算得出刨头上所有刨刀的受力之和。因此，可得到刨头受到的刨削阻力 F_Z、挤压力 F_Y 和侧向力 F_X。当计算侧向力 F_X 时，应考虑每个刨刀受到的侧向力方向会出现不同的情况。

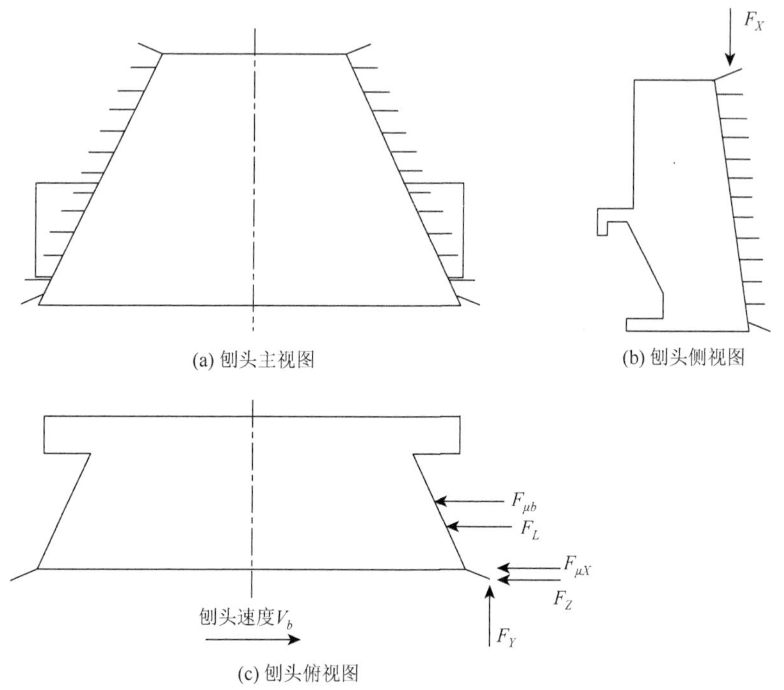

图 3-2　滑行刨煤机刨头结构和受力图

F_L-装煤阻力；$F_{\mu b}$-刨头与滑架之间的摩擦阻力；$F_{\mu X}$-刨刀与煤壁之间的摩擦阻力

刨链牵引刨头刨煤的过程中，在牵引方向上，除了刨削阻力，刨头还受到装煤阻力、刨头摩擦阻力。下面分别就刨头受到的阻力和刨链受力进行详细分析。

3.2.1　刨头刨削阻力

刨煤机运行时，只有安装在刨头上的单侧刨刀刨削煤壁，因此刨头受到的刨削阻力 F_Z 为

$$F_Z = \sum_{i=1}^{n} Z_{pi}$$

式中，Z_{pi} 为第 i 个刨刀平均刨削阻力，单位为 N，可由式（3-1）计算；n 为刨头单侧刨刀总数，可由后面刨头设计中刨头截线数计算得到。

3.2.2　刨头装煤阻力

刨头装煤阻力 F_L 是指把刨头前面的煤堆装入输送机过程中，煤堆对刨头的反作用力。在刨头前面运动的煤堆，实际上处于由煤壁、顶板、底板、刨头、输送

机围成的空间中，刨头向前运行，处于此空间中的煤互相挤压，处在上面的煤被下面的煤挤到输送机上。刨头装煤阻力由插入阻力、推移煤堆的阻力和煤堆内的摩擦阻力三部分组成（索洛德等，1989），经过分析，将计算简化后得出装煤阻力 F_L 的计算公式（康晓敏，2009）为

$$F_L = F_R + F_G + F_K \tag{3-8}$$

刨头装载表面插入煤堆的插入阻力 F_R

$$F_R = k_b b_z$$

式中，b_z 为刨头装载表面的宽度，是指靠近煤壁侧的刨刀刀座与靠近煤壁侧的滑架最上沿之间的距离，单位为 m，如图 3-3 所示；k_b 为刨头装载表面单位宽度上的插入阻力，单位为 N/m，$k_b = 5.4$。

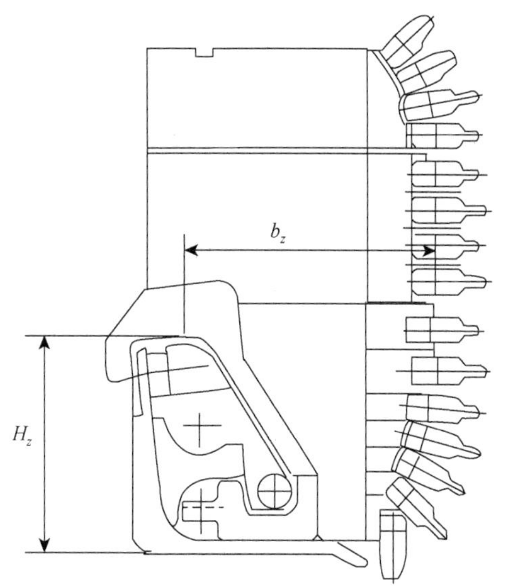

图 3-3　刨头装载表面的高度和宽度

煤堆从刨头装载表面移动到装载高度的阻力 F_G

$$F_G = G\frac{\mu_0 + \tan\alpha}{1 - \mu_0 \tan\alpha}$$

式中，G 为位于刨头装载表面上煤堆的重力，$G = \rho g b_z (H_z + b_z \tan\varphi) H_z c \tan\alpha$，单位为 N，$\rho$ 为煤的松散密度，单位为 t/m^3，g 为重力加速度，单位为 m/s^2，H_z 为刨头装载表面的高度，是指煤层底板与滑架最上沿之间的距离，如图 3-3 所示，单位为 m，φ 为煤的自然安息角，对于湿煤，$\varphi = 35°$，对于干煤，$\varphi = 50°$；μ_0 为煤与刨头装载表面的摩擦系数，通常 $\mu_0 = 0.2 \sim 0.5$；α 为刨头装载表面的倾斜角度，如图 3-4 所示。

在推动煤堆时，除了提升煤外，还在煤堆内部沿平面 I-I 产生滑动，平面 I-I 与煤层底板呈 θ 角，如图 3-5 所示。θ 与 α 的关系如表 3-4 所示。

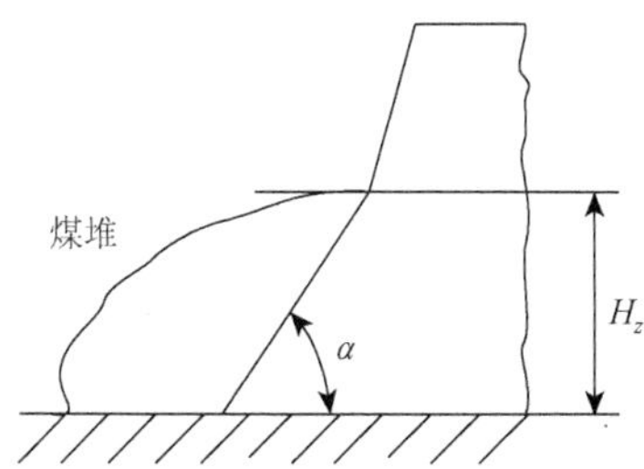

图 3-4　刨头装载表面倾斜角度 α

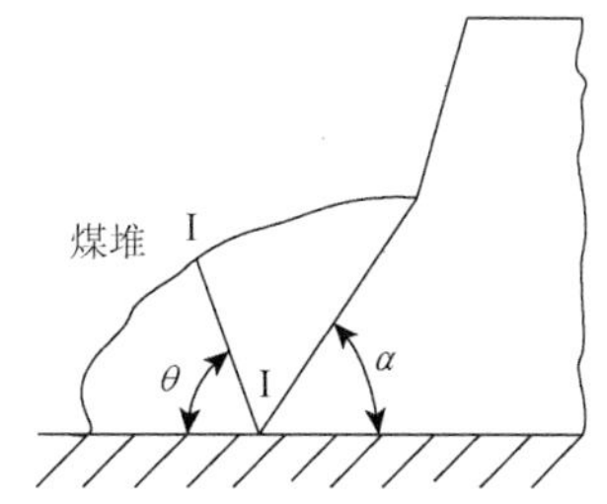

图 3-5　平面 I-I 与煤层底板夹角 θ

表 3-4　θ 与 α 的关系

α /(°)	30	45	60	75	90
θ /(°)	66	53	48	51	52

煤堆内的摩擦阻力 F_K

$$F_K = \frac{2H_z b_z}{\sin 2\theta}\left[10^6 \tau_0 + \mu \rho g \frac{H_m \sin(\alpha+\theta)\cos\theta}{2\sin\alpha}\right]$$

式中，τ_0 为煤堆的抗剪强度，单位为 MPa，对于湿煤，$\tau_0 = 0.0245\text{MPa}$，对于干煤，$\tau_0 = 0.0274\text{MPa}$；$\mu$ 为煤堆的内摩擦系数，对于湿煤，$\mu = 0.5$，对于干煤，$\mu = 0.85$；H_m 为刨头前面的煤堆高度，单位为 m，$H_m = H_z + b_z \tan\varphi$。

当装载表面的倾斜角度超过临界值时，装煤阻力 F_L' 为

$$F_L' = 1.5F_L \tag{3-9}$$

当被刨削的煤壁比较松软时，煤层顶板垮落比较严重，此时刨头前面堆积的煤很多，将刨头覆盖，很多在煤堆上部的煤直接翻入刮板输送机中，只剩下刨头前面与刮板输送机、煤壁之间的煤。因此，在实际运行中，可将刨头受到的装煤阻力视为恒定值。

3.2.3　刨头摩擦阻力

刨头摩擦阻力包括刨头重力引起的刨头与滑架之间的摩擦阻力，以及刨刀侧向力引起的刨刀与煤壁之间的摩擦阻力。

刨头重力引起的刨头与滑架之间的摩擦阻力 $F_{\mu b}$ 表示为

$$F_{\mu b} = \mu_b mg \tag{3-10}$$

式中，μ_b 为刨头与滑架之间的摩擦系数；m 为刨头质量，单位为 kg。

刨刀侧向力引起的刨刀与煤壁之间的摩擦阻力 $F_{\mu X}$ 表示为

$$F_{\mu X} = \mu_X \sum_{i=1}^{n} X_{pi} \tag{3-11}$$

式中，μ_X 为刨刀与煤壁之间的摩擦系数；X_{pi} 为第 i 个刨刀平均侧向力，单位为 N，此处应考虑每个刨刀受到的侧向力方向会出现不同的情况，当与设定正方向相反时，则 X_{pi} 含有负号。

3.2.4　刨头运行阻力

刨头运行阻力 F_b 由刨头刨削阻力 F_Z、装煤阻力 F_L 和摩擦阻力 $F_{\mu b}$、$F_{\mu X}$ 组成，如式（3-12）所示。

$$F_b = F_Z + F_L + F_{\mu b} + F_{\mu X} \tag{3-12}$$

3.2.5　刨链摩擦阻力

刨链摩擦阻力 F_c 是指刨链在滑架内运行过程中所受到的阻力，表示为

$$F_c = 2\mu_c qgL \tag{3-13}$$

式中，μ_c 为刨链与滑架之间的摩擦系数；q 为刨链单位长度质量，单位为 kg/m；L 为工作面长度（刨煤机两个驱动链轮中心之间的距离），单位为 m。

3.2.6　刨链总牵引力

刨链总牵引力由刨头运行阻力 F_b 和刨链摩擦阻力 F_c 组成，总牵引力 F_0 可表示为

$$F_0 = F_b + F_c \tag{3-14}$$

3.3　刨链预紧力计算方法及选取范围

各煤矿的刨煤机使用情况表明，刨链预紧力设定是影响刨煤机运行的重要因素之一。刨链需要进行合适的预紧，过分松弛会影响与链轮啮合、过分张紧则磨损严重并加大功率消耗。因此，在刨煤机设计和运行中，确定刨链预紧力的合理范围是非常关键的。

本节主要分析刨链预紧力的计算方法和选取范围的确定（康晓敏等，2016a），为工况参数选择和刨煤机设计使用提供理论依据。

3.3.1　刨链预紧力

刨煤机系统中，刨头是刨煤机刨削煤壁的工作机构，由驱动装置借助刨链牵引刨头沿着与输送机中部槽固定在一起的导轨做往复直线运动。刨链不同的张紧状态如图 3-6 所示，图中Ⅰ、Ⅱ为两端的驱动装置。

对刨链进行预紧，当刨煤机空载时，刨链有足够的预紧力；当刨煤机负载运转时，刨链只有少量的松弛，刨链的松弛长度应使刨链与链轮自由啮合和脱离。如果预紧力较小，链条很松，会影响与链轮啮合；如果预紧力很大，链条过分张紧，会导致链条与链轮的啮合状态恶化、磨损严重，加大功率消耗。

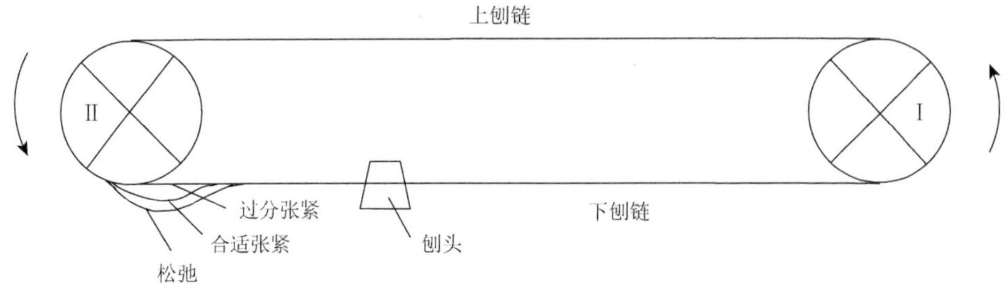

图 3-6　刨链不同的张紧状态

刨煤机工作面一般有几百米长，在刨煤机运行时刨链需要合适的预紧力。刨链预紧力分布在整条刨链中。随着刨煤机由一端驱动装置向另一端驱动装置运行，刨链中的预紧力由于链条的弹性伸长而被部分抵消，刨链中存有剩余的预紧力。

3.3.2　刨链必需预紧力和剩余预紧力计算

1. 刨链必需预紧力计算

刨煤机运行时，刨链受力后产生的弹性变形与刨链在一定预紧力作用下产生的弹性变形相互抵消，此种情况下的预紧力为刨链必需预紧力。为了计算刨链必需预紧力，首先要分析刨头运行时的阻力及计算刨链受力后产生的弹性伸长量。

当刨头运行时，双端驱动装置需要克服的阻力如图 3-7 所示，刨链负载段需要克服的阻力有刨头运行阻力和上下刨链的摩擦阻力，这里认为另一端的驱动力承担了一半的刨头运行阻力，即平衡阻力。图 3-7 中，2、4 为刨链与链轮的相遇点，1、3 为刨链与链轮的分离点。

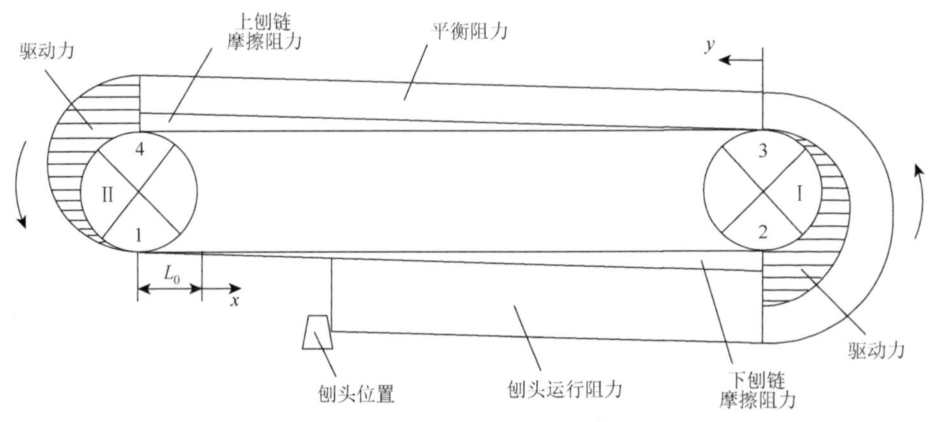

图 3-7　双端驱动时需要克服的阻力

刨头实际运行至两端驱动装置处，不可避免会剩余一小段链条，文献（Bernhard，1972）中关于刨链预紧力的计算没有考虑它的影响，因此这里在 Bernhard 的基础上，计算刨链预紧力时考虑刨头与驱动装置之间剩余的一小段链条的影响。设刨头开始运行时与驱动装置Ⅱ之间的一段链条长度为 L_0，设刨头运行至任一位移 x，如图 3-7 所示，刨链上下链段受力如图 3-8 所示。

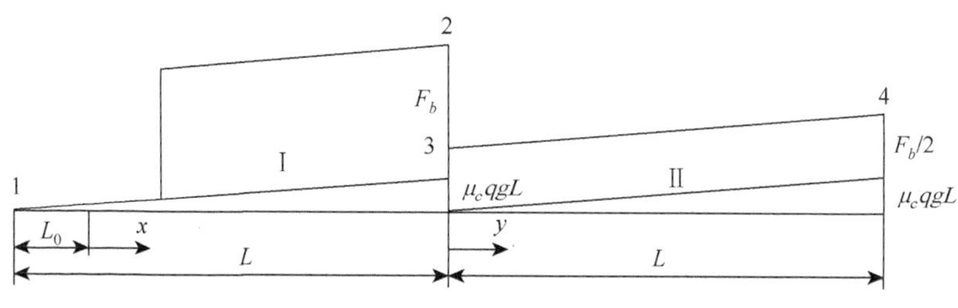

图 3-8　刨头运行至位移 x 时的刨链受力

刨煤机运行时，刨链弹性伸长满足胡克定律，刨链受力后产生的弹性伸长量 Δl 为上下刨链的伸长量之和，如式（3-15）所示。

$$\begin{aligned}\Delta l &= \frac{1}{EA_L}\left(\int_{L_0+x}^{L} F_b \mathrm{d}x + \int_0^L \mu_c qgx \mathrm{d}x + \int_0^L \frac{F_b}{2}\mathrm{d}y + \int_0^L \mu_c qgy \mathrm{d}y\right) \\ &= \frac{1}{EA_L}\left[\frac{3F_b}{2}L - F_b(L_0+x) + \mu_c qgL^2\right]\end{aligned} \tag{3-15}$$

式中，x 为刨头的位移，单位为 m；y 为上刨链的位移，单位为 m；E 为圆环链弹性模量，单位为 Pa；A_L 为圆环链棒料截面面积，单位为 m^2；F_b 为刨头运行阻力，单位为 N，由式（3-12）确定。

设 F_{rx} 为刨链必需预紧力，刨链在 F_{rx} 作用下的伸长量为 Δl_{rx}，由胡克定律可得 $\Delta l_{rx} = \dfrac{2L}{EA_L}F_{rx}$。因此，令 $\Delta l_{rx} = \Delta l$，则得到刨链必需预紧力为

$$F_{rx} = \left(\frac{3}{4} - \frac{L_0+x}{2L}\right)F_b + \frac{1}{2}\mu_c qgL \tag{3-16}$$

当刨头处于驱动装置Ⅱ时，$x=0$，所需的刨链预紧力最大，为

$$F_{r2} = \left(\frac{3}{4} - \frac{L_0}{2L}\right)F_b + \frac{1}{2}\mu_c qgL \tag{3-17}$$

当刨煤机处于非刨削状态即空行程时，刨头阻力中，刨削阻力、装煤阻力、刨刀与煤壁的摩擦阻力均不存在，只有刨头与滑架之间的摩擦阻力存在。因此，非刨削时的刨链必需预紧力 F_{rxk} 表示为

$$F_{rxk} = \left(\frac{3}{4} - \frac{L_0+x}{2L}\right)F_{\mu b} + \frac{1}{2}\mu_c qgL \tag{3-18}$$

2. 刨链剩余预紧力计算

设施加的刨链预紧力为 F_r，刨头在运行过程中，刨链产生的弹性变形可以抵消链条中的一部分预紧力，剩下的那部分预紧力就是剩余预紧力。刨链中剩余预紧力 F_{rs} 是刨链预紧力 F_r 和必需预紧力 F_{rx} 之差。刨链剩余预紧力可表示为

$$F_{rs} = F_r - \left(\frac{3}{4} - \frac{L_0 + x}{2L}\right)F_b - \frac{1}{2}\mu_c qgL \tag{3-19}$$

设非刨削时施加的刨链预紧力为 F_{rk}，则非刨削时刨链剩余预紧力 F_{rsk} 可表示为

$$F_{rsk} = F_{rk} - \left(\frac{3}{4} - \frac{L_0 + x}{2L}\right)F_{\mu b} - \frac{1}{2}\mu_c qgL \tag{3-20}$$

3.3.3 刨链预紧力选取范围

1. 预紧力选取范围计算

刨链必需预紧力由式（3-16）给出，但在实际运行中，在合适范围内选取刨链预紧力满足要求非常关键。下面探讨刨链预紧力的合理选取范围，受到运行阻力刨链产生伸长量 Δl 和施加预紧力刨链产生伸长量 Δl_r 之间的关系及其直接后果简述为：①若 $\Delta l > \Delta l_r$，则刨链松弛，导致与链轮不能正确啮合；②若 $\Delta l < \Delta l_r$，则刨链张紧，导致磨损严重，功率消耗加大；③若 $\Delta l = \Delta l_r$，则刨链处于理想的预紧状态，满足运行要求。

刨头从驱动装置Ⅱ处运行至驱动装置Ⅰ的过程中，刨链剩余预紧力逐渐增加。刨头在驱动装置Ⅱ处时，刨链处于理想的预紧状态，此时剩余预紧力为 0，而且对于双端驱动，刨链的最小张力点位置是 1 点（驱动装置Ⅱ处）。因此，将刨头位于驱动装置Ⅱ处时的必需预紧力作为刨链的理想预紧力，即由式（3-17）得到刨链理想预紧力为 F_{r2}。

刨链在实际运行时，为防止松链，刨链预紧力似乎越大越好，但不能大于刨链的理想预紧力，所以实际的刨链预紧力可表示为

$$F_r \leqslant F_{r2}$$

即

$$F_r \leqslant \left(\frac{3}{4} - \frac{L_0}{2L}\right)F_b + \frac{1}{2}\mu_c qgL \tag{3-21}$$

若预紧力较小，刨链将过于松弛，会导致跳链等问题。根据铁法煤业（集团）有限责任公司大明煤矿现场经验，刨链负载运行时，在刨链从链轮下面转出的地方，刨链的松弛量不得大于一个链环的长度（赖增春和徐春超，2007）。也就是说，

此时刨链中预紧力引起的链条弹性变形不能完全抵消链条运行时的弹性伸长，刨链的多余伸长量应小于等于一个链环的长度，即 $\Delta l-\Delta l_r \leqslant p+2d$ ，其中，p 为圆环链的节距，d 为圆环链棒料直径。

因此，可得到预紧力作用下刨链的伸长量为 $\Delta l_r \geqslant \Delta l-(p+2d)$。设刨链在预紧力为 F_{rp} 的作用下可得到伸长量为 $\Delta l-(p+2d)$ ，由胡克定律可得

$$F_{rp}=\frac{EA_L}{2L}[\Delta l-(p+2d)] \tag{3-22}$$

将刨头在驱动装置II处时刨链必需预紧力 F_{r2} 产生的伸长量 Δl 代入式（3-22），得

$$F_{rp}=\left(\frac{3}{4}-\frac{L_0}{2L}\right)F_b+\frac{1}{2}\mu_c qgL-\frac{EA_L(p+2d)}{2L} \tag{3-23}$$

基于上述分析，对于刨链预紧力，得到合适的选取范围为

$$F_{rp}\leqslant F_r\leqslant F_{r2}$$

即

$$\left(\frac{3}{4}-\frac{L_0}{2L}\right)F_b+\frac{1}{2}\mu_c qgL-\frac{EA_L(p+2d)}{2L}\leqslant F_r\leqslant\left(\frac{3}{4}-\frac{L_0}{2L}\right)F_b+\frac{1}{2}\mu_c qgL \tag{3-24}$$

由式（3-24）可以看出，刨链预紧力与刨头运行阻力、刨链规格、工作面长度等有关，因此要根据刨煤机实际负荷等情况确定刨链预紧力值。

由式（3-17）得到刨链理想预紧力为 $F_{r2}=\dfrac{3F_b}{4}-\dfrac{L_0F_b}{2L}+\dfrac{\mu_c qgL}{2}$，设施加理想预紧力时刨链的伸长量为 Δl_{r2}，可得 $\Delta l_{r2}=\dfrac{2L}{EA_L}\left(\dfrac{3F_b}{4}-\dfrac{L_0F_b}{2L}+\dfrac{\mu_c qgL}{2}\right)$。运行时刨链允许的松弛量设为 Δl_s ，可得 $\dfrac{\Delta l_s}{\Delta l_{r2}}=k_l=\dfrac{p+2d}{\dfrac{2L}{EA_L}\left(\dfrac{3F_b}{4}-\dfrac{L_0F_b}{2L}+\dfrac{\mu_c qgL}{2}\right)}$，在参数确定的情况下，$k_l$ 是确定的。

对于非刨削状态，即空行程时，施加理想预紧力时，刨链得到的伸长量设为 Δl_{r2k} ，刨链允许松弛量设为 Δl_{sk} 。由于生产中非刨削状态的时候很少，多是测试和实验情况，因此关于非刨削状态时刨链允许的松弛量没有经验数据。非刨削状态时刨头受到的阻力较小，刨链允许的松弛量也相应变小，这里将刨削运行时的比值 k_l 作为非刨削状态时刨链允许松弛量的选择参考，假设非刨削状态时刨链允许松弛量与施加理想预紧力时刨链伸长量的比值与刨削状态时相同，即 $\dfrac{\Delta l_{sk}}{\Delta l_{r2k}}=k_l$ ，则

$\Delta l_{sk}=k_l\Delta l_{r2k}$。此时，预紧力作用下的刨链伸长量为$\Delta l_{rk}=\Delta l_{r2k}-k_l\Delta l_{r2k}$，由胡克定律，得到此时的预紧力为$F_{rpk}=\dfrac{EA_L}{2L}(\Delta l_{r2k}-k_l\Delta l_{r2k})$。

又由式（3-18）可知，当刨头处于驱动装置II时，$x=0$，此时得到非刨削状态时的刨链理想预紧力为

$$F_{r2k}=\frac{3F_{\mu b}}{4}-\frac{L_0F_{\mu b}}{2L}+\frac{\mu_c qgL}{2} \tag{3-25}$$

由胡克定律可得，$\Delta l_{r2k}=\dfrac{2L}{EA_L}\left(\dfrac{3F_{\mu b}}{4}-\dfrac{L_0F_{\mu b}}{2L}+\dfrac{\mu_c qgL}{2}\right)$。

非刨削状态时刨链预紧力的取值范围表示为

$$F_{rpk}\leqslant F_{rk}\leqslant F_{r2k}$$

即

$$(1-k_l)\left(\frac{3F_{\mu b}}{4}-\frac{L_0F_{\mu b}}{2L}+\frac{\mu_c qgL}{2}\right)\leqslant F_{rk}\leqslant\frac{3F_{\mu b}}{4}-\frac{L_0F_{\mu b}}{2L}+\frac{\mu_c qgL}{2} \tag{3-26}$$

2. 预紧力选取计算实例

通过编写MATLAB程序计算刨链预紧力范围。以下列参数为例：刨链规格为38×137，刨链单位长度质量$q=29\text{kg/m}$；圆环链通过实验数据得到$EA_L=9.06\times10^7\text{N}$；刨链与滑架之间的摩擦系数$\mu_c=0.25$。

当刨头运行阻力$F_b=150\text{kN}$，工作面长度L为100～200m时，得到刨链预紧力的范围如图3-9所示。随着工作面长度增加，理想预紧力F_{r2}增加幅度较小，F_{rp}增加较大，预紧力选取范围上下限的差值逐渐减小。当工作面长度$L=150\text{m}$，刨头运行阻力F_b为150～200kN时，得到刨链预紧力的范围如图3-10所示。刨头

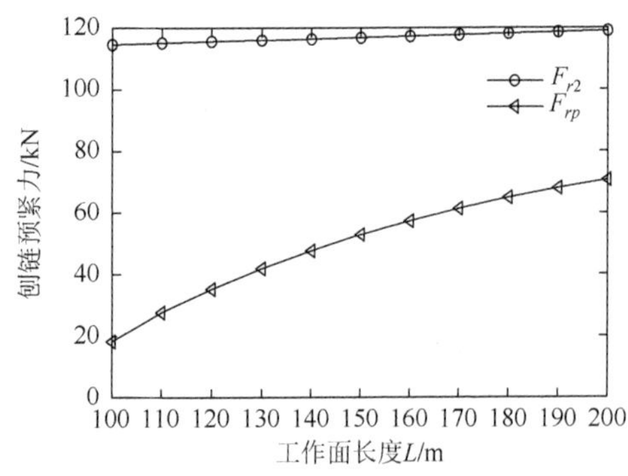

图3-9　L变化时刨链预紧力范围

运行阻力增大，F_{r2} 和 F_{rp} 均增加较多，预紧力选取范围上下限的差值不变。当刨头运行阻力 $F_b = 150\text{kN}$，工作面长度 $L = 150\text{m}$ 时，刨头开始运行时与驱动装置Ⅱ之间的距离 L_0 在 0.5～2.5m 变化，得到刨链预紧力的范围如图 3-11 所示。随着 L_0 增加，F_{r2} 和 F_{rp} 均小幅度减小，预紧力选取范围上下限的差值不变。当工作面长度 L 在 100～200m，刨头运行阻力 F_b 为 150～200kN 时，刨链预紧力选取范围计算结果如图 3-12 所示。

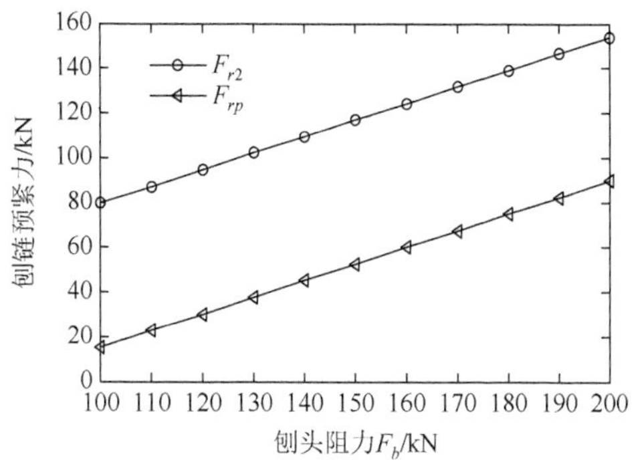

图 3-10　F_b 变化时刨链预紧力范围

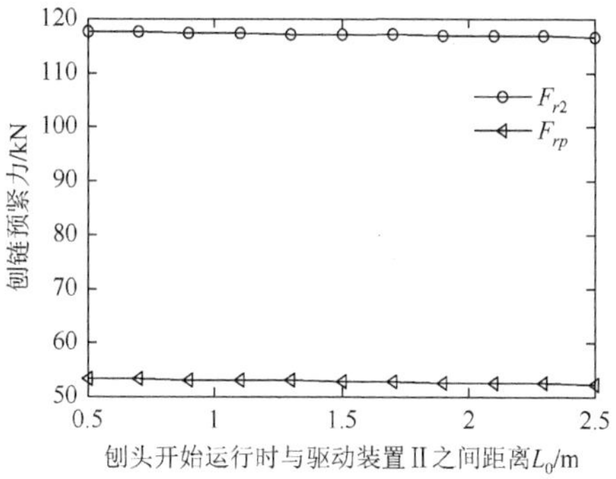

图 3-11　L_0 变化时刨链预紧力范围

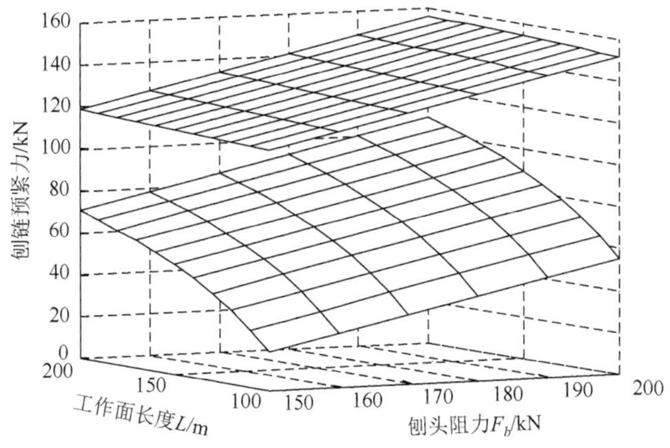

图 3-12　L 和 F_b 变化时刨链预紧力范围

在第 7 章的 7.3 节中，在非刨削状态下，当刨链预紧力不同时对刨煤机功率进行测试。实验数据表明，当刨链预紧力增加到超过一定数值时，刨煤机能耗增加很大，而且此数值与根据计算得到的刨链理想预紧力数值非常接近，说明前述预紧力的选取范围公式符合实验结果，是合理的。

3.4 刨头稳定性分析

刨煤机的运行特点是由圆环链牵引实现刨头沿工作面往复刨煤。随着刨煤机功率不断提高，开采煤层的厚度逐渐增加。当煤层较厚时，刨头高度会随之增加。刨头在刨煤时，煤壁的挤压力使其有向采空区侧倾倒的趋势，导致刨头不稳定，增大了摩擦阻力，影响刨头沿着滑架的正常运行及刨削深度的控制。因此，当刨头增加到一定高度后，要在刨头上安装支撑架，支撑架一侧和刨头连接，另一侧沿输送机采空区侧的导轨滑行，以保证刨头的稳定运行。

影响刨头稳定性的直接原因是刨头高度的增加，此外还有其他因素。因此，确定需要安装支撑架的刨头高度范围，分析影响刨头稳定性的其他因素及其影响规律，都是迫切需要解决的问题。本节对滑行刨煤机刨头稳定性进行分析（康晓敏和李贵轩，2012），得到刨头稳定性的影响因素，以及安装支撑架的刨头高度规律，为刨煤机的设计和使用提供理论依据。

3.4.1 刨头受力及其稳定性分析

由 3.1 节和 3.2 节分析得到，在刨煤过程中，刨头受到的煤壁作用力为单侧所有刨刀刨削阻力的合力、挤压力的合力、侧向力的合力，分别表示为 F_Z、F_Y、F_X。随着开采煤层厚度的增加，刨头高度逐渐增大，当增加到一定高度时，煤壁作用力将使刨头产生向采空区侧倾倒的趋势，导致刨头不稳定。同时，还会使刨头产生在长度和高度方向上的扭转，导致刨头和滑架接触点位置不同。因此，可通过分析刨头和滑架接触点的变化及接触位置的受力，进一步分析刨头稳定性。

滑架的具体结构有所不同，但刨头在滑架上滑行，因此刨头与滑架有几个固定的接触位置。假设滑行刨煤机刨头结构如图 3-13 所示，运行中刨头两侧受到的刨链拉力分别为 F_1、F_2，刨煤时刨头受到煤壁作用力，其中，刨削阻力 F_Z 的作用使刨头产生沿着刨头长度方向扭转的趋势，导致刨头和滑架下部导轨两端形成接触，接触位置为图 3-13（a）中 B 点（靠近刨链）及滑架另一端的 A' 点（靠近煤壁）。同时刨头受到煤壁挤压力 F_Y 的作用，使刨头产生向采空侧倾倒的趋势，亦使刨头产生扭转，扭转的方向与刨削阻力 F_Z 产生的扭转方向相反。因为挤压力 F_Y 和刨削阻力 F_Z 起到相反的作用，所以假定刨头和滑架上部导轨另一端不存在接触，只有上部导轨的 O_1 点是接触位置。因此，刨头和上滑架上部导轨的接触位置即图 3-13（a）中 O_1 点处；刨头和图示一端上滑架下部导轨的接触点有两个，为图 3-13 中 A 点或 B 点，和上滑架下部导轨另一端的接触位置也存在两个，为 A' 点或 B' 点。

由图 3-13 和受力分析可得出，刨头受到煤壁作用力产生不稳定时，向采空区侧倾倒，刨头和上滑架下部导轨的接触点有变化，导致刨头受到支撑作用力（N_b、N_1、N_2、N_3）的方向不同，因此接触点位置变化和支撑作用力的方向和大小反映了刨头是否存在倾倒的可能。下面具体分析刨头和上滑架下部的接触点位置及刨头受到支撑作用力的方向。

（1）当刨头高度较低时，所受煤壁刨削阻力和挤压力较小，刨头不会倾倒，则刨头和上滑架下部导轨的接触点是图 3-13（a）中 A 点或者 B 点。接触点为 A 点时，N_2 指向煤壁侧。当作用在刨头上的煤壁挤压力不能产生足够的倾倒力矩时，同时刨削阻力的作用使刨头和滑架下部导轨的接触点为 B 点，此时 N_2 指向采空区侧。由于刨削阻力和挤压力的作用，N_1 指向煤壁侧。

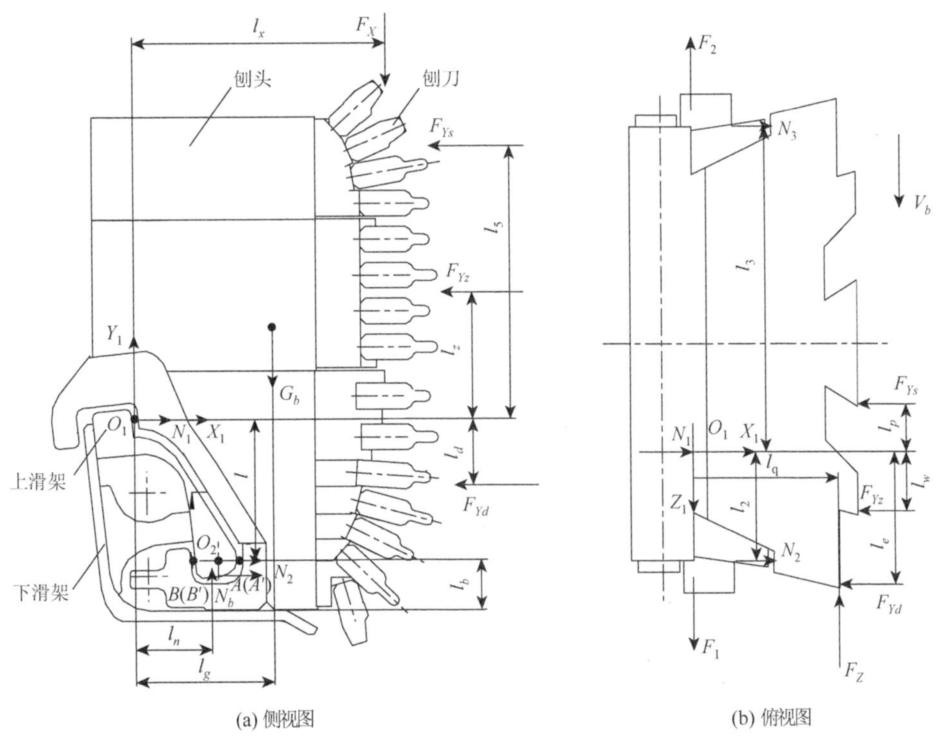

图 3-13　滑行刨煤机刨头受力及与滑架接触位置图

（2）当刨头高度较高时，煤壁挤压力可以产生足够的倾倒力矩，并且没有安装支撑架时，刨头会产生倾倒，同时有刨削阻力的作用，刨头和滑架下部导轨的接触点为 B 点。此时，N_2 指向采空区侧。由于刨削阻力和挤压力的作用，N_1 指向煤壁侧。

为进一步分析刨头的稳定性，需得出滑架对刨头的支撑作用力（N_b、N_1、N_2、N_3）和哪些因素有关。刨头的受力状况如图 3-13 所示。由于下部导轨接触位置 A、

B 两点距离较小，为简化，将下部导轨的中心 O_2 作为刨头与其的接触点。分别在图 3-13（a）中 $X_1O_1Y_1$ 坐标系及图 3-13（b）中 $X_1O_1Z_1$ 坐标系中对 O_1 点取矩，假设滑架对刨头的支撑作用力（N_b、N_1、N_2、N_3）的方向如图 3-13 所示为正向，列平衡方程（3-27），通过求解方程，可得到 N_b、N_1、N_2、N_3。

$$\begin{cases} N_1 + N_2 + N_3 = F_{Ys} + F_{Yz} + F_{Yd} \\ N_b = G_b + F_X \\ N_2 l + N_3 l + F_{Yz} l_z + F_{Ys} l_s + N_b l_n - G_b l_g - F_X l_x - F_{Yd} l_d = 0 \\ N_2 l_2 + F_{Ys} l_p + F_Z l_q - N_3 l_3 - F_{Yd} l_e - F_{Yz} l_w = 0 \end{cases} \tag{3-27}$$

式中，F_X 为刨头上所有刨刀受到侧向力的合力，单位为 kN；F_{Ys}、F_{Yz}、F_{Yd} 分别为刨头顶刀块、中间加高块、基体所有刨刀受到挤压力的合力，单位为 kN；F_Z 为刨头上所有刨刀受到刨削阻力的合力，单位为 kN；N_b 为下滑架对刨头的支撑作用力，单位为 kN；N_1 为上滑架上部导轨对刨头的支撑作用力，单位为 kN；N_2、N_3 分别为上滑架下部导轨两端对刨头的支撑作用力，单位为 kN；G_b 为刨头的重力，单位为 kN；l 为 O_1 和 O_2 两点之间的垂直距离，单位为 mm；l_g 为刨头重心和 O_1 之间的水平距离，单位为 mm；l_n 为刨头滑座中点和 O_1 之间的距离，单位为 mm；l_s、l_z、l_d 分别为 F_{Ys}、F_{Yz}、F_{Yd} 在 $X_1O_1Y_1$ 坐标系中的力臂，单位为 mm；l_x 为 F_X 的力臂，单位为 mm；l_2、l_3 分别为 N_2、N_3 在 $X_1O_1Z_1$ 坐标系中的力臂，单位为 mm；l_p、l_w、l_e、l_q 分别为 F_{Ys}、F_{Yz}、F_{Yd}、F_Z 在 $X_1O_1Z_1$ 坐标系中的力臂，单位为 mm。

由于 N_b 对刨头稳定性的影响很小，这里着重分析 N_1、N_2、N_3 的变化。由式（3-27）可得到关于 N_2 的表达式为

$$\begin{aligned} N_2 = & (G_b l_g + F_X l_x + F_{Yd} l_d - (G_b + F_X) l_n - F_{Yz} l_z - F_{Ys} l_s) l_3 / (l_2 l + l_3 l) \\ & + (F_{Yd} l_e - F_{Ys} l_p + F_{Yz} l_w - F_Z l_q) / (l_2 + l_3) \end{aligned} \tag{3-28}$$

为进一步得到 N_2 和哪些参数有关，假设相关参数如下。

设 H_s、H_{zh}、H_d 分别为刨头顶刀块、中间加高块、基体的高度，单位为 mm；l_b 为 O_2 到底板之间的距离，单位为 mm，可得

$$l_s = H_s / 2 + H_{zh} + H_d - l - l_b, \quad l_z = H_{zh} / 2 + H_d - l - l_b, \quad l_d = l - (H_d / 2 - l_b) \tag{3-29}$$

设 G_{bs}、G_{bz}、G_{bd} 分别为刨头顶刀块、中间加高块、基体的重力，单位为 kN；G_z 为单位长度刨头中间加高块的重力，单位为 kN/mm，则

$$G_b = G_{bs} + G_{bz} + G_{bd}, \quad G_{bz} = H_{zh} G_z \tag{3-30}$$

下面是刨头受到的刨削阻力、挤压力和侧向力的计算。单个刨刀刨削阻力 Z 由式（3-1）～式（3-3）计算。对于顶刀、底刀、直线排列和阶梯排列的刀，公式中的相关系数取值不同，因此可得到不同情况下单个锐利刨刀受到的刨削阻

力。设 F_{Zs}、F_{Zz}、F_{Zd} 分别为刨头顶刀块、中间加高块、基体受到刨削阻力的合力，则 $F_Z = F_{Zs} + F_{Zz} + F_{Zd}$；$Z_{0s}$、$Z_{0z}$、$Z_{0d}$ 分别为顶刀块、中间加高块、基体的单个锐利刨刀受到的刨削阻力；Y_{0z} 为中间加高块单个锐利刨刀所受到的挤压力；n_s、n_d 分别为顶刀块、基体的刨刀把数；t_z 为中间加高块的刨刀间距，则可得到刨头顶刀块、中间加高块、基体受到的刨削阻力和挤压力分别为

$$F_{Zs} = n_s Z_{0s} + f_z F_{Ys},\quad F_{Zd} = n_d Z_{0d} + f_z F_{Yd},\quad F_{Zz} = \left[\frac{1}{k_n(1+1.8S_z)} + f_z\right]\frac{H_{zh}}{t_z}Y_{0z}$$

$$F_{Ys} = n_s k_n Z_{0s}(1+1.8S_z),\quad F_{Yd} = n_d k_n Z_{0d}(1+1.8S_z),\quad F_{Yz} = \frac{H_{zh}}{t_z}k_n Z_{0z}(1+1.8S_z) \tag{3-31}$$

刨头上所有刨刀受到侧向力的合力如式（3-32）所示，可通过单个刨刀侧向力求得。

$$F_X = F_{Xs} + F_{Xj} + F_{Xd} \tag{3-32}$$

式中，F_{Xs}、F_{Xd} 分别为刨头顶部刨刀、底部刨刀受到的侧向力；F_{Xj} 为阶梯排列刨刀受到的侧向力。

将式（3-29）～式（3-32）代入式（3-28），设 $p = k_n(1+1.8S_z)$，则得到

$$\begin{aligned} N_2 = &-\frac{H_{zh}^2 Y_{0z} l_3}{2t_z(l_2+l_3)l} \\ &- H_{zh}\left[\frac{Y_{0z}(H_d - l - l_b)l_3}{t_z(l_2+l_3)l} + \frac{Y_s l_3}{(l_2+l_3)l} - \frac{G_z(l_g - l_n)l_3}{(l_2+l_3)l} - \frac{Y_{0z}l_w}{t_z(l_2+l_3)} + \left(\frac{1}{p} + f_z\right)\frac{Y_{0z}l_q}{t_z(l_2+l_3)}\right] \\ &+ \frac{(G_{bs}+G_{bd})(l_g - l_n) + F_X(l_x - l_n) + F_{Yd}l_d - F_{Ys}(H_s/2 + H_d - l - l_b)}{(l_2+l_3)l}l_3 \\ &+ \frac{F_{Yd}l_e - F_{Ys}l_p - (F_{Zs}+F_{Zd})l_q}{l_2+l_3} \end{aligned} \tag{3-33}$$

对于一种确定的刨头结构，刨头基体和顶刀块的高度是确定的，刨头高度的增加是通过调整中间加高块的高度实现的。同时，在刨头受力计算公式中，刨削深度的变化对刨头受力的影响很大。因此，在式（3-33）中，刨头中间加高块的高度 H_{zh} 及刨削深度 h 可视为变量，其他参数可根据已确定的刨头结构参数和煤层条件确定。因此，可得到 N_2 是关于 H_{zh} 和 h 的函数，也可求得 N_1、N_3 关于 H_{zh} 和 h 的关系式。

3.4.2　刨头稳定性的影响因素分析

由前述分析可得出，滑架对刨头的支撑作用力 N_1、N_2、N_3 的变化能够反映出

刨头是否稳定。N_1、N_2、N_3均为刨头中间加高块的高度H_{zh}和刨削深度h的函数。下面以某种刨头的结构参数为例，通过MATLAB软件进行计算，得到N_1、N_2、N_3随H_{zh}、h变化的规律，其中，将刨头高度H作为变量更直观。部分参数为：抗截强度$A = 1000\text{N/cm}$；刨头顶刀块刨刀把数$n_s = 7$，刨头基体刨刀把数$n_d = 9$；$H_d = 800\text{mm}$，$H_s = 565\text{mm}$；H_{zh}为50～650mm，间隔为50mm。

（1）当刨削深度h固定不变时，随着刨头高度增加（这里是指中间加高块的增加，基体和顶刀块一直不变），刨头受到的支撑作用力N_2逐渐由正值向负值过渡，N_2的方向由指向煤壁侧，逐渐变为指向采空区侧。随着刨头高度增加，N_3逐渐减小，说明刨头相应接触点的力变小。N_1逐渐变大，说明相应接触点的力变大。以上变化说明随着刨头高度增加，刨头倾倒的趋势增大。图3-14是当刨削深度h为7cm、12cm时刨头高度H和支撑作用力N_1、N_2、N_3的变化规律。

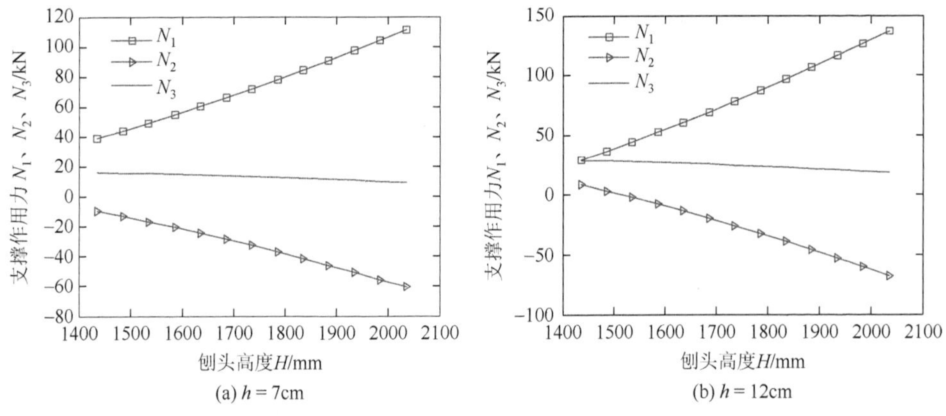

(a) $h = 7\text{cm}$　　(b) $h = 12\text{cm}$

图3-14　$h = 7\text{cm}$和$h = 12\text{cm}$时H与N_1、N_2、N_3的变化规律

（2）当刨削深度在一定范围内变化，由图3-15～图3-17可以得到N_2、N_3在刨削深度为5～12cm时的变化规律。

当刨头高度小于某值时，随着刨削深度增加，N_2的数值不断减小，方向虽然指向采空区一侧，但刨头还是比较稳定。N_2数值的变化，是因为刨头受力增大，挤压力阻止刨削阻力使刨头扭转，导致接触点作用力的数值变小。

当刨头高度大于某值时，N_2的变化规律发生改变，随着刨削深度增加，N_2的数值不断增大，方向指向采空区一侧，说明刨头倾倒趋势越来越大，刨头越来越不稳定。N_2发生变化，是因为刨头受力增大，虽然挤压力阻止刨削阻力使刨头扭转，但挤压力形成的倾倒力矩增加占主要地位，所以接触点作用力的数值变大。

随着刨头高度增加，N_3不断减小。同时，当刨头高度不变时，随着刨削深度增加，N_3不断增大。

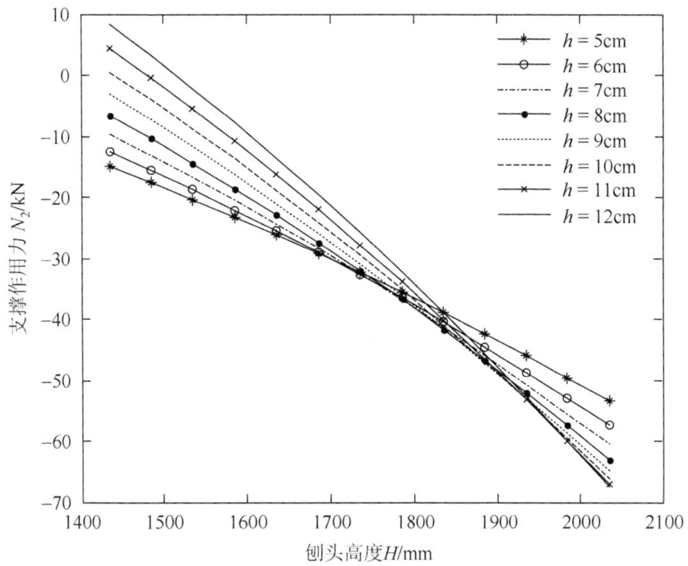

图 3-15 刨削深度 h、刨头高度 H 变化时 N_2 的变化规律

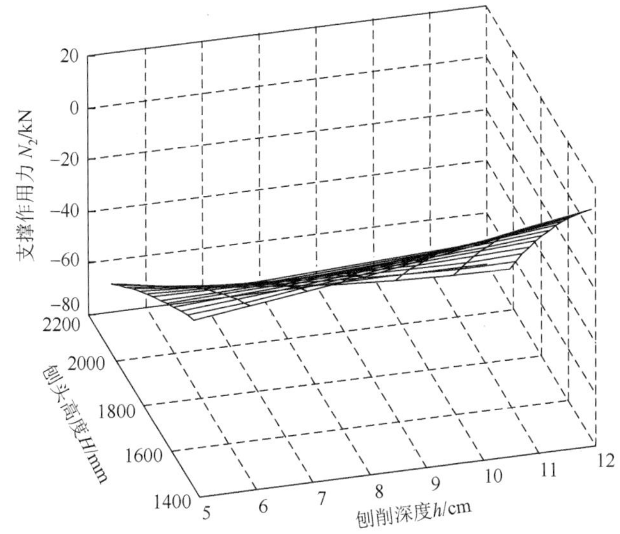

图 3-16 刨削深度 h、刨头高度 H 变化时 N_2 变化的三维网格图

（3）由图 3-15 和图 3-16 可以看出，随着刨头高度增加，N_2 指向采空区一侧，大于某一高度（设此高度为 H_0）时，N_2 的变化规律发生改变，直到改变为随着刨削深度增大。N_2 的绝对值变大，主要是因为煤壁挤压力产生的倾倒力矩变大，刨头越来越不稳定，可以将此高度 H_0 作为判断刨头稳定和不稳定的交界状态，大于高度 H_0 时应该安装支撑架，以保证刨头的稳定。

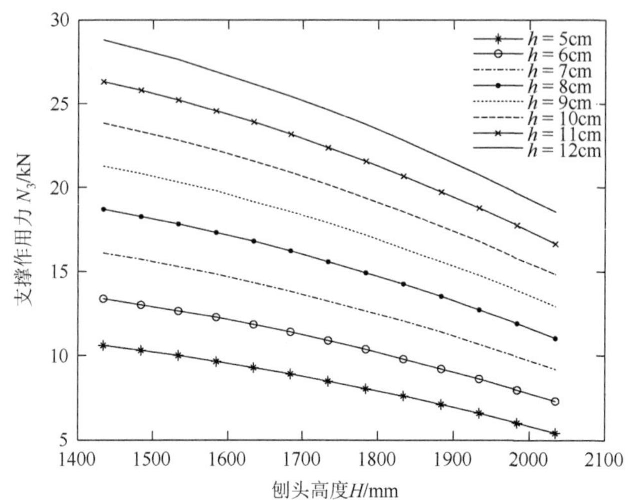

图 3-17　刨削深度 h、刨头高度 H 变化时 N_3 的变化规律

这里，随着刨削深度增加，刨头越来越不稳定的趋势与刨头的顶刀块和基体有关，由式（3-33）可以看出，还有其他参数影响。

（4）由图 3-15 和图 3-16 可以看出，应根据刨头高度 H_0，综合其他因素和实际情况确定安装支撑架的刨头高度，为指导井下生产提供依据。

第 4 章　刨煤机动力学分析

全自动化刨煤机成套设备包括刨煤机、装有滑架导轨的刮板输送机、液压支架及具有自动控制、在线监测和故障诊断功能的成套电控设备。按采煤工作面长度为225m计算，工作面将安装有150台液压支架（每台液压支架重数吨），刮板输送机中部溜槽150节（每节重0.5～0.8t，含滑架导轨），采煤工作面设备总重过千吨。这些设备互相关联，协调动作。煤层非单一介质，为各向异性。在刨煤机工作时，刨头受到的刨削阻力是随机变化的，而且刨头和刨链在运行中承受的摩擦阻力也是变化的。因此，刨煤机工况的动态性不可逾越，动力学问题极为突出。刨刀磨损，刨链与其他零部件寿命，以及刨煤机运行稳定性都与刨煤机动力学相关。

刨煤机动力学是刨煤机理论中最重要的组成部分，也是我国刨煤机研究的薄弱环节。因此，本章研究刨煤机的动力学问题（康晓敏和李贵轩，2010a；康晓敏，2009；康晓敏和李贵轩，2009），以期在我国刨煤机研发中得到应用，丰富我国刨煤机研发理论，进而为我国薄煤层开采做出贡献。

4.1　刨煤机振动的影响因素

刨链在滑架中运行，如图 4-1 所示，滑架形成上下两个链道供上链和下链通过，刨链和链道内壁之间的间隙较小。下链和刨头相连，刨头沿着滑架导轨往复运行，刨头底部和背部与滑架接触。在刨煤机运行过程中，刨头的横向振动很小。刨链是矿用高强度圆环链，在外力作用下弹性伸长较小，当刨链很短时，可以忽略弹性变形的影响。但是刨煤机工作面很长，通常刨链有几百米，刨链的弹性变形不可忽视，因此刨链和刨头的纵向振动十分明显。

刨链沿工作面长度方向的纵向振动对刨煤机运行影响很大。刨煤机在运行过程中，刨链的负荷变化很大。引起刨链的负荷变化有多方面因素，有链本身的影响，如链本身弹性振动、链轮多边形效应和刨链预紧力，也有外界条件的影响，如煤的物理机械性质变化及破煤过程等。刨链的负荷变化影响刨链的可靠性和使用寿命。

刨头是刨煤机的重要组成部分，刨头上的刨刀刨削煤壁，刨刀受到的煤壁作用力复杂且具有随机性，其对刨煤机振动的影响很大。

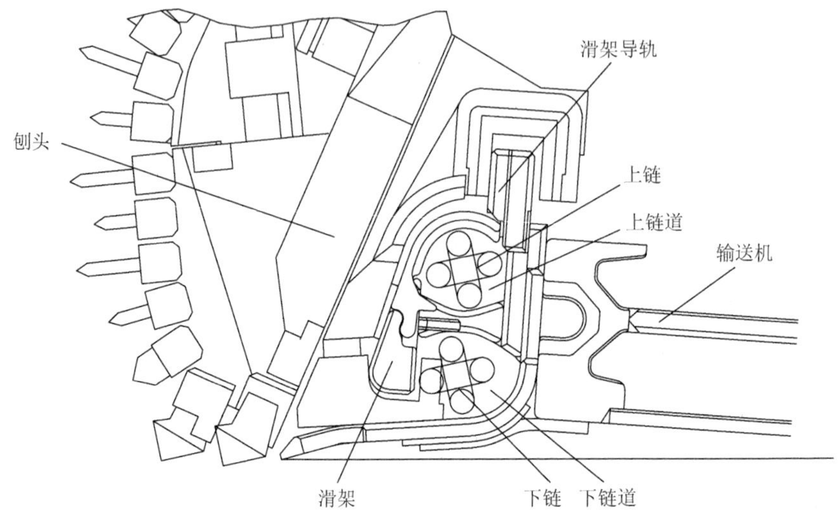

图 4-1　刨头与滑架示意图

4.1.1　刨刀载荷变化

刨刀是安装在刨煤机上截割煤体的刀具，刨刀可分为片式刨刀和锥形（镐形）刨刀，目前广泛应用的是片式刨刀。只有了解刨刀的破煤机理，才能知道煤体给予刨刀作用力的变化，进而分析刨煤机运行中的力学行为。

20 世纪 50 年代，苏联学者提出了“密实核”学说。刀具截割煤体过程中，会出现煤块的崩落。因此，刀具受到的切削阻力值也会随着煤块的崩落出现相应的波动，并非恒定值。

王春华教授对刀具的截割机理进行了实验研究（王春华，2004），图 4-2 为截割深度为 40mm 时的刀齿三向力曲线，从在线测量得到的三向力曲线图可以发现，

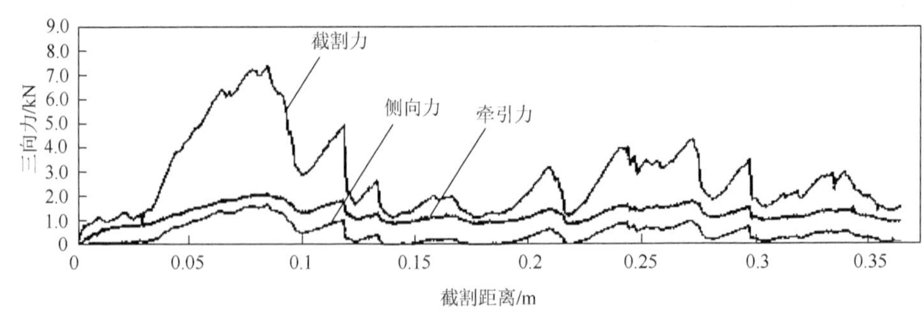

图 4-2　刀齿三向力曲线

截割力远远大于牵引力及侧向力，三向力的值在截割过程中均有不规则的波动，且三向力波动状态相似，这和大块煤的崩落有关。

以上各种理论和实验研究均表明，刀具截割煤体时，受到煤体施加的作用力是随机变化的，而且变化比较大。

刀具上的载荷谱表明，在刀具与被破碎的煤相互作用过程中，刀具上作用的载荷是其空间位移的随机函数。这种随机性质取决于煤体性质在空间的变化和切削过程的结构特点。顿 B. B. 分析得出，刀具切削时，刀具上的载荷是切削路径的平稳随机函数，其结论如下（保晋等，1992）。

（1）刀具上的切削力（截割力）和进刀力（牵引力）等瞬时值服从Γ分布，分布密度为

$$f(P)=\frac{\lambda^{\eta}}{\Gamma(\eta)}P^{\eta-1}\exp(-\lambda P) \tag{4-1}$$

式中，λ、η 分别为比例参数和分布形式参数（$\lambda=\bar{P}/\sigma^2$，$\eta=\lambda\bar{P}$），σ 为标准差，$\bar{P}$ 为数学期望；$\Gamma(\eta)$ 为伽马函数。

侧向力载荷瞬时值服从正态分布规律。

（2）切削力和进刀力的标准差 σ 是载荷数学期望 $\bar{P}$ 的线性函数，即

$$\sigma^2=(a_f+b_f\bar{P})^2 \tag{4-2}$$

式中，a_f、b_f 为与破碎煤炭脆性程度有关的实验系数。

刨煤机刨刀刨削力和进刀力等分布函数的研究表明，切削没有包裹体的煤层时，根据衰减程度，原来的Γ分布将变为正态分布。

刀具上的载荷不均衡性可由变异系数值来评价，变异系数是标准差与数学期望的比值，如式（4-3）所示。

$$v_{Z(Y)}=\frac{\sigma}{\bar{P}} \tag{4-3}$$

通常，对不含有包裹体的煤，计算刨煤机刨刀上的载荷谱时，推荐使用 v_Z 和 v_Y，如表 4-1 所示（保晋等，1992）。

表 4-1 变异系数 v_Z 和 v_Y

变异系数	煤炭	抗截强度 A/(N/cm)		
		800	1600	2400
v_Z	黏性 脆性	0.50 0.75	0.60 0.85	0.70 0.95
v_Y	黏性 脆性	0.30 0.40	0.35 0.50	0.40 0.60

刨煤机刨刀受到的力是空间位移的随机函数，也可视为刨削时间的随机函数。在刨削没有包裹体的煤壁时，刨煤机刨刀受到的刨削阻力、挤压力（进刀力）、侧向力的载荷瞬时值均服从正态分布规律，因此在描述刨刀受到的随机煤壁作用力时，可用平均值和方差完全描述。通过计算得到刨削阻力等刨刀受力的平均值，根据煤层的抗截强度值及煤层的性质由表 4-1 选择变异系数，即可由式（4-3）确定标准差，来描述刨刀受到的随机煤壁作用力。

当煤层韧性较大时，崩落现象不明显，且刨削深度较小时，在设计刨煤机时可以把煤壁作用力作为确定值。

4.1.2　刨链预紧力

刨头由刨链牵引，当没有对链条施加预紧力时，链条松弛，导致刨链不能和链轮正确啮合及刨煤机运行出现问题，链条的不同张紧状态如图 3-6 所示。

刨煤机空载时，链条有足够的预紧力，当负载运转时，链条只有少量的松弛。负载运行时，刨链的松弛长度应使刨链与链轮自由啮合和脱离。刨链不能松弛到和链轮齿尖撞击或可能发生跳链的程度，因为这样可能造成刨链不能进入链轮形成正确啮合和断链。链条过分张紧，会造成链条通过链轮时链条和链轮的过度磨损、巨大的噪声及驱动功率的消耗增加。刨链预紧力分布在整条圆环链中，大小是一致的，刨链的预紧力分布如图 4-3 所示。

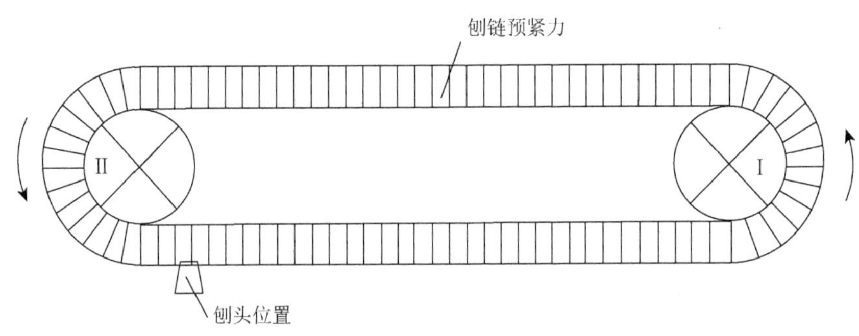

图 4-3　刨链预紧力分布

随着刨煤机由一端向另一端运行，刨链中的预紧力因为链条的弹性伸长而部分抵消，所以刨链中存有剩余的预紧力。刨链的预紧力对刨链张力和刨链纵向振动有着重要影响。

4.1.3　链轮多边形效应

刨煤机是由刨链牵引刨头沿工作面往复移动的，链轮与刨链的啮合使链轮的旋转运动变成刨链和刨头的直线运动，将牵引力施加到刨头上。实现牵引运动的链轮是一种形状特殊的齿形轮，上面有平环槽和立环槽，分别用以嵌放牵引链上的平环和立环。每个链环都有一定的长度（节距），圆环链同链轮相啮合时，链轮的外缘呈多边形，瞬时牵引速度的方向同牵引链运动方向不一致，两者之间存在一个夹角 ϕ，ϕ 是圆环链与轮齿啮合点线速度 ωR 和牵引速度 v 的夹角，如图 4-4 所示。所以，当驱动链轮做匀速转动时，牵引速度将做周期性的波动。进一步分析可知，这种速度波动和链轮齿数有关，齿数越少波动越大。由于井下空间限制，链轮齿数不宜过多（一般情况下链轮齿数 $N_L = 5\sim8$），使得牵引速度的波动较大。

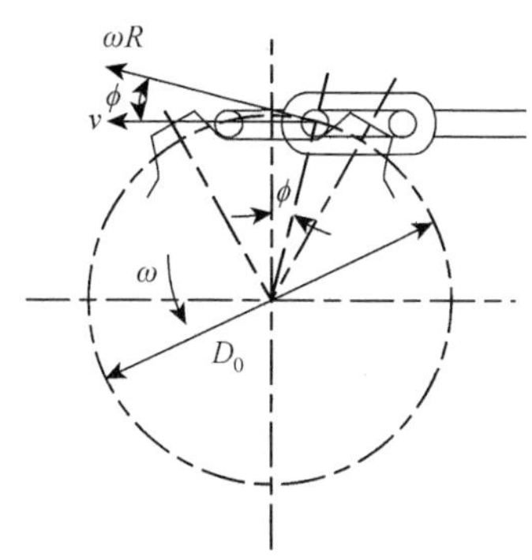

图 4-4　链轮与链条啮合原理

刨煤机工作时，刨链牵引速度较大，且链轮同圆环链的啮合传动不均匀，牵引速度有较大的波动，导致刨链承受较大的动载荷。

设链轮节圆直径为 D_0、半径为 R、链轮的角速度为 ω，随着链轮的旋转，ϕ 是周期性变化的，因此牵引链速度也是周期性变化的。牵引速度 v 可表示为

$$v = R\omega\cos\phi \tag{4-4}$$

每个轮齿对应的中心角为 α，链轮每转过一个轮齿（对应 α），ϕ 完成一个周期的变化，其变化范围为 $-\alpha/2 \sim \alpha/2$，由式（4-4）可知，牵引速度的变化范围为

$$R\omega\cos(\alpha/2) \leqslant v \leqslant R\omega$$

加速度为

$$a = \frac{\mathrm{d}v}{\mathrm{d}t} = -R\omega^2\sin\phi$$

加速度的变化范围为

$$-R\omega^2\sin(\alpha/2) \leqslant a \leqslant R\omega^2\sin(\alpha/2)$$

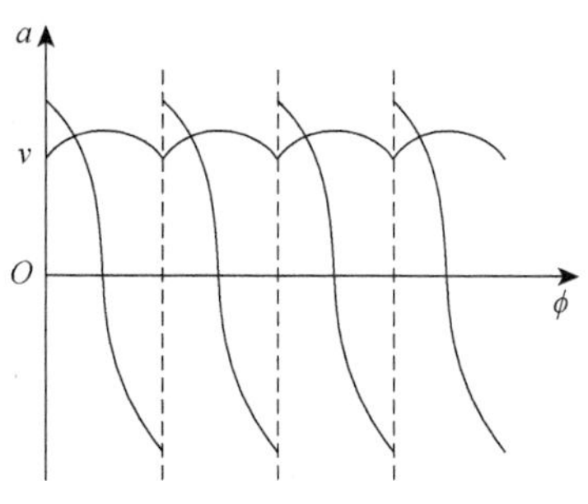

图 4-5　牵引速度和加速度变化曲线

牵引速度和加速度的变化曲线如图 4-5 所示。

通过前面的分析可得出，在刨煤机运行中，刨链的纵向振动、刨链预紧力、链轮多边形效应及煤的物理机械性质和煤对刨刀作用力的变化等给刨煤机带来了很多的动力学问题。为解决刨煤机的振动问题，需要对刨煤机系统进行深入的研究和分析，并结合煤矿企业的应用经验采取相应措施，减小振动给刨煤机运行带来的影响，提高刨煤机的性能。因此，根据实际

运行工况，应首先考虑各种影响因素来建立刨煤机动力学模型，进一步分析刨煤机的动力学问题。

4.2　刨煤机非线性动力学模型

刨煤机的运行工况复杂，建立刨煤机动力学模型需要考虑很多因素。首先，建立单自由度刨煤机动力学模型，为刨煤机在方案设计阶段对运动学和动力学进行简单分析时提供参考。其次，进一步建立较全面的多自由度刨煤机动力学模型，分析各种因素影响的振动响应和刨链张力变化，为最终确定刨煤机各项参数和具体分析刨煤机各种动力学问题提供理论依据。

4.2.1　单自由度刨煤机非线性动力学模型

根据刨煤机的结构和运行工况，将刨链作为黏弹性体，适当简化后建立单自由度动力学模型。刨头的质量很大，一般有几吨重。因此，将刨煤机看成单自由度振动系统，将两端与链轮啮合处的刨链速度作为额定速度，得到单自由度刨煤机非线性动力学模型如图 4-6 所示。

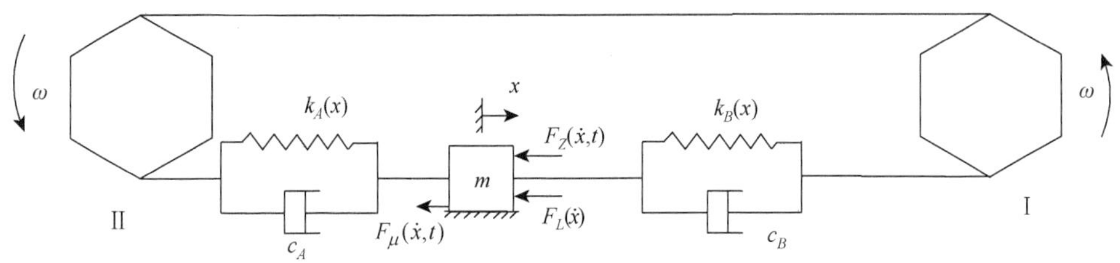

图 4-6　单自由度刨煤机非线性动力学模型

考虑刨链预紧力和链轮多边形效应的影响，不计刨链质量的动力学方程为

$$m\ddot{x}+F_A(x,\dot{x},t)-F_B(x,\dot{x},t)=-F_L(\dot{x})-F_\mu(\dot{x},t)-F_Z(\dot{x},t) \tag{4-5}$$

式中，m 为刨头的质量，单位为 kg；x 为刨头的位移，单位为 m；$\dot{x}$ 为刨头速度，单位为 m/s；$\ddot{x}$ 为刨头的加速度，单位为 m/s^2；$F_A(x,\dot{x},t)$、$F_B(x,\dot{x},t)$ 分别为刨头和驱动装置 II 之间的刨链张力、刨头和驱动装置 I 之间的刨链张力，单位为 N。

由于刨链只能受拉伸，所以用式（4-6）、式（4-7）分别表示刨链张力 $F_A(x,\dot{x},t)$、$F_B(x,\dot{x},t)$。

$$F_A(x,\dot{x},t)=\begin{cases}k_A(x)(x-\omega Rt)+F_{vr}(x,\dot{x},t)+c_A[\dot{x}-v(t)] \\ \qquad (k_A(x)(x-\omega Rt)+F_{vr}(x,\dot{x},t)+c_A[\dot{x}-v(t)]>0) \\ 0 \quad (k_A(x)(x-\omega Rt)+F_{vr}(x,\dot{x},t)+c_A[\dot{x}-v(t)]\leqslant 0)\end{cases} \tag{4-6}$$

$$F_B(x,\dot{x},t)=\begin{cases}k_B(x)(\omega Rt-x)+F_{vr}(x,\dot{x},t)+c_B(v(t)-\dot{x}) \\ \qquad (k_B(x)(\omega Rt-x)+F_{vr}(x,\dot{x},t)+c_B[v(t)-\dot{x}]>0) \\ 0 \quad (k_B(x)(\omega Rt-x)+F_{vr}(x,\dot{x},t)+c_B[v(t)-\dot{x}]\leqslant 0)\end{cases} \tag{4-7}$$

式中，$k_A(x)$、c_A 分别为刨头和驱动装置Ⅱ之间刨链的刚度系数、阻尼系数，$k_A(x)$ 由式（4-16）得出；$k_B(x)$、c_B 分别为刨头和驱动装置Ⅰ之间刨链的刚度系数、阻尼系数，$k_B(x)$ 由式（4-17）得出；$F_{vr}(x,\dot{x},t)$ 为刨链剩余预紧力，单位为N，由式（4-20）得出；ω 为驱动链轮的角速度，单位为 rad/s；R 为链轮半径，单位为 m；t 为时间，单位为 s；$v(t)$ 为与链轮啮合点处的刨链速度，单位为 m/s，考虑链轮的多边形效应，刨链与链轮啮合点处刨链的速度如式（4-8）所示。

$$v(t)=\omega R\cos\left[\phi_0+\omega t-\mathrm{int}\left(\omega t\frac{N_L}{2\pi}\right)\frac{2\pi}{N_L}\right] \tag{4-8}$$

式中，ϕ_0 为链轮的初始转角；N_L 为链轮的齿数；int()为取整函数。

$F_L(\dot{x})$ 为刨头受到的装煤阻力，单位为N，如式（4-9）所示。

$$F_L(\dot{x})=\begin{cases}F_L & (\dot{x}>0) \\ 0 & (\dot{x}\leqslant 0)\end{cases} \tag{4-9}$$

式中，F_L 可由式（3-8）计算得出。

$F_Z(\dot{x},t)$ 为刨头受到的刨削阻力，单位为N，如式（4-10）所示。

$$F_Z(\dot{x},t)=\begin{cases}F_Z(t) & (\dot{x}>0) \\ 0 & (\dot{x}\leqslant 0)\end{cases} \tag{4-10}$$

$F_X(\dot{x},t)$ 为刨头受到的侧向力，单位为N，如式（4-11）所示。

$$F_X(\dot{x},t)=K_X F_Z(\dot{x},t) \tag{4-11}$$

式中，K_X 为侧向力系数，根据式（3-7），$K_X=0.1\sim 0.2$。

$F_\mu(\dot{x},t)$ 为刨头受到的摩擦阻力，单位为N，如式（4-12）所示。

$$F_\mu(\dot{x},t)=\mu_b mg\,\mathrm{sgn}(\dot{x})+\mu_X F_X(\dot{x},t)\mathrm{sgn}(\dot{x}) \tag{4-12}$$

式中，$\mathrm{sgn}(\dot{x})$ 为符号函数，$\mathrm{sgn}(\dot{x})=\begin{cases}1 & (\dot{x}>0) \\ 0 & (\dot{x}=0) \\ -1 & (\dot{x}<0)\end{cases}$。

描述煤壁给予刨头的随机作用力，如式（4-10）和式（4-11）所示。由 4.1.1 节可知，刨削阻力服从正态分布规律，刨削阻力平均值可由公式计算得出，通过变异系数确定标准差，则可描述随机变化的刨削阻力，同时可描述随机变化的侧向力。当刨头受到煤壁作用力为确定值时，刨削阻力直接写为$F_Z(\dot{x})=\begin{cases}F_Z & (\dot{x}>0)\\ 0 & (\dot{x}\leqslant 0)\end{cases}$。

刨链作为黏弹性体，假设各段刨链的阻尼为线性阻尼，且阻尼系数相等，即$c_A=c_B$，同时假设各种摩擦系数为常数。

1. 刨链刚度系数计算

由于矿用圆环链在一定张力范围作用下产生的弹性伸长符合胡克定律，设长度为l的圆环链在张力P作用下产生的伸长量为Δl，则单位长度圆环链的弹性伸长量为$\Delta l\frac{1}{l}$，圆环链刚度系数可由式（4-13）给出：

$$k=\frac{P}{\Delta l\frac{1}{l}} \tag{4-13}$$

式中，P、l、Δl可由实验数据获得。

设$K=\frac{P}{\Delta l}l$，按图4-6和式（4-13）给出刨头和驱动装置之间刨链的刚度系数为

$$k_A(x)=\frac{K}{x} \tag{4-14}$$

$$k_B(x)=\frac{K}{L-x} \tag{4-15}$$

考虑实际刨头运行至两端驱动装置处，一小段刨链剩余不可避免，因此假设剩余刨链长度为L_0，L_0为驱动装置II与刨头开始运行时的间距，则刨头和驱动装置之间刨链的刚度系数写为

$$k_A(x)=\frac{K}{L_0+x} \tag{4-16}$$

$$k_B(x)=\frac{K}{L-L_0-x} \tag{4-17}$$

$k_A(x)$、$k_B(x)$分别为刨头两侧的刨链刚度系数，随着刨头运行位置不同，刨头两侧刨链长度是变化的，所以刨链刚度系数是时变的。

2. 刨链剩余预紧力计算

刨煤机工作面一般有几百米长，刨链要进行预紧，施予刨链一定的初张力。如果预紧力较小，刨链很松，在刨链与链轮的分离点处容易形成堆链，影响与链轮啮合；如果预紧力很大，会导致刨链和链轮的摩擦磨损严重，造成运行困难，增大刨链张力，加大功率消耗。因此，在刨煤机运行中，刨链需要合适的预紧力。

当刨头运行至某个位置时，双、单端驱动时刨链受力分布情况分别如图 4-7、图 4-8 所示。某时刻，由于刨链受到其他作用力抵消了一部分预紧力，剩余预紧力分布在整个链条中。但随着刨头不断向前运行刨削煤壁，剩余预紧力是变化的。刨链负载段的受力由刨头运行阻力、刨链摩擦阻力、刨链剩余预紧力几部分组成。这里认为另一端的驱动力承担了一半的刨削阻力，即平衡阻力。

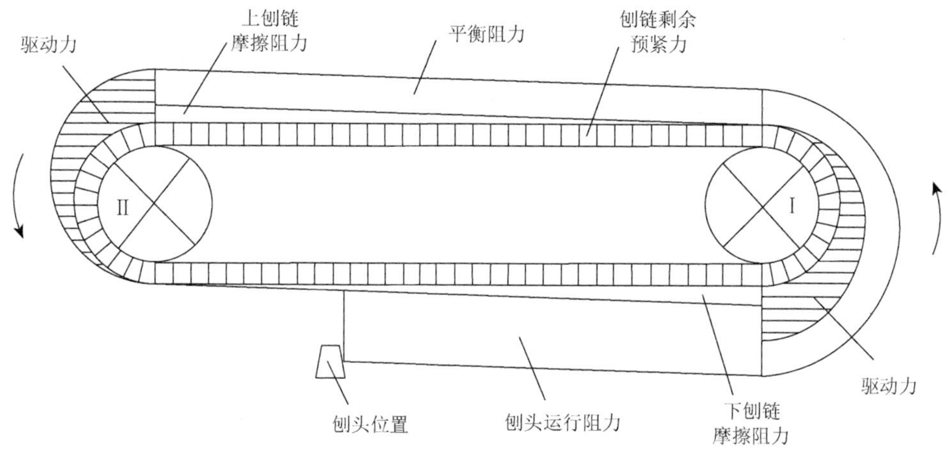

图 4-7　双端驱动时刨链受力分布

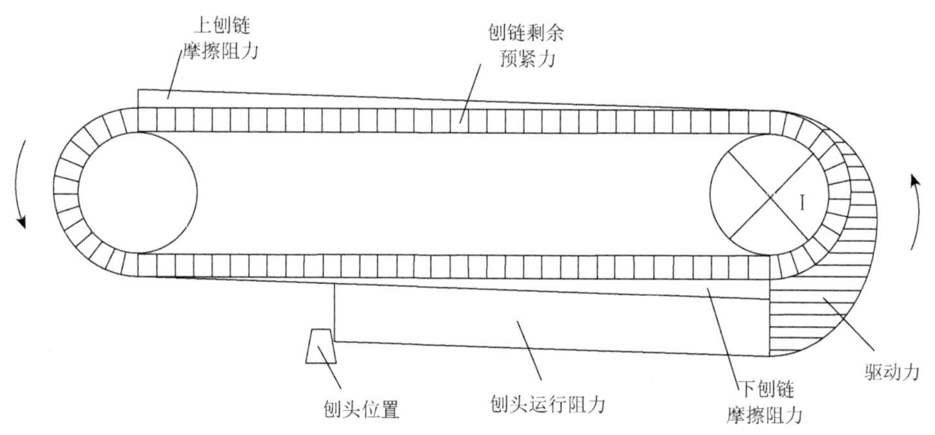

图 4-8　单端驱动时刨链受力分布

考虑刨链预紧力的影响，设施加于刨链的预紧力为定值 F_v，则对刨链全长 $2L$ 产生的伸长量为 ΔL，满足胡克定律，有

$$F_v = \frac{K}{2L}\Delta L$$

参考 Bernhard 关于刨煤机刨链预紧力的计算（Bernhard，1972），刨链中剩余预紧力 F_{vr} 是刨链预紧力 F_v 与必需预紧力 F_{vn} 之差。经过推导，必需预紧力 F_{vn} 计算公式为

$$F_{vn}(x,\dot{x},t)=\frac{1}{2}\mu_c qgL+\left(\frac{3}{4}-\frac{x}{2L}\right)[F_Z(\dot{x},t)+F_L(\dot{x})+F_\mu(\dot{x},t)] \tag{4-18}$$

则

$$F_{vr}(x,\dot{x},t)=F_v-\frac{1}{2}\mu_c qgL-\left(\frac{3}{4}-\frac{x}{2L}\right)[F_Z(\dot{x},t)+F_L(\dot{x})+F_\mu(\dot{x},t)] \tag{4-19}$$

刨煤机上下刨链的剩余预紧力是相同的。当不考虑刨链的摩擦力时，刨链中的剩余预紧力为

$$F_{vr}(x,\dot{x},t)=F_v-\left(\frac{3}{4}-\frac{x}{2L}\right)[F_Z(\dot{x},t)+F_L(\dot{x})+F_\mu(\dot{x},t)] \tag{4-20}$$

当刨头在驱动装置Ⅱ处开始运行时，$x=0$。考虑刨头起始位置和驱动链轮之间的一小段刨链长度 L_0，式（4-18）～式（4-20）中的 x 可由 L_0+x 替换。

4.2.2 多自由度刨煤机非线性动力学模型

4.2.1 节中所建单自由度刨煤机非线性动力学模型没有考虑两端驱动装置的等效质量和刨链质量。两端驱动装置的等效质量较大，刨链长度较长，刨链质量在动力学分析中不能忽略。因此，考虑它们的质量和各种影响因素，建立多自由度刨煤机非线性动力学模型，以便更好地分析刨头和刨链振动响应及分析刨链张力变化。考虑刨头是一个大的质量块，因此把刨头和两端链轮之间的刨链分成几段，作为集中质量块，由弹簧和阻尼器连接。多自由度刨煤机非线性动力学模型如图 4-9 所示，将刨头和两端链轮之间的刨链等分成两段，m_2 为刨头质量。

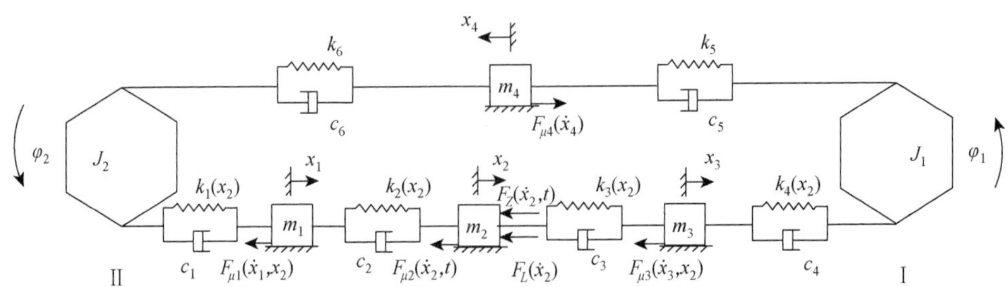

图 4-9 多自由度刨煤机非线性动力学模型

刨头和链轮之间的刨链质量是随着运行时间变化的，所以在建立动力学方程时应考虑时变质量这一因素。因此，考虑驱动装置的等效质量和刨链时变质量的多自由度刨煤机动力学微分方程如式（4-21）所示：

$$\begin{cases} J_2\ddot{\varphi}_2 + F_6(x_2,x_4,\varphi_2,\dot{x}_2,\dot{x}_4,\dot{\varphi}_2,t)R_2 - F_1(x_1,x_2,\varphi_2,\dot{x}_1,\dot{x}_2,\dot{\varphi}_2,t)R_2 = M_2(\dot{\varphi}_2) \\ m_1(x_2)\ddot{x}_1 + \dfrac{\mathrm{d}m_1(x_2)}{\mathrm{d}t}\dot{x}_1 + F_1(x_1,x_2,\varphi_2,\dot{x}_1,\dot{x}_2,\dot{\varphi}_2,t) - F_2(x_1,x_2,\dot{x}_1,\dot{x}_2,t) = -F_{\mu 1}(\dot{x}_1,x_2) \\ m_2\ddot{x}_2 + F_2(x_1,x_2,\dot{x}_1,\dot{x}_2,t) - F_3(x_2,x_3,\dot{x}_2,\dot{x}_3,t) = -F_{\mu 2}(\dot{x}_2,t) - F_L(\dot{x}_2) - F_Z(\dot{x}_2,t) \\ m_3(x_2)\ddot{x}_3 + \dfrac{\mathrm{d}m_3(x_2)}{\mathrm{d}t}\dot{x}_3 + F_3(x_2,x_3,\dot{x}_2,\dot{x}_3,t) - F_4(x_2,x_3,\varphi_1,\dot{x}_2,\dot{x}_3,\dot{\varphi}_1,t) = -F_{\mu 3}(\dot{x}_3,x_2) \\ J_1\ddot{\varphi}_1 + F_4(x_2,x_3,\varphi_1,\dot{x}_2,\dot{x}_3,\dot{\varphi}_1,t)R_1 - F_5(x_2,x_4,\varphi_1,\dot{x}_2,\dot{x}_4,\dot{\varphi}_1,t)R_1 = M_1(\dot{\varphi}_1) \\ m_4\ddot{x}_4 + F_5(x_2,x_4,\varphi_1,\dot{x}_2,\dot{x}_4,\dot{\varphi}_1,t) - F_6(x_2,x_4,\varphi_2,\dot{x}_2,\dot{x}_4,\dot{\varphi}_2,t) = -F_{\mu 4}(\dot{x}_4) \end{cases} \tag{4-21}$$

结合图 4-9，式（4-21）中，x_1、x_2、x_3、x_4 分别为 m_1、m_2、m_3、m_4 的位移，单位为 m；$\dot{x}_1$、$\dot{x}_2$、$\dot{x}_3$、$\dot{x}_4$ 分别为 m_1、m_2、m_3、m_4 的速度，单位为 m/s；$\ddot{x}_1$、$\ddot{x}_2$、$\ddot{x}_3$、$\ddot{x}_4$ 分别为 m_1、m_2、m_3、m_4 的加速度，单位为 m/s^2；φ_1、$\dot{\varphi}_1$、$\ddot{\varphi}_1$ 分别为链轮 I 的转角、转速和角加速度；φ_2、$\dot{\varphi}_2$、$\ddot{\varphi}_2$ 分别为链轮 II 的转角、转速和角加速度；J_1 为刨煤机驱动装置 I 等效到链轮轴上的转动惯量（包括链轮），单位为 $\mathrm{kg \cdot m^2}$；J_2 为刨煤机驱动装置 II 等效到链轮轴上的转动惯量（包括链轮），单位为 $\mathrm{kg \cdot m^2}$；$m_1(x_2)$ 为刨头和驱动链轮 II 之间刨链的质量，单位为 kg。

$$m_1(x_2) = q(L_0 + x_2) \tag{4-22}$$

式（4-21）中，m_2 为刨头的质量，单位为 kg；$m_3(x_2)$ 为刨头和驱动链轮 I 之间刨链的质量，单位为 kg。

$$m_3(x_2) = q(L - L_0 - x_2) \tag{4-23}$$

式（4-21）中，m_4 为驱动链轮 I 和驱动链轮 II 之间刨链的质量，单位为 kg。

$$m_4 = qL \tag{4-24}$$

图 4-9 中，$k_1(x_2)$、$k_2(x_2)$ 和 c_1、c_2 分别为刨头和链轮 II 之间刨链的刚度系数和阻尼系数，有

$$k_1(x_2) = k_2(x_2) = \frac{2K}{L_0 + x_2} \tag{4-25}$$

$k_3(x_2)$、$k_4(x_2)$ 和 c_3、c_4 分别为刨头和链轮 I 之间刨链的刚度系数和阻尼系数，有

$$k_3(x_2) = k_4(x_2) = \frac{2K}{L - L_0 - x_2} \tag{4-26}$$

k_5、k_6 和 c_5、c_6 分别为链轮 I 和 II 之间刨链的刚度系数和阻尼系数，有

$$k_5 = k_6 = \frac{2K}{L} \tag{4-27}$$

刨链的阻尼为线性阻尼，阻尼系数c_1、c_2、c_3、c_4、c_5、c_6相等。R_1、R_2分别为链轮Ⅰ和Ⅱ的半径，单位为 m；$M_1(\dot{\varphi}_1)$、$M_2(\dot{\varphi}_2)$分别为驱动装置Ⅰ和驱动装置Ⅱ的驱动力矩，单位为N·m；$F_1(x_1,x_2,\varphi_2,\dot{x}_1,\dot{x}_2,\dot{\varphi}_2,t)$为$m_1$与驱动链轮Ⅱ之间的刨链张力，单位为N；$F_2(x_1,x_2,\dot{x}_1,\dot{x}_2,t)$为刨头$m_2$与$m_1$之间的刨链张力，单位为N；$F_3(x_2,x_3,\dot{x}_2,\dot{x}_3,t)$为$m_3$与刨头$m_2$之间的刨链张力，单位为N；$F_4(x_2,x_3,\varphi_1,\dot{x}_2,\dot{x}_3,\dot{\varphi}_1,t)$为驱动链轮Ⅰ和$m_3$之间的刨链张力，单位为N；$F_5(x_2,x_4,\varphi_1,\dot{x}_2,\dot{x}_4,\dot{\varphi}_1,t)$为$m_4$和驱动链轮Ⅰ之间的刨链张力，单位为N；$F_6(x_2,x_4,\varphi_2,\dot{x}_2,\dot{x}_4,\dot{\varphi}_2,t)$为驱动链轮Ⅱ和$m_4$之间的刨链张力，单位为N。

$F_Z(\dot{x}_2,t)$为刨头刨削阻力，单位为N，计算公式为

$$F_Z(\dot{x}_2,t)=\begin{cases}F_Z(t) & (\dot{x}_2>0)\\ 0 & (\dot{x}_2\leqslant 0)\end{cases} \tag{4-28}$$

$F_L(\dot{x}_2)$为刨头装煤阻力，$F_L(\dot{x}_2)=\begin{cases}F_L & (\dot{x}_2>0)\\ 0 & (\dot{x}_2\leqslant 0)\end{cases}$，$F_L$可由式（3-8）计算得出。

$F_{\mu 1}(\dot{x}_1,x_2)$为m_1刨链摩擦力，单位为N，计算公式为

$$F_{\mu 1}(\dot{x}_1,x_2)=\mu_c m_1(x_2)g\,\mathrm{sgn}(\dot{x}_1) \tag{4-29}$$

$F_{\mu 2}(\dot{x}_2,t)$为刨头摩擦力，单位为N。

$$F_{\mu 2}(\dot{x}_2,t)=\mu_b m_2 g\,\mathrm{sgn}(\dot{x}_2)+\mu_X F_X(\dot{x}_2,t)\mathrm{sgn}(\dot{x}_2) \tag{4-30}$$

式中，$F_X(\dot{x}_2,t)$为刨头侧向力，单位为N，计算公式为

$$F_X(\dot{x}_2,t)=K_X F_Z(\dot{x}_2,t) \tag{4-31}$$

$F_{\mu 3}(\dot{x}_3,x_2)$为m_3刨链摩擦力，单位为N，计算公式为

$$F_{\mu 3}(\dot{x}_3,x_2)=\mu_c m_3(x_2)g\,\mathrm{sgn}(\dot{x}_3) \tag{4-32}$$

$F_{\mu 4}(\dot{x}_4)$为m_4刨链摩擦力，单位为N，计算公式为

$$F_{\mu 4}(\dot{x}_4)=\mu_c m_4 g\,\mathrm{sgn}(\dot{x}_4) \tag{4-33}$$

考虑刨链剩余预紧力和链轮多边形效应的影响，则各刨链张力分别为

$$F_1(x_1,x_2,\varphi_2,\dot{x}_1,\dot{x}_2,\dot{\varphi}_2,t)=\begin{cases}k_1(x_2)(x_1-\varphi_2R_2)+c_1[\dot{x}_1-v_2(\varphi_2,\dot{\varphi}_2)]+F_{vr}(x_2,\dot{x}_2,t)\\ \qquad (k_1(x_2)(x_1-\varphi_2R_2)+c_1[\dot{x}_1-v_2(\varphi_2,\dot{\varphi}_2)]+F_{vr}(x_2,\dot{x}_2,t)>0)\\ 0\quad (k_1(x_2)(x_1-\varphi_2R_2)+c_1[\dot{x}_1-v_2(\varphi_2,\dot{\varphi}_2)]+F_{vr}(x_2,\dot{x}_2,t)\leqslant 0)\end{cases} \tag{4-34}$$

$$F_2(x_1,x_2,\dot{x}_1,\dot{x}_2,t)=\begin{cases}k_2(x_2)(x_2-x_1)+c_2(\dot{x}_2-\dot{x}_1)+F_{vr}(x_2,\dot{x}_2,t) \\ \qquad (k_2(x_2)(x_2-x_1)+c_2(\dot{x}_2-\dot{x}_1)+F_{vr}(x_2,\dot{x}_2,t)>0) \\ 0 \quad (k_2(x_2)(x_2-x_1)+c_2(\dot{x}_2-\dot{x}_1)+F_{vr}(x_2,\dot{x}_2,t)\leqslant 0)\end{cases} \tag{4-35}$$

$$F_3(x_2,x_3,\dot{x}_2,\dot{x}_3,t)=\begin{cases}k_3(x_2)(x_3-x_2)+c_3(\dot{x}_3-\dot{x}_2)+F_{vr}(x_2,\dot{x}_2,t) \\ \qquad (k_3(x_2)(x_3-x_2)+c_3(\dot{x}_3-\dot{x}_2)+F_{vr}(x_2,\dot{x}_2,t)>0) \\ 0 \quad (k_3(x_2)(x_3-x_2)+c_3(\dot{x}_3-\dot{x}_2)+F_{vr}(x_2,\dot{x}_2,t)\leqslant 0)\end{cases} \tag{4-36}$$

$$F_4(x_2,x_3,\varphi_1,\dot{x}_2,\dot{x}_3,\dot{\varphi}_1,t)=\begin{cases}k_4(x_2)(\varphi_1 R_1-x_3)+c_4[v_1(\varphi_1,\dot{\varphi}_1)-\dot{x}_3]+F_{vr}(x_2,\dot{x}_2,t) \\ \qquad (k_4(x_2)(\varphi_1 R_1-x_3)+c_4[v_1(\varphi_1,\dot{\varphi}_1)-\dot{x}_3]+F_{vr}(x_2,\dot{x}_2,t)>0) \\ 0 \quad (k_4(x_2)(\varphi_1 R_1-x_3)+c_4[v_1(\varphi_1,\dot{\varphi}_1)-\dot{x}_3]+F_{vr}(x_2,\dot{x}_2,t)\leqslant 0)\end{cases} \tag{4-37}$$

$$F_5(x_2,x_4,\varphi_1,\dot{x}_2,\dot{x}_4,\dot{\varphi}_1,t)=\begin{cases}k_5(x_4-\varphi_1 R_1)+c_5[\dot{x}_4-v_1(\varphi_1,\dot{\varphi}_1)]+F_{vr}(x_2,\dot{x}_2,t) \\ \qquad (k_5(x_4-\varphi_1 R_1)+c_5[\dot{x}_4-v_1(\varphi_1,\dot{\varphi}_1)]+F_{vr}(x_2,\dot{x}_2,t)>0) \\ 0 \quad (k_5(x_4-\varphi_1 R_1)+c_5[\dot{x}_4-v_1(\varphi_1,\dot{\varphi}_1)]+F_{vr}(x_2,\dot{x}_2,t)\leqslant 0)\end{cases} \tag{4-38}$$

$$F_6(x_2,x_4,\varphi_2,\dot{x}_2,\dot{x}_4,\dot{\varphi}_2,t)=\begin{cases}k_6(\varphi_2 R_2-x_4)+c_6[v_2(\varphi_2,\dot{\varphi}_2)-\dot{x}_4]+F_{vr}(x_2,\dot{x}_2,t) \\ \qquad (k_6(\varphi_2 R_2-x_4)+c_6[v_2(\varphi_2,\dot{\varphi}_2)-\dot{x}_4]+F_{vr}(x_2,\dot{x}_2,t)>0) \\ 0 \quad (k_6(\varphi_2 R_2-x_4)+c_6[v_2(\varphi_2,\dot{\varphi}_2)-\dot{x}_4]+F_{vr}(x_2,\dot{x}_2,t)\leqslant 0)\end{cases} \tag{4-39}$$

式中，$F_{vr}(x_2,\dot{x}_2,t)$ 为刨链剩余预紧力。

$v_1(\varphi_1,\dot{\varphi}_1)$、$v_2(\varphi_2,\dot{\varphi}_2)$ 分别为刨链与链轮Ⅰ、Ⅱ啮合点处刨链的速度，考虑链轮的多边形效应，刨链与链轮Ⅰ、Ⅱ啮合点处刨链速度分别如式（4-40）和式（4-41）所示：

$$v_1(\varphi_1,\dot{\varphi}_1)=\dot{\varphi}_1 R_1\cos\left[\phi_0+\varphi_1-\mathrm{int}\left(\varphi_1\frac{N_L}{2\pi}\right)\frac{2\pi}{N_L}\right] \tag{4-40}$$

$$v_2(\varphi_2,\dot{\varphi}_2)=\dot{\varphi}_2 R_2\cos\left[\phi_0+\varphi_2-\mathrm{int}\left(\varphi_2\frac{N_L}{2\pi}\right)\frac{2\pi}{N_L}\right] \tag{4-41}$$

式中，N_L 为链轮齿数。

下面针对多自由度动力学模型中的相关计算进行详细分析。

1. 刨链剩余预紧力计算

刨头从驱动装置Ⅱ处当 $x_2=0$ 时开始运行。考虑链条质量，为了计算剩余预紧力 F_{vr}，将式（4-19）的刨头位置更换为 x_2，刨削阻力、装煤阻力、刨头摩擦阻力做相应替换后，得

$$F_{vr}(x_2,\dot{x}_2,t)=F_v-\frac{1}{2}\mu_c qgL-\left(\frac{3}{4}-\frac{x_2}{2L}\right)[F_Z(\dot{x}_2,t)+F_L(\dot{x}_2)+F_{\mu 2}(\dot{x}_2,t)] \quad (4\text{-}42)$$

式（4-42）中，如果考虑刨头起始位置和驱动链轮之间的一小段刨链长度 L_0，则 x_2 替换为 L_0+x_2。

2. 驱动装置的驱动力矩计算

驱动系统中，三相异步电动机的转矩公式为

$$M=M_{\max}\frac{2}{\dfrac{s}{s_m}+\dfrac{s_m}{s}} \quad (4\text{-}43)$$

式中，M 为电动机的转矩，单位为 $\mathrm{N\cdot m}$；$M_{\max}$ 为电动机的最大转矩，单位为 $\mathrm{N\cdot m}$，$M_{\max}=k_m M_e$，其中，k_m 为过载系数，M_e 为电动机的额定转矩，$M_e=9550\dfrac{P_e}{n_e}$，单位为 $\mathrm{N\cdot m}$，P_e 为电动机的额定功率，单位为 kW，n_e 为电动机的额定转速，单位为 r/min；s_m 为电动机临界转差率，$s_m=s_e(k_m+\sqrt{k_m^2-1})$，其中，$s_e$ 为电动机额定转差率，$s_e=\dfrac{n_0-n_e}{n_0}$，n_0 为电动机的同步转速，单位为 r/min；s 为电动机瞬时转差率，$s=\dfrac{n_0-n_d}{n_0}$，其中，n_d 为电动机的瞬时转速，单位为 r/min。

式（4-43）可进一步写为

$$M=M_{\max}\frac{2s_m n_0(n_0-n_d)}{(n_0 s_m)^2+(n_0-n_d)^2}$$

因此，可得到驱动装置 I 、 II 的驱动力矩 $M_1(\dot{\varphi}_1)$、$M_2(\dot{\varphi}_2)$ 分别为

$$M_1(\dot{\varphi}_1)=i\eta M_{\max}\frac{2s_m n_0\left(n_0-\dfrac{30}{\pi}i\dot{\varphi}_1\right)}{(n_0 s_m)^2+\left(n_0-\dfrac{30}{\pi}i\dot{\varphi}_1\right)^2} \quad (4\text{-}44)$$

$$M_2(\dot{\varphi}_2)=i\eta M_{\max}\frac{2s_m n_0\left(n_0-\dfrac{30}{\pi}i\dot{\varphi}_2\right)}{(n_0 s_m)^2+\left(n_0-\dfrac{30}{\pi}i\dot{\varphi}_2\right)^2} \quad (4\text{-}45)$$

式中，i 为减速器传动比；η 为传动效率。

3. 单端驱动时刨煤机动力学方程

当刨煤机为单端驱动时，需去掉动力学方程（4-21）中的一个驱动力矩，还

需调整转动惯量等参数。下面考虑单端驱动时剩余预紧力计算公式。

参考 Bernhard 关于刨链预紧力的计算公式（Bernhard，1972），结合单端驱动时刨链受力分布图 4-8，推导得出单端驱动时的必需预紧力 F_{vnd} 公式为

$$F_{vnd}(x_2,\dot{x}_2,t)=\frac{1}{2}\mu_c qgL+\left(\frac{1}{2}-\frac{x_2}{2L}\right)[F_Z(\dot{x}_2,t)+F_L(\dot{x}_2)+F_{\mu 2}(\dot{x}_2,t)] \tag{4-46}$$

则单端驱动时刨链剩余预紧力 F_{vrd} 为

$$F_{vrd}(x_2,\dot{x}_2,t)=F_v-\frac{1}{2}\mu_c qgL-\left(\frac{1}{2}-\frac{x_2}{2L}\right)[F_Z(\dot{x}_2,t)+F_L(\dot{x}_2)+F_{\mu 2}(\dot{x}_2,t)] \tag{4-47}$$

式（4-46）和式（4-47）中，考虑 L_0，则 x_2 替换为 L_0+x_2。

通过上述分析，修改动力学方程（4-21）可得到单端驱动时刨煤机动力学方程，这里去掉驱动力矩 M_2，如式（4-48）所示：

$$\begin{cases}J_2\ddot{\varphi}_2+F_6(x_2,x_4,\varphi_2,\dot{x}_2,\dot{x}_4,\dot{\varphi}_2,t)R_2-F_1(x_1,x_2,\varphi_2,\dot{x}_1,\dot{x}_2,\dot{\varphi}_2,t)R_2=0\\ m_1(x_2)\ddot{x}_1+\dfrac{\mathrm{d}m_1(x_2)}{\mathrm{d}t}\dot{x}_1+F_1(x_1,x_2,\varphi_2,\dot{x}_1,\dot{x}_2,\dot{\varphi}_2,t)-F_2(x_1,x_2,\dot{x}_1,\dot{x}_2,t)=-F_{\mu 1}(\dot{x}_1,x_2)\\ m_2\ddot{x}_2+F_2(x_1,x_2,\dot{x}_1,\dot{x}_2,t)-F_3(x_2,x_3,\dot{x}_2,\dot{x}_3,t)=-F_{\mu 2}(\dot{x}_2,t)-F_L(\dot{x}_2)-F_Z(\dot{x}_2,t)\\ m_3(x_2)\ddot{x}_3+\dfrac{\mathrm{d}m_3(x_2)}{\mathrm{d}t}\dot{x}_3+F_3(x_2,x_3,\dot{x}_2,\dot{x}_3,t)-F_4(x_2,x_3,\varphi_1,\dot{x}_2,\dot{x}_3,\dot{\varphi}_1,t)=-F_{\mu 3}(\dot{x}_3,x_2)\\ J_1\ddot{\varphi}_1+F_4(x_2,x_3,\varphi_1,\dot{x}_2,\dot{x}_3,\dot{\varphi}_1,t)R_1-F_5(x_2,x_4,\varphi_1,\dot{x}_2,\dot{x}_4,\dot{\varphi}_1,t)R_1=M_1(\dot{\varphi}_1)\\ m_4\ddot{x}_4+F_5(x_2,x_4,\varphi_1,\dot{x}_2,\dot{x}_4,\dot{\varphi}_1,t)-F_6(x_2,x_4,\varphi_2,\dot{x}_2,\dot{x}_4,\dot{\varphi}_2,t)=-F_{\mu 4}(\dot{x}_4)\end{cases} \tag{4-48}$$

式中，考虑刨链剩余预紧力和链轮多边形效应的影响，各刨链张力分别为

$$F_1(x_1,x_2,\varphi_2,\dot{x}_1,\dot{x}_2,\dot{\varphi}_2,t)=\begin{cases}k_1(x_2)(x_1-\varphi_2R_2)+c_1[\dot{x}_1-v_2(\varphi_2,\dot{\varphi}_2)]+F_{vrd}(x_2,\dot{x}_2,t)\\ \quad (k_1(x_2)(x_1-\varphi_2R_2)+c_1[\dot{x}_1-v_2(\varphi_2,\dot{\varphi}_2)]+F_{vrd}(x_2,\dot{x}_2,t)>0)\\ 0\quad (k_1(x_2)(x_1-\varphi_2R_2)+c_1[\dot{x}_1-v_2(\varphi_2,\dot{\varphi}_2)]+F_{vrd}(x_2,\dot{x}_2,t)\leqslant 0)\end{cases} \tag{4-49}$$

$$F_2(x_1,x_2,\dot{x}_1,\dot{x}_2,t)=\begin{cases}k_2(x_2)(x_2-x_1)+c_2(\dot{x}_2-\dot{x}_1)+F_{vrd}(x_2,\dot{x}_2,t)\\ \quad (k_2(x_2)(x_2-x_1)+c_2(\dot{x}_2-\dot{x}_1)+F_{vrd}(x_2,\dot{x}_2,t)>0)\\ 0\quad (k_2(x_2)(x_2-x_1)+c_2(\dot{x}_2-\dot{x}_1)+F_{vrd}(x_2,\dot{x}_2,t)\leqslant 0)\end{cases} \tag{4-50}$$

$$F_3(x_2,x_3,\dot{x}_2,\dot{x}_3,t)=\begin{cases}k_3(x_2)(x_3-x_2)+c_3(\dot{x}_3-\dot{x}_2)+F_{vrd}(x_2,\dot{x}_2,t)\\ \quad (k_3(x_2)(x_3-x_2)+c_3(\dot{x}_3-\dot{x}_2)+F_{vrd}(x_2,\dot{x}_2,t)>0)\\ 0\quad (k_3(x_2)(x_3-x_2)+c_3(\dot{x}_3-\dot{x}_2)+F_{vrd}(x_2,\dot{x}_2,t)\leqslant 0)\end{cases} \tag{4-51}$$

$$F_4(x_2,x_3,\varphi_1,\dot{x}_2,\dot{x}_3,\dot{\varphi}_1,t)=\begin{cases}k_4(x_2)(\varphi_1 R_1-x_3)+c_4[v_1(\varphi_1,\dot{\varphi}_1)-\dot{x}_3]+F_{vrd}(x_2,\dot{x}_2,t)\\ \qquad (k_4(x_2)(\varphi_1 R_1-x_3)+c_4[v_1(\varphi_1,\dot{\varphi}_1)-\dot{x}_3]+F_{vrd}(x_2,\dot{x}_2,t)>0)\\ 0 \quad (k_4(x_2)(\varphi_1 R_1-x_3)+c_4[v_1(\varphi_1,\dot{\varphi}_1)-\dot{x}_3]+F_{vrd}(x_2,\dot{x}_2,t)\leqslant 0)\end{cases} \tag{4-52}$$

$$F_5(x_2,x_4,\varphi_1,\dot{x}_2,\dot{x}_4,\dot{\varphi}_1,t)=\begin{cases}k_5(x_4-\varphi_1 R_1)+c_5[\dot{x}_4-v_1(\varphi_1,\dot{\varphi}_1)]+F_{vrd}(x_2,\dot{x}_2,t)\\ \qquad (k_5(x_4-\varphi_1 R_1)+c_5[\dot{x}_4-v_1(\varphi_1,\dot{\varphi}_1)]+F_{vrd}(x_2,\dot{x}_2,t)>0)\\ 0 \quad (k_5(x_4-\varphi_1 R_1)+c_5[\dot{x}_4-v_1(\varphi_1,\dot{\varphi}_1)]+F_{vrd}(x_2,\dot{x}_2,t)\leqslant 0)\end{cases} \tag{4-53}$$

$$F_6(x_2,x_4,\varphi_2,\dot{x}_2,\dot{x}_4,\dot{\varphi}_2,t)=\begin{cases}k_6(\varphi_2 R_2-x_4)+c_6[v_2(\varphi_2,\dot{\varphi}_2)-\dot{x}_4]+F_{vrd}(x_2,\dot{x}_2,t)\\ \qquad (k_6(\varphi_2 R_2-x_4)+c_6[v_2(\varphi_2,\dot{\varphi}_2)-\dot{x}_4]+F_{vrd}(x_2,\dot{x}_2,t)>0)\\ 0 \quad (k_6(\varphi_2 R_2-x_4)+c_6[v_2(\varphi_2,\dot{\varphi}_2)-\dot{x}_4]+F_{vrd}(x_2,\dot{x}_2,t)\leqslant 0)\end{cases} \tag{4-54}$$

4.3　刨煤机非线性动力学方程求解及动态响应分析

在工程实际中，进行初步方案设计时，可以应用单自由度刨煤机非线性动力学模型来进行简单分析。多自由度刨煤机动力学模型较全面，更加符合实际工况，可以用来分析复杂条件下刨煤机振动响应和刨链张力变化。因此，本节分别对单自由度和多自由度刨煤机非线性动力学方程进行求解和动态响应分析，分析各种因素对刨头动态响应和刨链张力的影响。

4.3.1　单自由度刨煤机非线性动力学方程求解及动态响应分析

刨煤机动力学方程是非线性时变微分方程，其中的非线性因素描述复杂，因此采用数值方法对动力学方程进行求解，并进一步进行动态响应分析。但在特定条件下，方程可以简化，可对动力学方程求得近似解析解。

1. 特定条件下单自由度非线性动力学方程的近似解析解

当不考虑刨链预紧力和链轮多边形效应因素时，刨煤机的动力学方程可简化，可求得特定条件下的近似解析解。因此，在特定条件下，分别对定常的和随机的煤壁作用力条件下的刨煤机动力学方程进行求解。

1）定常煤壁作用力条件下动力学方程的多尺度法求解

刨煤机刨削煤壁过程中，当煤壁的韧性较大时，刨削深度较小，同时煤层没有硬包裹体和夹矸时，认为煤是均质的，可将煤壁作用力作为定常值来处理。

刨煤机受到定常的煤壁作用力，在运行中当刨头阻力比较大时，在恒定阻力作用下，刨头速度应大于 0，不考虑刨链预紧力和链轮多边形效应影响，由单自由

度刨煤机非线性动力学方程（4-5）可得

$$F_Z(\dot{x},t)=F_Z,\quad F_L(\dot{x})=F_L,\quad F_\mu(\dot{x},t)=\mu_b mg+\mu_X K_X F_Z$$

刨链张力 $F_A(x,\dot{x},t)$、$F_B(x,\dot{x},t)$ 分别为

$$F_A(x,\dot{x},t)=\begin{cases}k_A(x)(x-\omega Rt)+c_A(\dot{x}-\omega R)\\ \qquad (k_A(x)(x-\omega Rt)+c_A(\dot{x}-\omega R)>0)\\ 0\quad (k_A(x)(x-\omega Rt)+c_A(\dot{x}-\omega R)\leqslant 0)\end{cases}$$

$$F_B(x,\dot{x},t)=\begin{cases}k_B(x)(\omega Rt-x)+c_B(\omega R-\dot{x})\\ \qquad (k_B(x)(\omega Rt-x)+c_B(\omega R-\dot{x})>0)\\ 0\quad (k_B(x)(\omega Rt-x)+c_B(\omega R-\dot{x})\leqslant 0)\end{cases}$$

刨头受到的阻力较大，则刨头运行前方刨链张力应大于 0，即 $k_B(x)(\omega Rt-x)+c_B(\omega R-\dot{x})>0$。

又因为刨链刚度很大，则阻尼力小于弹性恢复力，所以 $|k_B(x)(\omega Rt-x)|>|c_B(\omega R-\dot{x})|$，$|k_A(x)(x-\omega Rt)|>|c_A(\dot{x}-\omega R)|$。

因此，可得 $k_B(x)(\omega Rt-x)>0$，所以 $k_A(x)(x-\omega Rt)<0$，则 $k_A(x)(x-\omega Rt)+c_A(\dot{x}-\omega R)<0$。由于刨链只能拉伸，则此时 $F_A(x,\dot{x},t)=0$，$F_B(x,\dot{x},t)=k_B(x)(\omega Rt-x)+c_B(\omega R-\dot{x})$。

通过上述分析，式（4-5）可变为

$$m\ddot{x}-k_B(x)(\omega Rt-x)-c_B(\omega R-\dot{x})=-\mu_b mg-\mu_X K_X F_Z-F_L-F_Z \tag{4-55}$$

由于式（4-55）中存在非线性量，$k_B(x)$ 是刨头位移的函数，$k_B(x)=\dfrac{K}{L-L_0-x}$。设 $L_1=L-L_0$，将 $\dfrac{1}{L_1-x}$ 化简为 $\dfrac{1}{L_1^2}(L_1+x)$，则 $k_B(x)=\dfrac{K}{L_1^2}(L_1+x)$，并设 $c_B=c$，代入式（4-55）得

$$m\ddot{x}-\frac{K}{L_1^2}(L_1+x)(\omega Rt-x)-c(\omega R-\dot{x})=-\mu_b mg-\mu_X K_X F_Z-F_L-F_Z \tag{4-56}$$

系统中存在刚体平动，因此为消除刚体平动影响，考虑刨头和刨链与链轮啮合处的相对位移。设刨头和刨链与链轮啮合处刨链的相对位移为 $x_b=x-\omega Rt$，则 $\dot{x}_b=\dot{x}-\omega R$，$\ddot{x}_b=\ddot{x}$。

因此，式（4-56）变为

$$m\ddot{x}_b-\frac{K}{L_1^2}(L_1+x_b+\omega Rt)(-x_b)-c(-\dot{x}_b)=-\mu_b mg-\mu_X K_X F_Z-F_L-F_Z$$

整理得

$$m\ddot{x}_b+\frac{K}{L_1}x_b+\frac{K}{L_1^2}(\omega Rtx_b)+\frac{K}{L_1^2}x_b^2+c\dot{x}_b=-\mu_b mg-\mu_X K_X F_Z-F_L-F_Z \tag{4-57}$$

下面用多尺度法对式（4-57）进行求解（陈予恕，2002；闻邦椿等，2001；刘延柱等，1998）。

设 $y = x_b$，$\omega_n = \sqrt{\dfrac{K}{mL_1}}$，则 $\omega_n^2 = \dfrac{K}{mL_1}$。

设 $f = \mu_b g + (\mu_X K_X F_Z + F_L + F_Z)/m$，$\varepsilon$ 为小量，得

$$\ddot{y} + \omega_n^2 y = \varepsilon(-k_a t y - k_b y^2 - c_a \dot{y}) - f \tag{4-58}$$

引入 T_n 表示不同尺度的时间变量，即

$$T_n = \varepsilon^n t, \quad (n = 0,1,2,\cdots)$$

则

$$\frac{\mathrm{d}}{\mathrm{d}t} = \frac{\partial}{\partial T_0} + \varepsilon \frac{\partial}{\partial T_1} + \cdots = D_0 + \varepsilon D_1 + \cdots \tag{4-59}$$

$$\frac{\mathrm{d}^2}{\mathrm{d}t^2} = D_0^2 + 2\varepsilon D_0 D_1 + \varepsilon^2 (D_1^2 + 2D_0 D_2) + \cdots \tag{4-60}$$

式中，$D_0, D_1, D_2, \cdots$ 分别表示对 $T_0, T_1, T_2, \cdots$ 求偏导。

只讨论一次近似解，设方程的解为

$$y = y_0(T_0, T_1) + \varepsilon y_1(T_0, T_1) \tag{4-61}$$

将式（4-59）～式（4-61）代入式（4-58），得

$$\begin{aligned}(D_0^2 + 2\varepsilon D_0 D_1)(y_0 + \varepsilon y_1) + \omega_n^2 (y_0 + \varepsilon y_1) = \varepsilon[-t k_a (y_0 + \varepsilon y_1) - k_b (y_0 + \varepsilon y_1)^2 \\ - c_a (D_0 y_0 + \varepsilon D_1 y_1)] - f\end{aligned} \tag{4-62}$$

令 ε 的同次幂系数相等，得

$$D_0^2 y_0 + \omega_n^2 y_0 = -f \tag{4-63a}$$

$$D_0^2 y_1 + \omega_n^2 y_1 = -t k_a y_0 - 2D_0 D_1 y_0 - c_a D_0 y_0 - k_b y_0^2 \tag{4-63b}$$

式（4-63a）的解可写作复数形式：

$$y_0 = A(T_1)\exp(\mathrm{i}\omega_n T_0) + \bar{A}\exp(-\mathrm{i}\omega_n T_0) - \frac{f}{\omega_n^2} \tag{4-64}$$

式中，A 为 T_1 的复函数；$\bar{A}$ 为 A 的共轭函数。

将式（4-64）代入式（4-63b）的右端，得

$$\begin{aligned}D_0^2 y_1 + \omega_n^2 y_1 = \left(-t k_a A - 2\mathrm{i}\omega_n D_1 A - c_a \mathrm{i}\omega_n A + 2\frac{k_b f}{\omega_n^2} A\right)\exp(\mathrm{i}\omega_n T_0) \\ - k_b A^2 \exp(2\mathrm{i}\omega_n T_0) + cc - 2k_b A\bar{A} + k_a \frac{f}{\omega_n^2} t - k_b \frac{f^2}{\omega_n^4}\end{aligned} \tag{4-65}$$

式中，cc 表示前面各项的共轭函数。

为防止 y_1 的解出现久期项，必有

$$-tk_aA-2\mathrm{i}\omega_nD_1A-c_a\mathrm{i}\omega_nA+2\frac{k_bf}{\omega_n^2}A=0 \tag{4-66}$$

此时，式（4-65）的解可取为

$$y_1=\frac{k_bA^2}{3\omega_n^2}\exp(2\mathrm{i}\omega_nT_0)+cc+k_a\frac{f}{\omega_n^4}t-2\frac{k_b}{\omega_n^2}A\bar{A}-\frac{k_bf^2}{\omega_n^6} \tag{4-67}$$

为确定复函数 A，将 A 对 t 的导数写作

$$\frac{\mathrm{d}A}{\mathrm{d}t}=D_0A+\varepsilon D_1A \tag{4-68}$$

式中，$D_0A=0$，D_1A 由式（4-66）确定，得到 A 应满足的常微分方程为

$$\frac{\mathrm{d}A}{\mathrm{d}t}=\frac{\varepsilon\left(-tk_aA-c_a\mathrm{i}\omega_nA+2\dfrac{k_bf}{\omega_n^2}A\right)}{2\mathrm{i}\omega_n} \tag{4-69}$$

将复函数 A 写为指数形式：

$$A(t)=\frac{1}{2}a(t)\exp[\mathrm{i}\theta(t)] \tag{4-70}$$

式中，$a(t)$ 和 $\theta(t)$ 皆为 t 的实函数。

将式（4-70）代入式（4-69），将实部与虚部分开，得到 a 和 θ 的一阶常微分方程组为

$$\dot{a}=\frac{-\varepsilon c_aa}{2} \tag{4-71a}$$

$$\dot{\theta}=\frac{\varepsilon k_at}{2\omega_n}-\frac{\varepsilon k_bf}{\omega_n^3} \tag{4-71b}$$

对上述两个方程积分，得

$$a=a_0\exp\left(\frac{-\varepsilon c_a}{2}t\right) \tag{4-72a}$$

$$\theta=\frac{\varepsilon k_a}{4\omega_n}t^2-\frac{\varepsilon k_bf}{\omega_n^3}t+\theta_0 \tag{4-72b}$$

式中，积分常数取决于初始条件，代入式（4-70），得

$$A(t)=\frac{1}{2}a_0\exp\left(\frac{-\varepsilon c_a}{2}t\right)\exp\left[\mathrm{i}\left(\frac{\varepsilon k_a}{4\omega_n}t^2-\frac{\varepsilon k_bf}{\omega_n^3}t+\theta_0\right)\right] \tag{4-73}$$

将式（4-73）代入式（4-64）和式（4-67），最后得到单自由度刨煤机系统的一阶近似解为

$$y = a_0 \exp\left(\frac{-\varepsilon c_a}{2}t\right)\cos\phi - \frac{f}{\omega_n^2} + \frac{\varepsilon k_b a_0^2}{6\omega_n^2}\exp(-\varepsilon c_a t)\cos(2\phi) - \frac{\varepsilon k_b}{\omega_n^2}a_0^2\exp(-\varepsilon c_a t) + \frac{\varepsilon k_a f}{\omega_n^4}t - \frac{\varepsilon k_b f^2}{\omega_n^6} \tag{4-74}$$

式中，$\phi = \frac{\varepsilon k_a}{4\omega_n}t^2 - \frac{\varepsilon k_b f}{\omega_n^3}t + \omega_n t + \theta_0$。

不考虑刨链预紧力和链轮多边形效应因素，通过上述分析，可得到单自由度动力学方程的近似解析解，求得动态响应，如刨头和刨链链轮啮合处的相对速度和相对位移，进而可求出刨头速度和刨链张力，以便更好地分析各种参数对其的影响。

2）随机煤壁作用力条件下动力学方程的等效线性化法求解

由 4.1.1 节可知，煤壁给予刨刀的作用力是随机变化的，且当没有包裹体时，符合正态分布规律，所以建立的刨煤机动力学方程是非线性随机动力学方程。在特定条件下，可用一定方法求解。

非线性系统在随机激励下的响应统计特性计算远比线性系统复杂，实际中多采用近似计算方法，如等效线性化法等。精确求解需解福克-普朗克-柯尔莫哥洛夫（Fokker-Planck-Kolmogorov）方程，目前只局限于非常简单的系统。另外，还有矩函数微分方程法、多种级数解法、随机数字模拟法（也称蒙特卡罗法）等（刘延柱等，1998）。

等效线性化法又称统计线性化法或随机线性化法，是工程中应用最广泛的预测非线性系统随机响应的近似解法。该方法的基本思想是用一个具有精确解的线性系统代替给定非线性系统，使两个方程之差在某种意义上为最小（朱位秋，1998）。

刨煤机动力学方程是非线性随机动力学方程，且煤壁的作用力激励是具有非零平均值的随机过程，因此采用等效线性化法求解。

由 4.1.1 节可知，随机刨削阻力和侧向力均服从正态分布，当刨削阻力平均值较小或标准差较小时，则刨头速度大于 0，刨头运行前方刨链张力应大于等于 0。刨链刚度很大，则阻尼力小于弹性恢复力。考虑存在整体平动，设刨头和刨链与链轮啮合处的相对位移为 $x_b = x - \omega R t$。不考虑刨链预紧力和链轮多边形效应的影响，参照定常煤壁作用力条件下动力学方程的多尺度法求解中的部分假设，因此可得到与式（4-57）形似的单自由度随机微分方程（其中刨削阻力和侧向力是随机的）：

$$m\ddot{x}_b + \frac{K}{L_1}x_b + \frac{K}{L_1^2}(\omega R t x_b) + \frac{K}{L_1^2}x_b^2 + c\dot{x}_b = -\mu_b mg - \mu_X K_X F_Z(t) - F_L - F_Z(t)$$

由于 $F_X = K_X F_Z$，代入上式，并去掉 x 的下标，写作

$$m\ddot{x} + c\dot{x} + \frac{K}{L_1}x + \frac{K}{L_1^2}\omega R t x + \frac{K}{L_1^2}x^2 = -\mu_b mg - F_L - \mu_X K_X F_Z(t) - F_Z(t) \tag{4-75}$$

设 $x = x_0 + x_m$，因为 $F_Z(t)$ 是非零平均值正态随机过程，所以 $F_Z(t) = F_{Z0}(t) + F_{Zm}$，

F_{Zm} 为平均值、$F_{Z0}(t)$ 是零均值的平稳随机过程，设其方差为 $\sigma_{F_{Z0}}^2$。

因为 $F_Z(t)$ 是正态平稳随机过程，所以 $F_Z(t)+\mu_X K_X F_Z(t)$ 也是，设 $F_P(t)=F_Z(t)+\mu_X K_X F_Z(t)$，经过计算可得到，$F_P(t)$ 的平均值为 $(1+\mu_X K_X)F_{Zm}$，方差为 $(1+\mu_X K_X)^2\sigma_{F_{Z0}}^2$。因此，可将 $F_P(t)$ 写成 $F_P(t)=F_0(t)+F_m$，其中，平均值 $F_m=(1+\mu_X K_X)F_{Zm}$；$F_0(t)$ 是零均值的平稳随机过程，方差为 $(1+\mu_X K_X)^2\sigma_{F_{Z0}}^2$。

平稳随机过程的导数平均值为 0，所以 $\dot{x}=\dot{x}_0$，$\ddot{x}=\ddot{x}_0$，代入式（4-75），得

$$m\ddot{x}_0+c\dot{x}_0+\frac{K}{L_1}(x_0+x_m)+\frac{K}{L_1^2}\omega Rt(x_0+x_m)+\frac{K}{L_1^2}(x_0+x_m)^2=-\mu_b mg-F_L-F_m-F_0(t)$$

整理得

$$m\ddot{x}_0+c\dot{x}_0+\frac{K}{L_1}x_0+\frac{K}{L_1}x_m+\frac{K}{L_1^2}\omega Rt(x_0+x_m)+\frac{K}{L_1^2}(x_0+x_m)^2+\mu_b mg+F_m+F_L=-F_0(t) \tag{4-76}$$

对式（4-76）求期望，得

$$\frac{K}{L_1}x_m+\frac{K}{L_1^2}\omega Rtx_m+\frac{K}{L_1^2}E[x_0^2]+\frac{K}{L_1^2}x_m^2+\mu_b mg+F_m+F_L=0 \tag{4-77}$$

解得

$$x_m=\frac{-\left(\frac{K}{L_1}+\frac{K}{L_1^2}\omega Rt\right)\pm\sqrt{\left(\frac{K}{L_1}+\frac{K}{L_1^2}\omega Rt\right)^2-4\frac{K}{L_1}\left(\frac{K}{L_1^2}E[x_0^2]+\mu_b mg+F_m+F_L\right)}}{2\frac{K}{L_1^2}} \tag{4-78}$$

取正根。

对式（4-76），设

$$F(x_0,x_m,t)=\frac{K}{L_1}x_m+\frac{K}{L_1^2}\omega Rt(x_0+x_m)+\frac{K}{L_1^2}(x_0+x_m)^2+\mu_b mg+F_m+F_L \tag{4-79}$$

则式（4-76）变为

$$m\ddot{x}_0+c\dot{x}_0+\frac{K}{L_1}x_0+F(x_0,x_m,t)=-F_0(t) \tag{4-80}$$

用如下线性系统来近似代替式（4-80）：

$$m\ddot{x}_0+c\dot{x}_0+\frac{K}{L_1}x_0+k_e x_0=-F_0(t) \tag{4-81}$$

则式（4-80）与式（4-81）的误差矢量为

$$e=F(x_0,x_m,t)-k_e x_0 \tag{4-82}$$

选取k_e使$E[e^{\mathrm{T}}e]$（平稳响应）为最小，若激励为高斯随机过程，则等效线性系统的响应也是，可得出

$$k_e = E\left[\frac{\partial F}{\partial x_0}\right] \tag{4-83}$$

将式（4-79）代入式（4-83），得

$$k_e = \frac{K}{L_1^2}\omega Rt + 2\frac{K}{L_1^2}x_m \tag{4-84}$$

整理式（4-81）得

$$m\ddot{x}_0 + c\dot{x}_0 + \left(\frac{K}{L_1} + k_e\right)x_0 = -F_0(t) \tag{4-85}$$

设

$$k_0 = \frac{K}{L_1} + k_e \tag{4-86}$$

$$c_0 = c \tag{4-87}$$

对线性系统的随机激励的响应的均方值，有

$$\psi_x^2 = \frac{1}{2\pi}\int_{-\infty}^{\infty}|H(\omega)|^2 S_F(\omega)\mathrm{d}\omega \tag{4-88}$$

式中，ψ_x^2为响应的均方值；$H(\omega)$为线性系统的频率响应函数；$S_F(\omega)$为激励功率谱密度函数。

$$H(\omega) = \frac{1}{k - m\omega^2 + \mathrm{i}c\omega} \tag{4-89}$$

式中，m、k、c分别为线性系统的质量、刚度系数、阻尼系数。

又因为对零均值平稳随机过程有$\sigma_x^2 = \psi_x^2$，而且当激励为理想白噪声时，$S_F(\omega)$等于常值S_0，所以可得

$$\sigma_x^2 = \frac{1}{2\pi}\int_{-\infty}^{\infty}|H(\omega)|^2 S_F(\omega)\mathrm{d}\omega$$

即

$$\sigma_x^2 = \frac{1}{2\pi}\int_{-\infty}^{\infty}|H(\omega)|^2 S_0\mathrm{d}\omega \tag{4-90}$$

对方程（4-85），则

$$H(\omega) = \frac{1}{k_0 - m\omega^2 + \mathrm{i}c_0\omega} \tag{4-91}$$

所以

$$\sigma_{x_0}^2 = \frac{1}{2\pi}\int_{-\infty}^{\infty} |H(\omega)|^2 S_0 \mathrm{d}\omega = \frac{1}{2\pi}\int_{-\infty}^{\infty} \frac{S_0}{|k_0 - m\omega^2 + \mathrm{i}c_0\omega|^2}\mathrm{d}\omega \tag{4-92}$$

查积分表（刘延柱等，1998），得

$$\sigma_{x_0}^2 = \frac{S_0}{2\pi}\frac{\pi}{k_0 c_0} \tag{4-93}$$

将式（4-84）、式（4-86）和式（4-87）代入式（4-93），得

$$\sigma_{x_0}^2 = \frac{S_0}{2\pi}\frac{\pi}{c\left(\dfrac{K}{L_1} + \dfrac{K}{L_1^2}\omega Rt + 2\dfrac{K}{L_1^2}x_m\right)} \tag{4-94}$$

求相对速度响应的方差，因为

$$\psi_{\dot{x}}^2 = \frac{1}{2\pi}\int_{-\infty}^{\infty} |H(\omega)|^2 \omega^2 S_F(\omega)\mathrm{d}\omega \tag{4-95}$$

所以得

$$\sigma_{\dot{x}}^2 = \frac{1}{2\pi}\int_{-\infty}^{\infty} |H(\omega)|^2 \omega^2 S_0 \mathrm{d}\omega \tag{4-96}$$

将式（4-91）代入式（4-96），得

$$\sigma_{\dot{x}}^2 = \frac{1}{2\pi}\int_{-\infty}^{\infty} |H(\omega)|^2 \omega^2 S_0 \mathrm{d}\omega = \frac{S_0}{2\pi}\int_{-\infty}^{\infty} \frac{\omega^2}{|k_0 - m\omega^2 + \mathrm{i}c_0\omega|^2}\mathrm{d}\omega \tag{4-97}$$

查积分表（刘延柱等，1998），得

$$\sigma_{\dot{x}_0}^2 = \frac{S_0}{2\pi}\frac{\pi}{mc_0} = \frac{S_0}{2\pi}\frac{\pi}{mc} \tag{4-98}$$

求相对位移响应方差：式（4-78）中 x_m 的表达式中含有 $E[x_0^2]$，因为是零均值，所以 $E[x_0^2] = \sigma_{x_0}^2$，所以式（4-78）可以写为

$$x_m = \frac{-\left(\dfrac{K}{L_1} + \dfrac{K}{L_1^2}\omega Rt\right) \pm \sqrt{\left(\dfrac{K}{L_1} + \dfrac{K}{L_1^2}\omega Rt\right)^2 - 4\dfrac{K}{L_1}\left(\dfrac{K}{L_1^2}\sigma_{x_0}^2 + \mu_b mg + F_m + F_L\right)}}{2\dfrac{K}{L_1^2}} \tag{4-99}$$

将式（4-99）代入式（4-94），得到含有 $\sigma_{x_0}^2$ 的一元三次代数方程：

$$16c^2\left(\frac{K}{L_1^2}\right)^2(\sigma_{x_0}^2)^3+\left[16c^2\left(\frac{K}{L_1^2}\right)(\mu_b mg+F_m)-4c^2\left(\frac{K}{L_1}+\frac{K}{L_1^2}\omega Rt\right)^2\right](\sigma_{x_0}^2)^2+S_0^2=0 \tag{4-100}$$

求解式（4-100），即可求得 $\sigma_{x_0}^2$。

通过以上推导可求出在一定条件下和随机煤壁作用力情况下，刨头和刨链（和链轮啮合处）相对位移的方差和平均值，以及相对速度的方差。因此，可进一步分析刨削阻力等参数对刨头动态响应和刨链张力的影响。

2. *定常煤壁作用力条件下单自由度动力学方程数值仿真分析*

对于复杂条件下的单自由度非线性动力学方程，采用四阶龙格-库塔算法进行数值求解，得到系统的动态响应，对各种因素影响下刨头速度和刨链张力进行仿真分析。以下列基本参数为例：刨链规格为 30×108；刨链单位长度质量 $q=18\text{kg/m}$；刨链截面面积 $A_L=1.413\times10^{-3}\,\text{m}^2$；刨链刚度系数 $k=7.31\times10^7\,\text{N/m}$；阻尼系数 $c_A=c_B=500\text{N·s/m}$；链轮齿数 $N_L=7$，链轮半径为 $R=0.243\text{m}$；链轮角速度为 $\omega=\dfrac{1.5}{R}\text{rad/s}$；刨头质量 $m_2=3.4\times10^3\,\text{kg}$；工作面长度 $L=200\text{m}$；刨头起始位置和驱动链轮之间的刨链长度 $L_0=2\text{m}$；刨头与滑架之间的摩擦系数 $\mu_b=0.2$，刨刀与煤壁之间的摩擦系数 $\mu_X=0.3$；侧向力系数 $K_X=0.15$；装煤阻力 $F_L=15\text{kN}$；位移初值 $x=0\text{m}$，速度初值 $\dot{x}=1.5\text{m/s}$。

1）不同刨削阻力对刨头速度和刨链张力的影响

在相同的刨链预紧力和链轮齿数条件下，考虑不同的刨削阻力值对刨头速度和刨链张力的影响。刨链预紧力 F_v 为 60kN，链轮齿数为 7 齿。

当刨削阻力 F_Z 分别为 30kN、40kN、50kN 时，刨头速度和刨链张力的时间历程曲线分别如图 4-10～图 4-12 所示。不同刨削阻力 F_Z 作用下，刨链张力 F_B 平均值如表 4-2 所示。

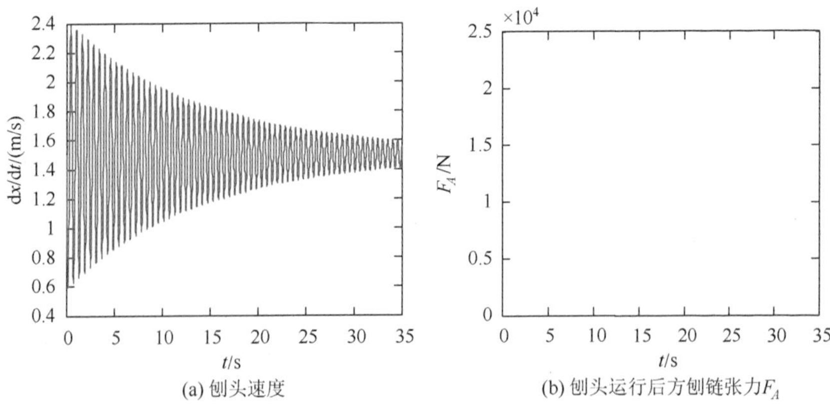

(a) 刨头速度　　(b) 刨头运行后方刨链张力 F_A

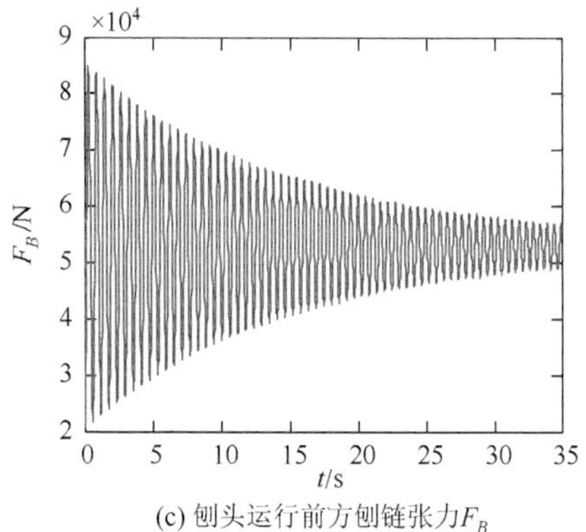

(c) 刨头运行前方刨链张力F_B

图 4-10　刨削阻力 F_Z = 30kN 时刨头速度和刨链张力时间历程

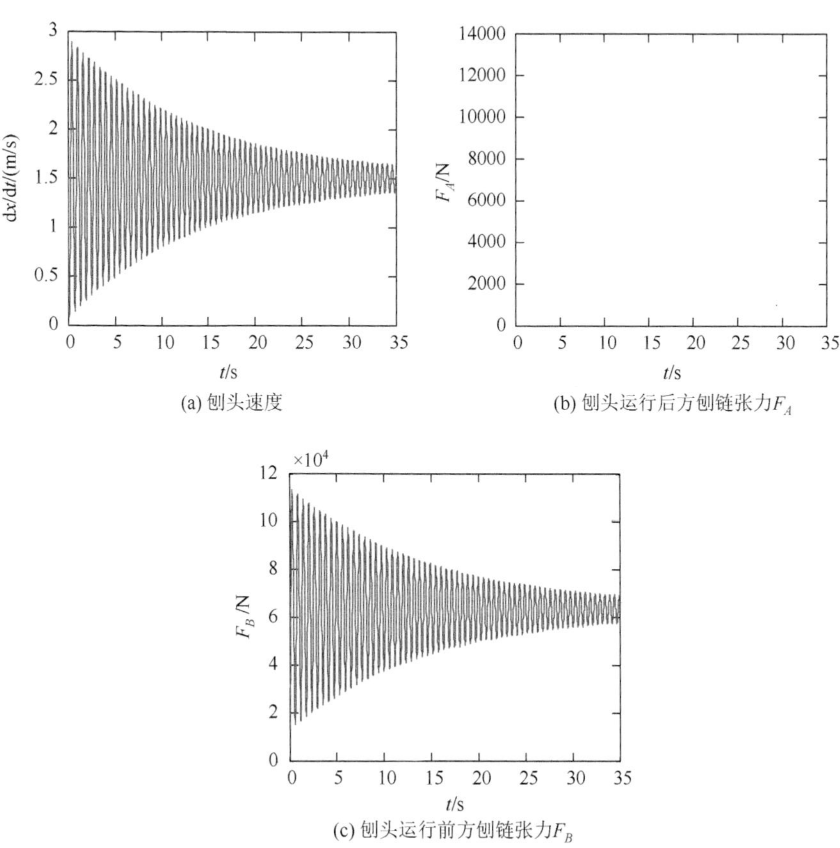

(a) 刨头速度　　(b) 刨头运行后方刨链张力F_A

(c) 刨头运行前方刨链张力F_B

图 4-11　刨削阻力 F_Z = 40kN 时刨头速度和刨链张力时间历程

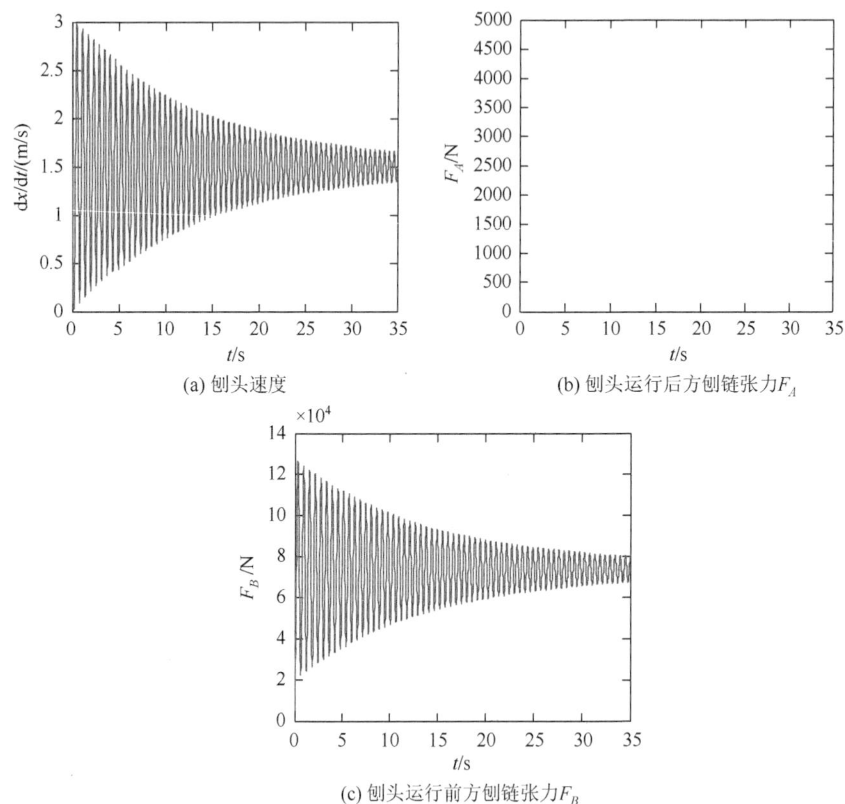

(a) 刨头速度　(b) 刨头运行后方刨链张力F_A

(c) 刨头运行前方刨链张力F_B

图 4-12　刨削阻力 $F_Z = 50$kN 时刨头速度和刨链张力时间历程

表 4-2　不同刨削阻力作用下刨链张力 F_B 平均值

刨削阻力 F_Z/kN	刨链张力 F_B 平均值/kN
30	53.018
40	63.463
50	73.859

以上仿真是当其他参数不变，刨削阻力为不同值时，刨头速度和刨链张力的变化情况。从图 4-10（a）～图 4-12（a）可以看出，刨削阻力 F_Z 逐渐增大，刨头速度的幅值波动也逐渐增大，并逐渐趋于平稳。从图 4-10（c）～图 4-12（c）和表 4-2 可以看出，随着刨削阻力 F_Z 增大，刨头运行前方刨链张力 F_B 的平均值和幅值波动逐渐增大。而从图 4-10（b）～图 4-12（b）可以看出，刨头运行后方刨链张力 F_A 为 0，说明刨头后面的刨链一直处于松弛状态，实际上刨链中存在一定的剩余预紧力，所以刨链不一定都能处于松弛状态。

2）不同刨链预紧力对刨头速度和刨链张力的影响

在相同的链轮齿数和煤壁作用力条件下，考虑不同的刨链预紧力值对刨头速度和刨链张力的影响。其中，刨削阻力为 $F_Z = 50\text{kN}$，链轮齿数为 7 齿。

当刨链预紧力 F_v 分别为 60kN、80kN、100kN、110kN 时，刨头速度和刨链张力的时间历程曲线分别如图 4-13～图 4-16 所示。不同刨链预紧力作用下，刨链张力 F_B 平均值如表 4-3 所示。

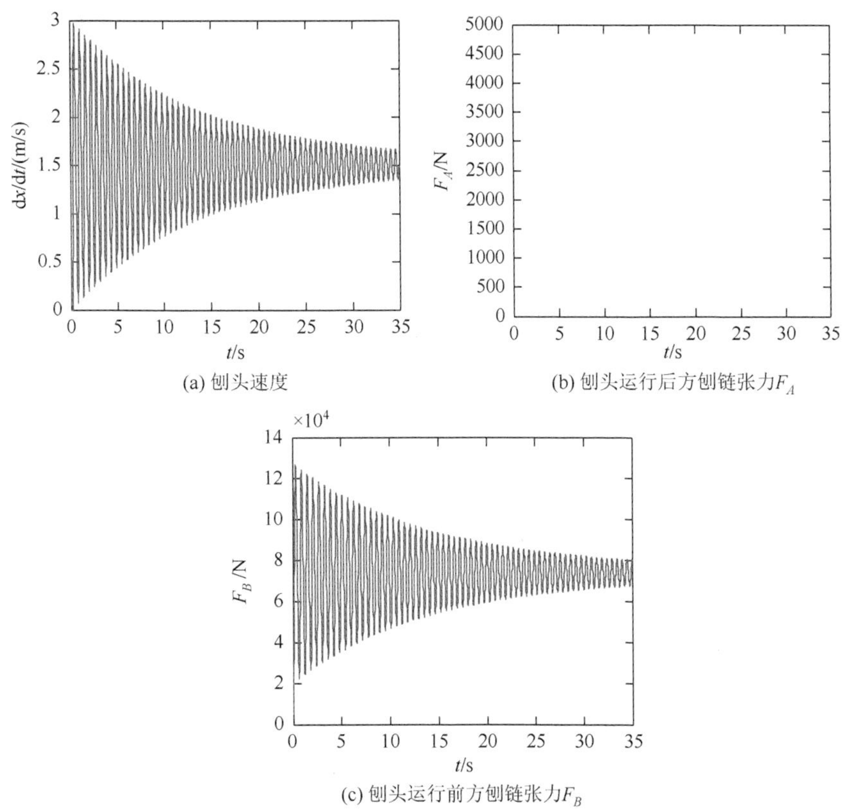

(a) 刨头速度　(b) 刨头运行后方刨链张力F_A

(c) 刨头运行前方刨链张力F_B

图 4-13　刨链预紧力 $F_v = 60\text{kN}$ 时刨头速度和刨链张力时间历程

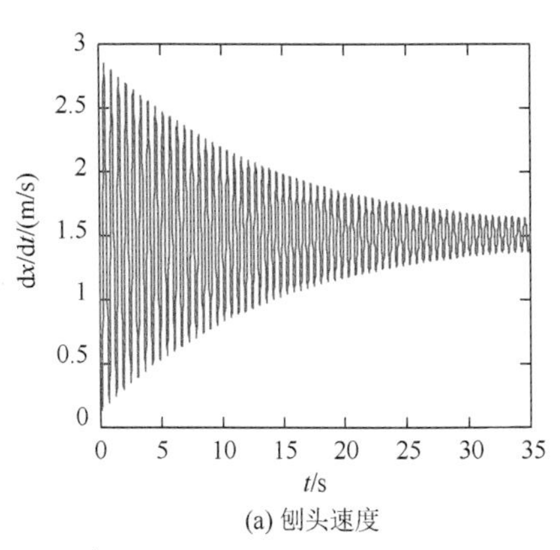

(a) 刨头速度

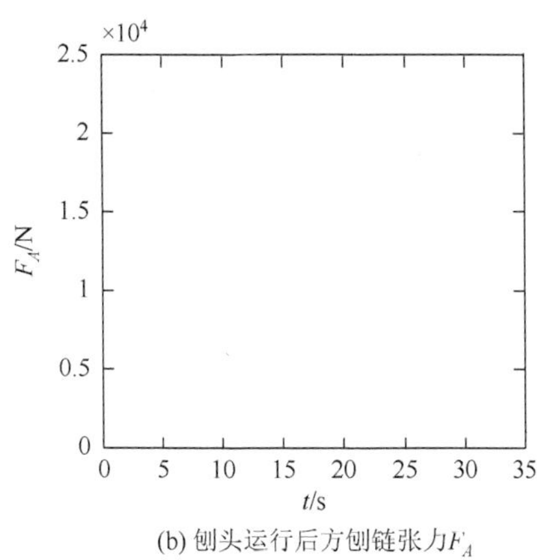

(b) 刨头运行后方刨链张力F_A

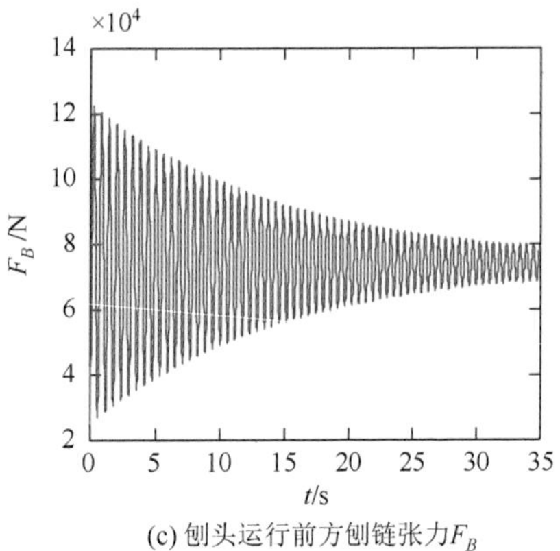

(c) 刨头运行前方刨链张力F_B

图 4-14　刨链预紧力 F_v = 80kN 时刨头速度和刨链张力时间历程

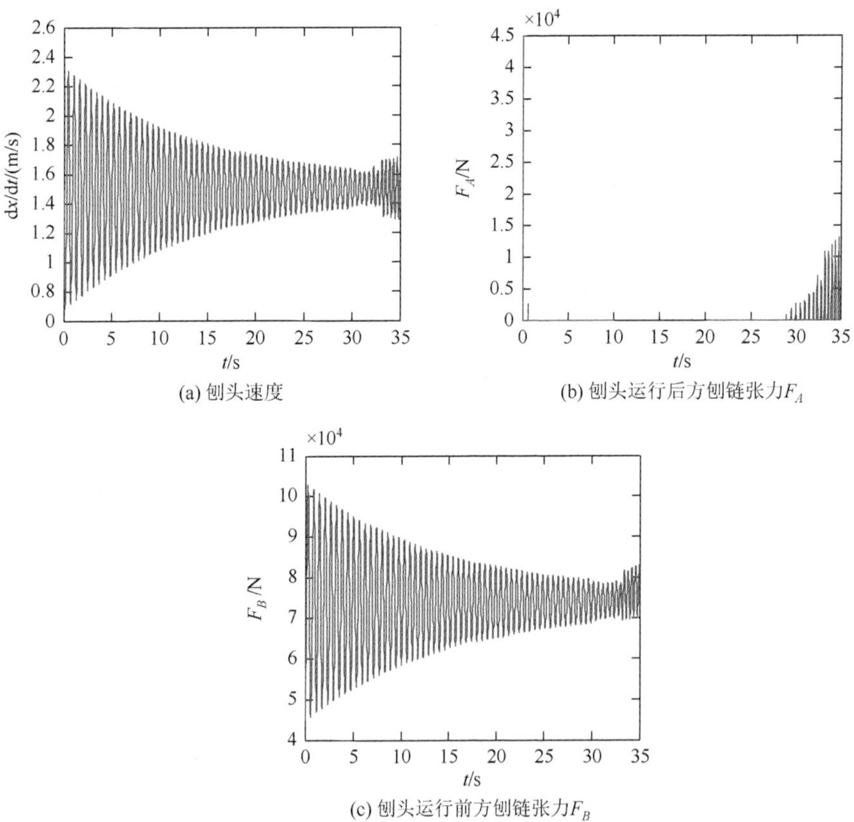

(a) 刨头速度

(b) 刨头运行后方刨链张力F_A

(c) 刨头运行前方刨链张力F_B

图 4-15　刨链预紧力 F_v = 100kN 时刨头速度和刨链张力时间历程

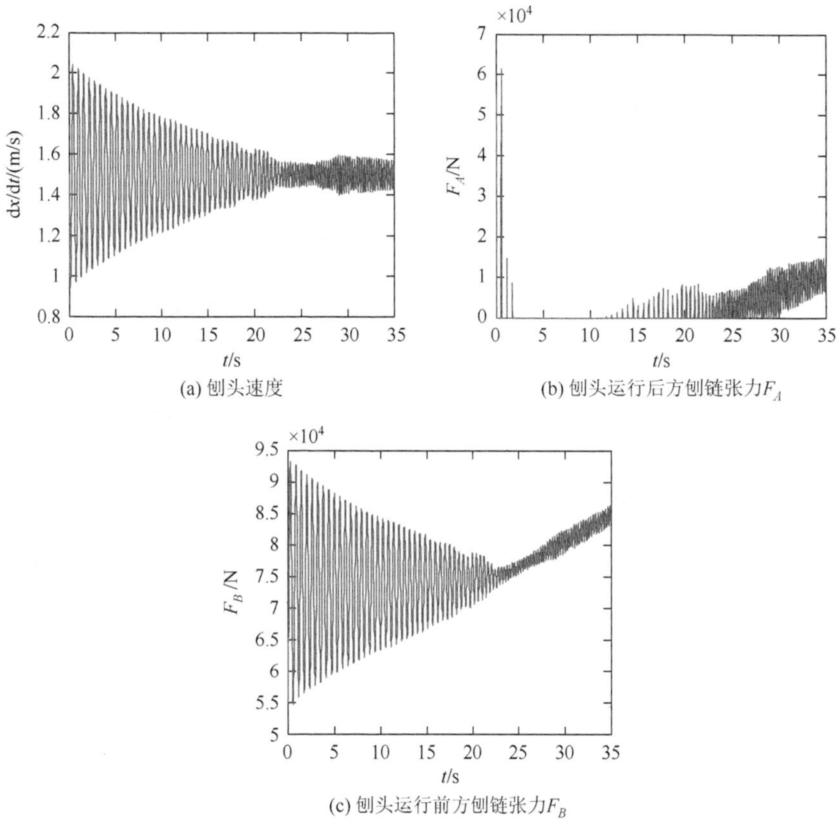

(a) 刨头速度　(b) 刨头运行后方刨链张力F_A　(c) 刨头运行前方刨链张力F_B

图4-16　刨链预紧力 $F_v = 110$kN 时刨头速度和刨链张力时间历程

表4-3　不同刨链预紧力作用下刨链张力 F_B 平均值

刨链预紧力 F_v/kN	刨链张力 F_B 平均值/kN
60	73.859
80	73.914
100	74.105
110	76.122

从图4-13（a）、（c）～图4-16（a）、（c）和表4-3可以看出，随着刨链预紧力逐渐增大，刨头速度幅值波动逐渐减小，同时刨头运行前方刨链张力 F_B 的平均值逐渐增大，幅值波动减小。当刨链预紧力 F_v 为110kN时，刨头速度和刨链张力 F_B 幅值波动较小，并且明显看到随着刨头逐渐接近另一端的驱动装置，刨链张力 F_B 的平均值增大很快。从图4-13（b）～图4-16（b）可以看到，随着刨链预紧力增大，刨头运行后方刨链张力 F_A 的变化说明链条由初始的松紧交替状态逐渐转变为拉紧状态。

3）链轮多边形效应对刨头速度和刨链张力的影响

在相同的刨削阻力和刨链预紧力作用条件下，分析链轮多边形效应对刨头速度和刨链张力的影响。

刨削阻力 $F_Z = 50\text{kN}$，刨链预紧力 $F_v = 60\text{kN}$，当链轮齿数分别为 5 齿、6 齿和 7 齿时，求得刨头速度和刨头运行前方刨链张力 F_B 的时间历程曲线。为更加清楚地表示，采用与不考虑链轮多边形效应影响的刨头速度差值和刨头运行前方刨链张力差值的时间历程曲线如图 4-17～图 4-19 所示。

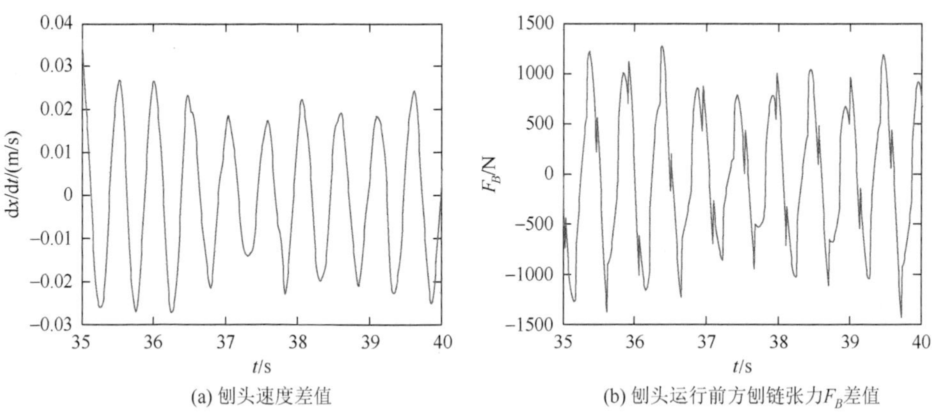

(a) 刨头速度差值 (b) 刨头运行前方刨链张力F_B差值

图 4-17 链轮为 5 齿时刨头速度差值和刨头运行前方刨链张力 F_B 差值时间历程

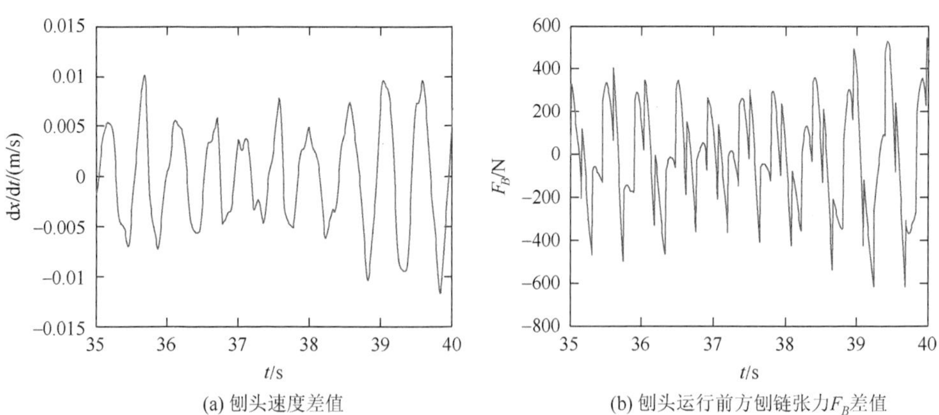

(a) 刨头速度差值 (b) 刨头运行前方刨链张力F_B差值

图 4-18 链轮为 6 齿时刨头速度差值和刨头运行前方刨链张力 F_B 差值时间历程

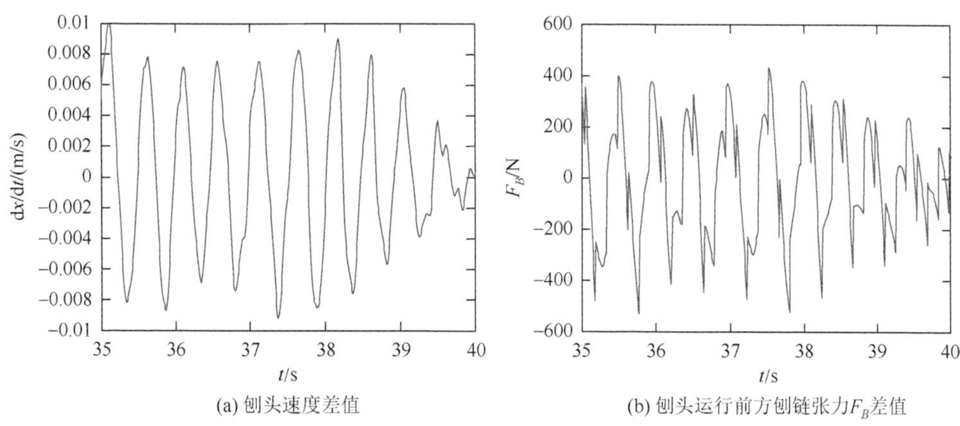

(a) 刨头速度差值　(b) 刨头运行前方刨链张力F_B差值

图 4-19　链轮为 7 齿时刨头速度差值和刨头运行前方刨链张力 F_B 差值时间历程

从图 4-17～图 4-19 可以看出，链轮齿数越多，刨头速度差值的幅值波动越小，刨链张力差值的幅值波动也越小。因此，链轮齿数越多，刨头运行越平稳。

3. 随机煤壁作用力条件下单自由度动力学方程数值仿真分析

利用 MATLAB/Simulink 建立仿真模型，用四阶龙格-库塔算法对随机煤壁作用力下的动力学方程进行求解，对各种因素影响下的刨头速度和刨链张力进行仿真分析。除了随机煤壁作用力外，其他参数采用上一小节中的参数值。

刨削阻力符合正态分布，变异系数按表 4-1 取为 0.7，计算得到标准差，进而描述随机的刨削阻力。侧向力也服从正态分布规律，并且侧向力和刨削阻力存在一定的比例关系，因此随机侧向力可由随机刨削阻力做出相应描述。

1）不同刨削阻力对刨头速度和刨链张力的影响

在相同的刨链预紧力和链轮齿数条件下，当刨削阻力平均值为不同值时，模拟随机的刨削阻力，分析其对刨头速度和刨链张力的影响。其中，刨链预紧力 F_v 为 60kN，链轮齿数为 7 齿。

当刨削阻力 F_Z 平均值分别为 30kN、40kN、50kN 时，刨头速度和刨链张力的时间历程曲线如图 4-20～图 4-22 所示。不同刨削阻力作用下，刨头速度和刨头运行前方刨链张力统计值如表 4-4 所示。

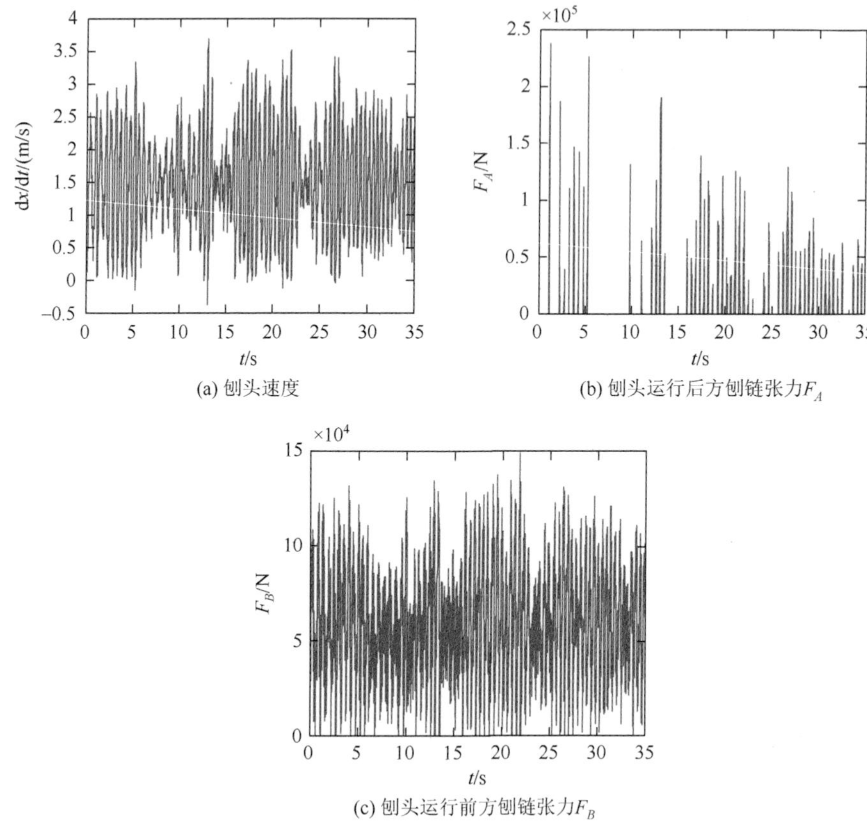

(a) 刨头速度

(b) 刨头运行后方刨链张力F_A

(c) 刨头运行前方刨链张力F_B

图 4-20　刨削阻力平均值为 30kN 时刨头速度和刨链张力时间历程

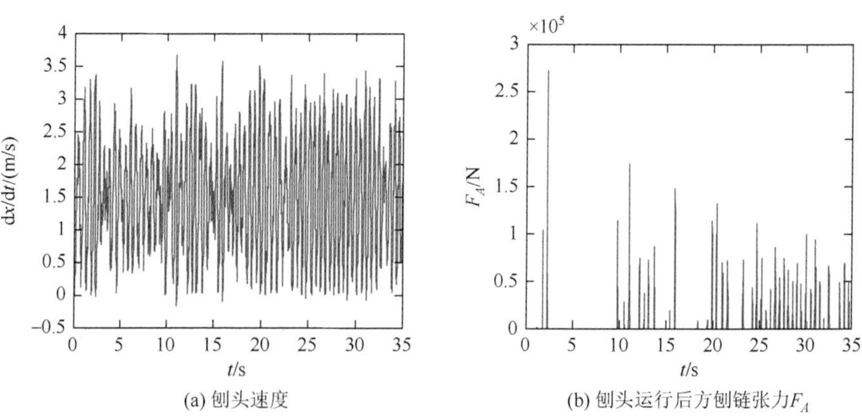

(a) 刨头速度

(b) 刨头运行后方刨链张力F_A

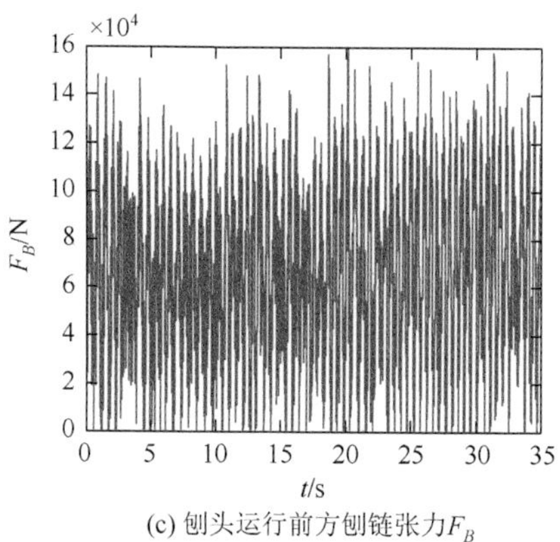

(c) 刨头运行前方刨链张力F_B

图 4-21　刨削阻力平均值为 40kN 时刨头速度和刨链张力时间历程

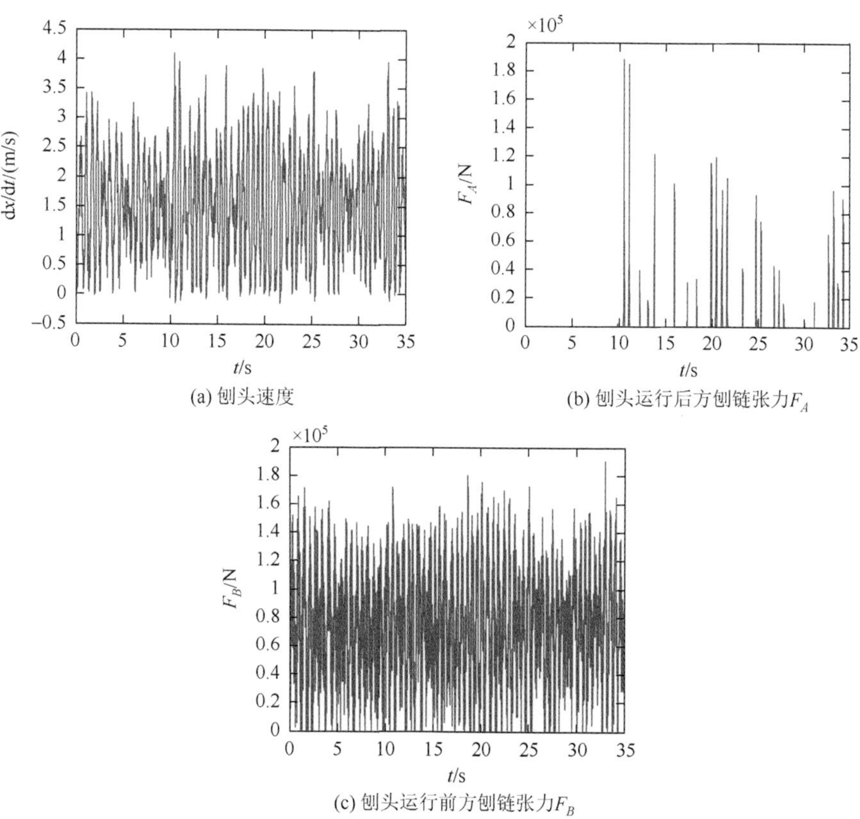

(a) 刨头速度

(b) 刨头运行后方刨链张力F_A

(c) 刨头运行前方刨链张力F_B

图 4-22　刨削阻力平均值为 50kN 时刨头速度和刨链张力时间历程

表 4-4　不同刨削阻力作用下刨头速度和刨链张力统计值

刨削阻力 F_Z 平均值/kN	刨头速度 dx/dt 标准差/(m/s)	刨链张力 F_B 平均值/kN	刨链张力 F_B 标准差/kN	刨链张力 F_B 变异系数
30	0.7968	59.428	29.28	0.493
40	0.8922	66.646	35.087	0.526
50	0.9204	74.606	39.949	0.535

从图 4-20（a）、（c）～图 4-22（a）、（c）和表 4-4 可以看到，随着刨削阻力 F_Z 平均值增大，刨头速度和刨链张力 F_B 幅值波动增大，刨链张力 F_B 平均值也增大。从图 4-20（b）～图 4-22（b）可以看到，刨头运行后方的刨链张力 F_A 波动很大，刨链处于时松时紧的状态。刨头速度出现负值的情况说明刨头受到较大载荷的影响。

2）不同刨链预紧力对刨头速度和刨链张力的影响

在相同的链轮齿数和随机煤壁作用力条件下，分析刨链预紧力对刨头速度和刨链张力的影响。其中，刨削阻力平均值为 50kN，链轮齿数为 7 齿。

不同刨链预紧力作用下，刨头速度和刨头运行前方刨链张力时间历程如表 4-5 所示。当刨链预紧力 F_v 分别为 40kN、80kN、100kN 时，刨头速度和刨链张力的时间历程曲线如图 4-23～图 4-25 所示。

表 4-5　不同刨链预紧力作用下刨头速度和刨链张力统计值

刨链预紧力 F_v/kN	刨头速度 dx/dt 标准差/(m/s)	刨链张力 F_B 平均值/kN	刨链张力 F_B 标准差/kN	刨链张力 F_B 变异系数
40	0.9284	72.586	41.328	0.569
80	0.9264	78.812	38.378	0.487
100	0.8742	85.145	35.098	0.412

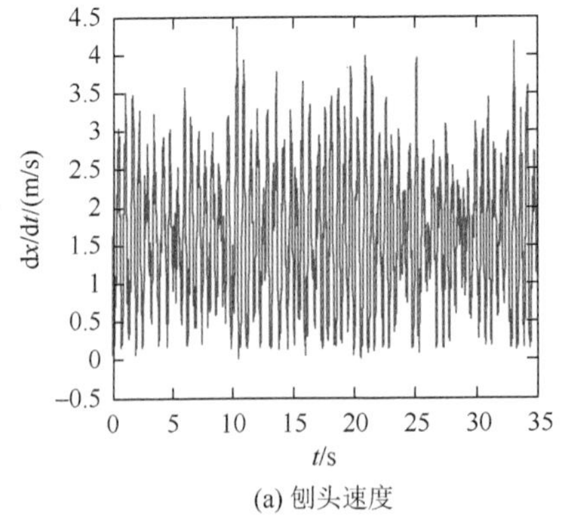

(a) 刨头速度

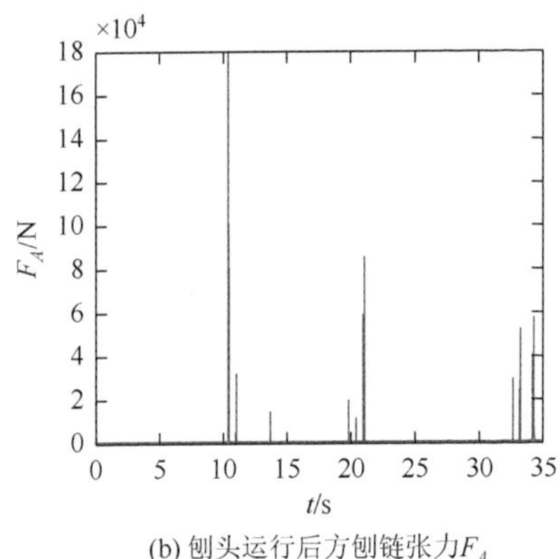

(b) 刨头运行后方刨链张力 F_A

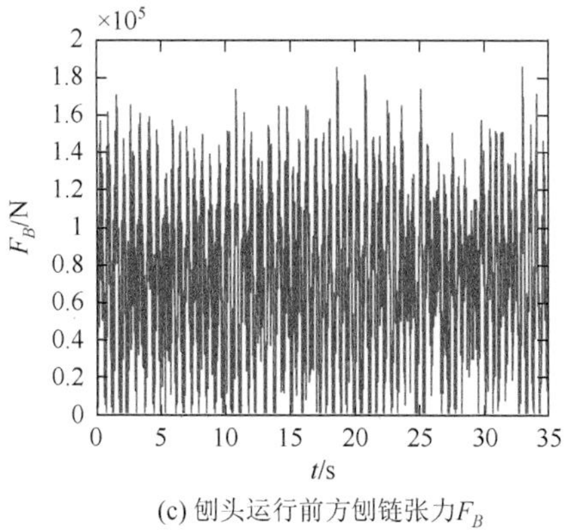

(c) 刨头运行前方刨链张力F_B

图 4-23　刨链预紧力为 40kN 时刨头速度和刨链张力时间历程

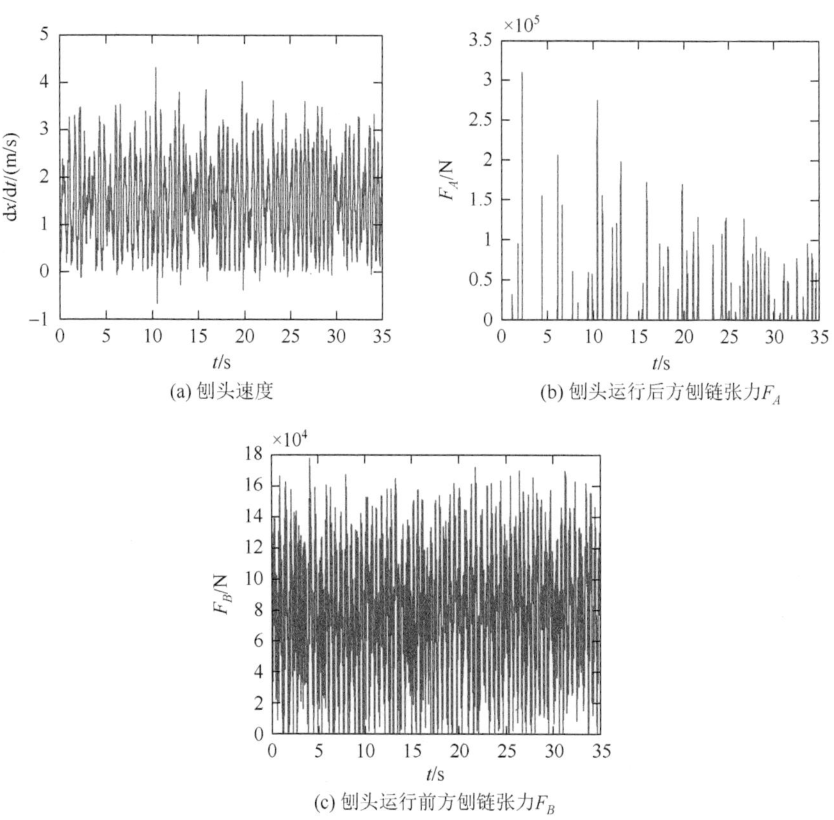

(a) 刨头速度

(b) 刨头运行后方刨链张力F_A

(c) 刨头运行前方刨链张力F_B

图 4-24　刨链预紧力为 80kN 时刨头速度和刨链张力时间历程

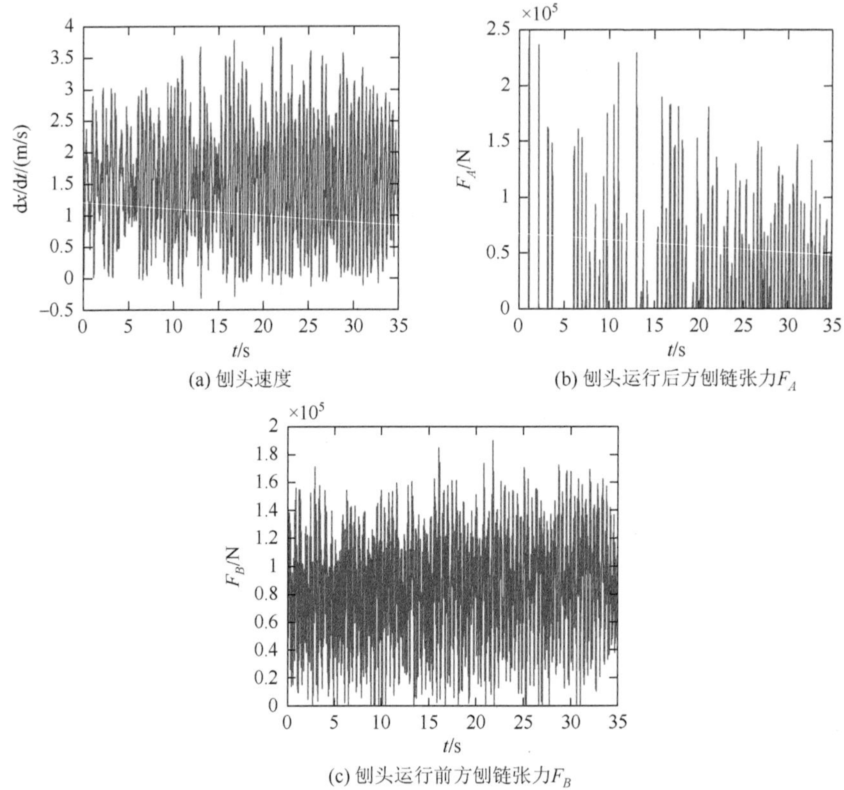

(a) 刨头速度　　(b) 刨头运行后方刨链张力F_A

(c) 刨头运行前方刨链张力F_B

图 4-25　刨链预紧力为 100kN 时刨头速度和刨链张力时间历程

从图 4-23（a）、（c）～图 4-25（a）、（c）和表 4-5 可以看到，随着刨链预紧力逐渐增大，刨头速度幅值波动减小，刨头运行前方刨链张力 F_B 平均值增加并且幅值波动减小。同时，当刨链预紧力 F_v 为 100kN 时，可看到随着刨头逐渐接近另一端驱动装置时，刨链张力 F_B 平均值增加。从图 4-23（b）～图 4-25（b）可以看到，刨头运行后方刨链张力 F_A 波动较大，刨链处于松紧交替的状态。

3）链轮多边形效应对刨头速度和刨链张力的影响

在相同的刨链预紧力和随机煤壁作用力条件下，分析链轮多边形效应对刨头速度和刨链张力的影响。刨削阻力平均值为 50kN，刨链预紧力 F_v 为 60kN，链轮齿数分别为 5 齿、6 齿和 7 齿时，得到刨头速度和刨头运行前方刨链张力 F_B 的时间历程曲线。为更加清楚地表示，采用与不考虑链轮多边形效应影响的刨头速度、刨头运行前方刨链张力的差值时间历程曲线，如图 4-26～图 4-28 所示。

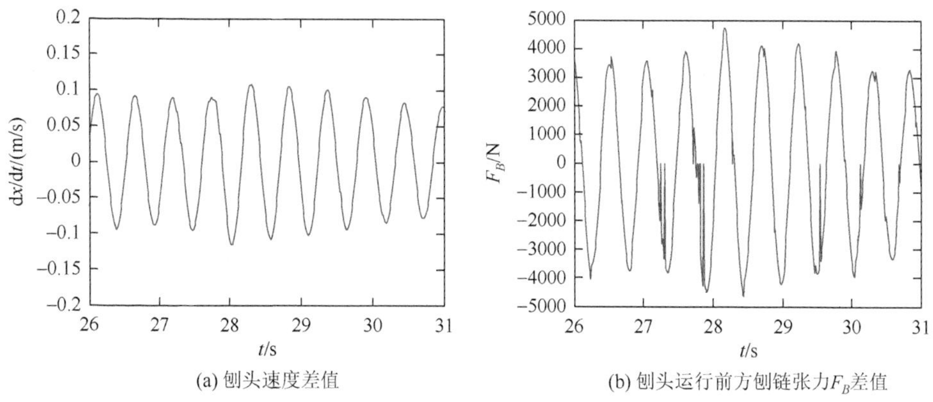

(a) 刨头速度差值　(b) 刨头运行前方刨链张力F_B差值

图 4-26　链轮为 5 齿时刨头速度差值和刨头运行前方刨链张力差值时间历程

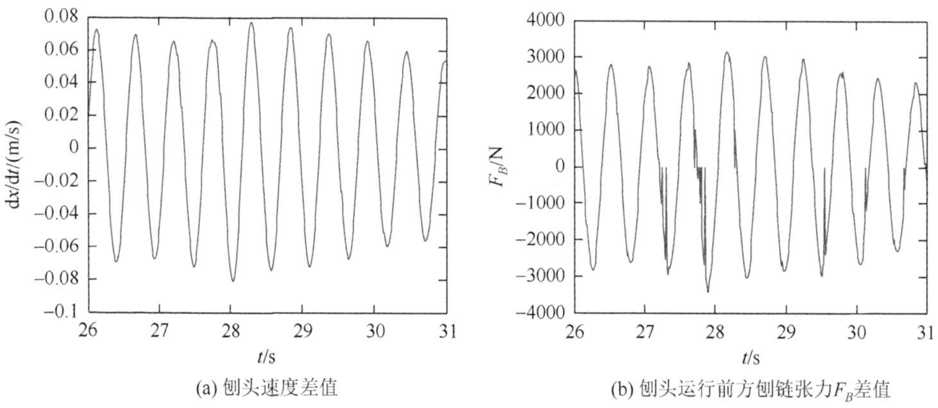

(a) 刨头速度差值　(b) 刨头运行前方刨链张力F_B差值

图 4-27　链轮为 6 齿时刨头速度差值和刨头运行前方刨链张力差值时间历程

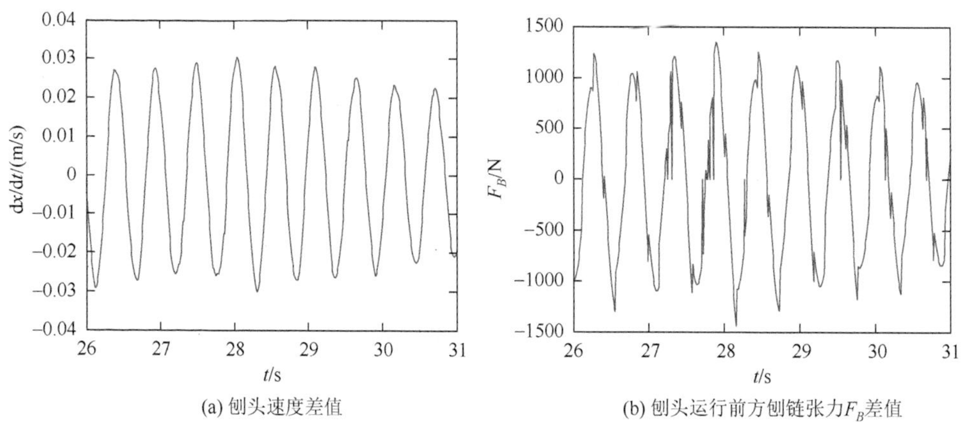

(a) 刨头速度差值　(b) 刨头运行前方刨链张力F_B差值

图 4-28　链轮为 7 齿时刨头速度差值和刨头运行前方刨链张力差值时间历程

从图 4-26～图 4-28 可以看出，在随机煤壁作用力条件下，链轮齿数越多，刨头速度差值的幅值波动越小，刨链张力差值的幅值波动也越小。因此，链轮齿数越多，刨头运行就越平稳、刨链张力波动就越小，可为刨煤机运行创造有利条件，同时提高刨链使用寿命。

4.3.2 多自由度刨煤机非线性动力学方程数值仿真分析

考虑煤壁作用力为定常值时和随机变化时的两种情况，对多自由度刨煤机动力学方程进行数值求解，求得系统的动态响应。

1. 定常煤壁作用力条件下多自由度刨煤机动力学方程数值仿真分析

采用四阶龙格-库塔算法对多自由度刨煤机动力学方程进行数值求解，当煤壁作用力为定常值时，对各种因素影响下的刨头速度和刨链张力进行仿真分析，同时考虑双端驱动和单端驱动的区别。基本参数如下：刨链规格为 30×108；刨链单位长度质量 $q = 18\text{kg/m}$；刨链截面面积 $A_L = 1.413\times10^{-3}\ \text{m}^2$；刨链刚度系数 $k = 7.31\times10^7\ \text{N/m}$；阻尼系数为 500N·s/m；链轮齿数 $N_L = 7$，半径 $R_1 = R_2 = 0.243\text{m}$；刨头质量 $m_2 = 3.4\times10^3\ \text{kg}$；驱动装置Ⅰ、Ⅱ的等效转动惯量分别为 $J_1 = 2542\ \text{kg}\cdot\text{m}^2$、$J_2 = 2542\ \text{kg}\cdot\text{m}^2$；单个电机功率 $P_e = 160\text{kW}$；同步转速 $n_0 = 1500\text{r/min}$；额定转速 $n_e = 1484\text{r/min}$；过载系数 $k_m = 2.2$；传动效率 $\eta = 0.72$；传动比 $i = 24.804$；工作面长度 $L = 200\text{m}$；刨头起始位置和驱动链轮之间的刨链长度 $L_0 = 2\text{m}$；刨头与滑架之间的摩擦系数 $\mu_b = 0.2$；刨刀与煤壁之间的摩擦系数 $\mu_X = 0.3$；刨链与滑架之间的摩擦系数 $\mu_c = 0.25$；侧向力系数 $K_X = 0.15$；装煤阻力 $F_L = 15\text{kN}$。位移初值 $\varphi_1(0) = \varphi_2(0) = x_1(0) = x_2(0) = x_3(0) = x_4(0) = 0$，速度初值 $\dot{\varphi}_1(0) = 1.5/R_1$，$\dot{\varphi}_2(0) = 1.5/R_2$，$\dot{x}_1(0) = \dot{x}_2(0) = \dot{x}_3(0) = \dot{x}_4(0) = 1.5$。

单端驱动时按 4.2.2 节中的动力学方程进行计算和仿真分析。单端驱动的动力学方程参数中，总功率保持不变，只有一个电机，功率为 320kW，相应的驱动装置等效转动惯量等需调整。

1）刨削阻力对刨头速度和刨链张力的影响

（1）双端驱动。

在相同的刨链预紧力和链轮齿数条件下，分析刨削阻力对刨头速度和刨链张力的影响。刨链预紧力 F_v 为 60kN，链轮齿数为 7 齿。

当刨削阻力 F_Z 分别为 20kN、30kN、50kN 时，刨头速度和刨链张力的时间历程曲线如图 4-29～图 4-31 所示。不同刨削阻力作用下，刨头运行前方（靠近刨头和靠近链轮）的刨链张力 F_3、F_4 平均值如表 4-6 所示。

(a) 刨头速度

(b) 刨头运行后方刨链张力F_2

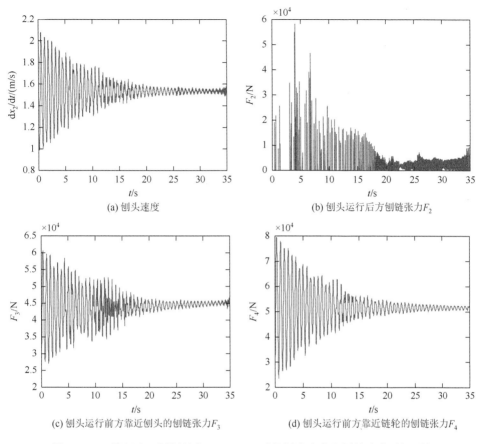

(c) 刨头运行前方靠近刨头的刨链张力F_3

(d) 刨头运行前方靠近链轮的刨链张力F_4

图 4-29　双端驱动、刨削阻力 $F_Z = 20\text{kN}$ 时的刨头速度和刨链张力时间历程

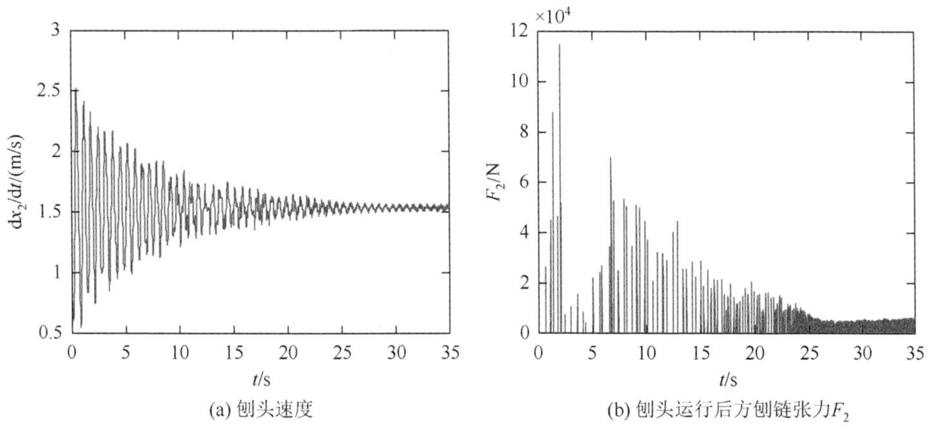

(a) 刨头速度

(b) 刨头运行后方刨链张力F_2

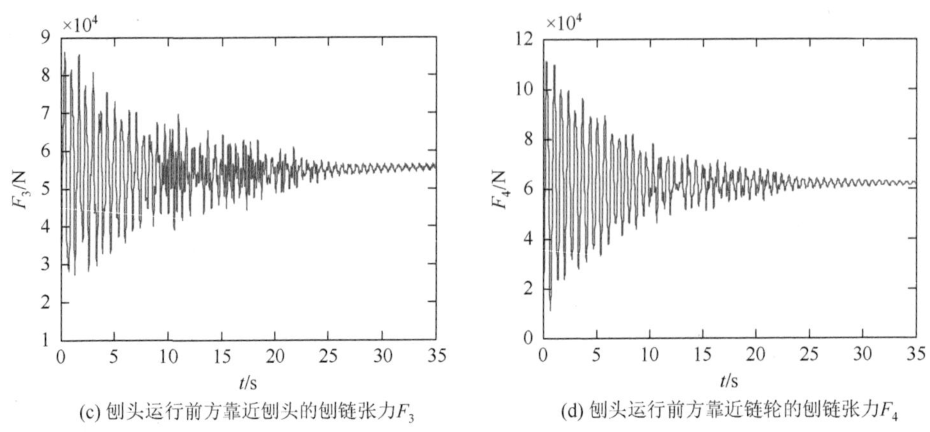

(c) 刨头运行前方靠近刨头的刨链张力F_3　　(d) 刨头运行前方靠近链轮的刨链张力F_4

图 4-30　双端驱动、刨削阻力 $F_Z = 30\text{kN}$ 时刨头速度和刨链张力时间历程

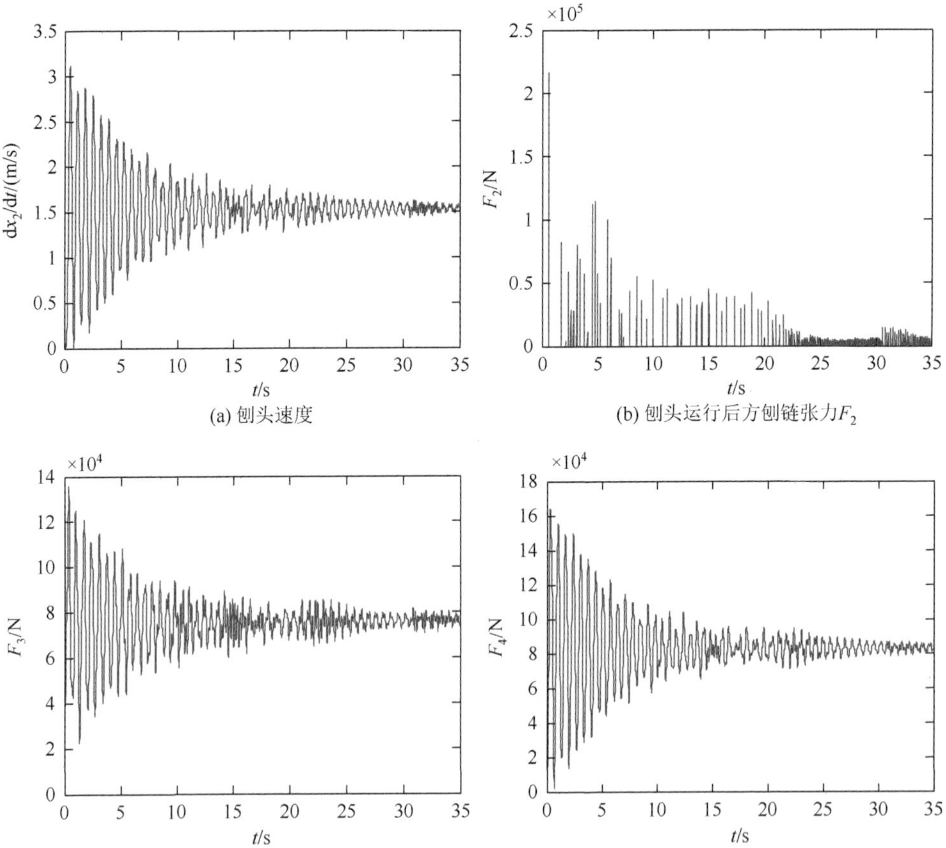

(a) 刨头速度　　(b) 刨头运行后方刨链张力F_2

(c) 刨头运行前方靠近刨头的刨链张力F_3　　(d) 刨头运行前方靠近链轮的刨链张力F_4

图 4-31　双端驱动、刨削阻力 $F_Z = 50\text{kN}$ 时刨头速度和刨链张力时间历程

表 4-6　双端驱动时不同刨削阻力作用下的刨链张力平均值

刨削阻力 F_Z/kN	刨链张力 F_3 平均值/kN	刨链张力 F_4 平均值/kN
20	44.002	51.598
30	54.542	62.143
50	74.404	83.013

从图 4-29（a）、（c）、（d）～图 4-31（a）、（c）、（d）和表 4-6 可以看出，随着刨削阻力 F_Z 增大，刨头速度幅值波动增大，刨链张力 F_3、F_4 平均值及幅值波动增大；无论刨削阻力大小，刨头运行前方靠近链轮的刨链张力 F_4 平均值都大于靠近刨头的刨链张力 F_3 的平均值。从图 4-29（b）～图 4-31（b）可看出，随着时间增加，刨头运行后方的刨链张力 F_2 发生变化，说明链条由处于时松时紧的状态逐渐过渡到拉紧状态。

（2）单端驱动。

分析在单端驱动时不同的定常煤壁作用力对刨头速度和刨链张力的影响。其中，刨链预紧力 F_v 为 60kN，链轮齿数为 7 齿。当刨削阻力 F_Z 分别为 20kN、30kN、50kN 时，刨头速度和刨链张力的时间历程曲线如图 4-32～图 4-34 所示。不同刨削阻力作用下，刨头运行前方（靠近刨头和靠近链轮）的刨链张力 F_3、F_4 平均值如表 4-7 所示。

从图 4-32（a）、（c）、（d）～图 4-34（a）、（c）、（d）和表 4-7 中可以看出，随着刨削阻力 F_Z 逐渐增大，刨头速度的幅值波动逐渐增大，刨链张力 F_3、F_4 的平均值及幅值波动增大。图 4-32（b）～图 4-34（b）中刨链张力 F_2 的变化表明刨头运行后方刨链大部分时间处于拉紧状态。从双端驱动和单端驱动的仿真结果可以看出，总功率相同时，对于相同的刨削阻力，单端驱动时刨头运行前后方刨链张力平均值及幅值波动与双端驱动时相比更大，说明双端驱动能使刨链的负荷降低。

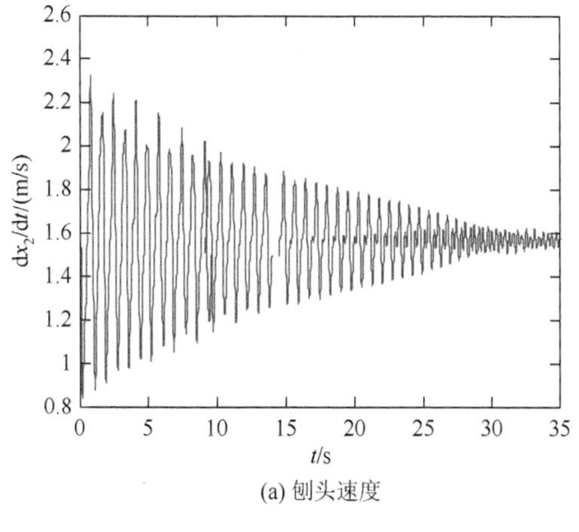

(a) 刨头速度

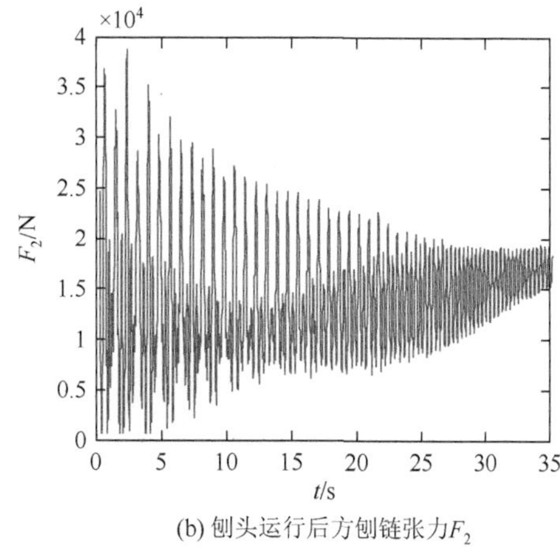

(b) 刨头运行后方刨链张力F_2

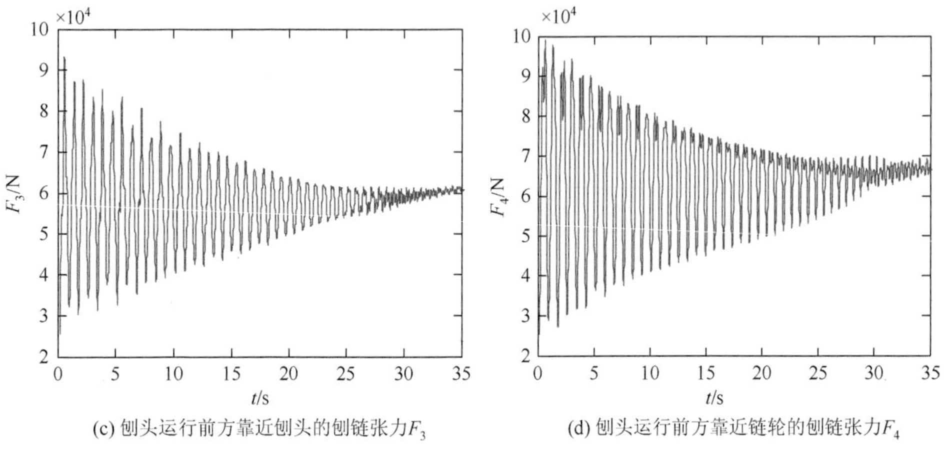

(c) 刨头运行前方靠近刨头的刨链张力F_3　　(d) 刨头运行前方靠近链轮的刨链张力F_4

图 4-32　单端驱动、刨削阻力 $F_Z = 20$kN 时刨头速度和刨链张力时间历程

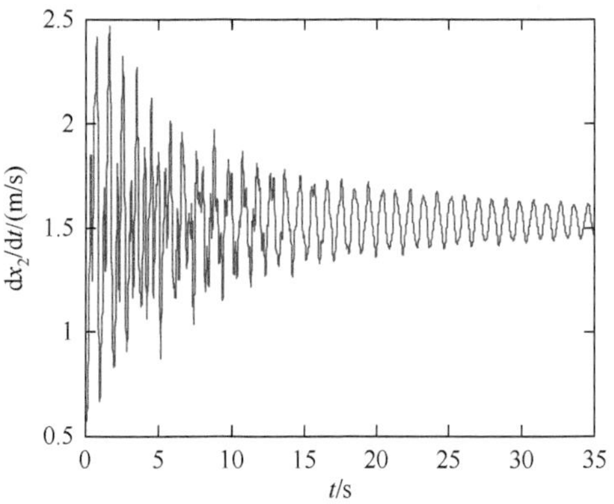

(a) 刨头速度 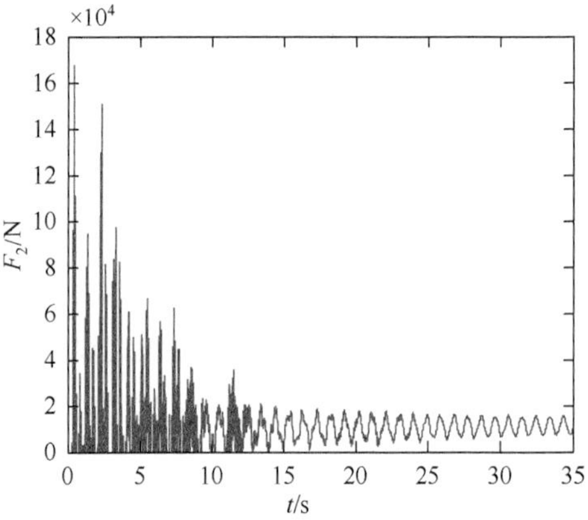　　(b) 刨头运行后方刨链张力F_2

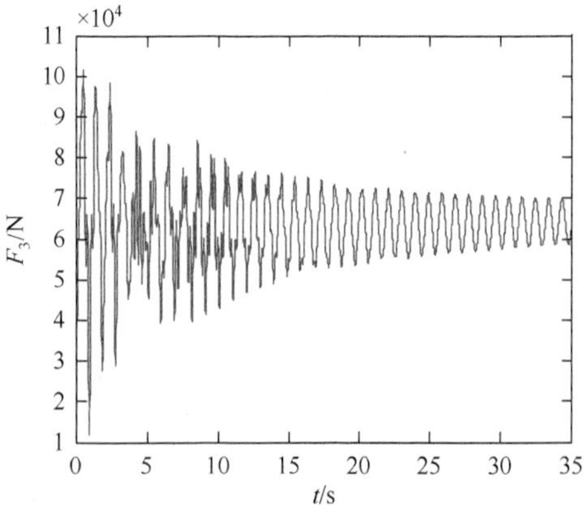

(c) 刨头运行前方靠近刨头的刨链张力F_3 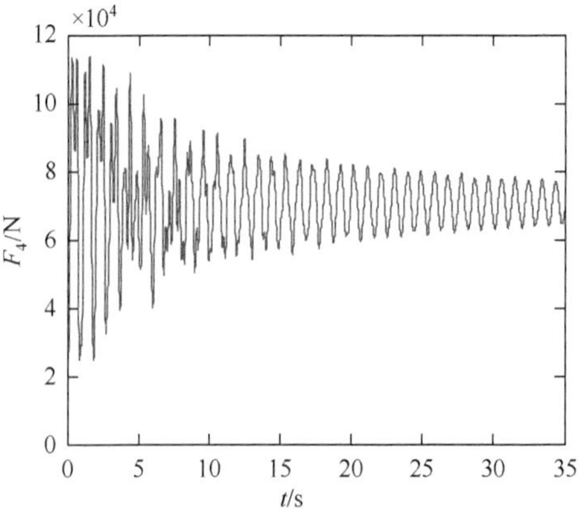　　(d) 刨头运行前方靠近链轮的刨链张力F_4

图 4-33　单端驱动、刨削阻力 $F_Z = 30$kN 时刨头速度和刨链张力时间历程

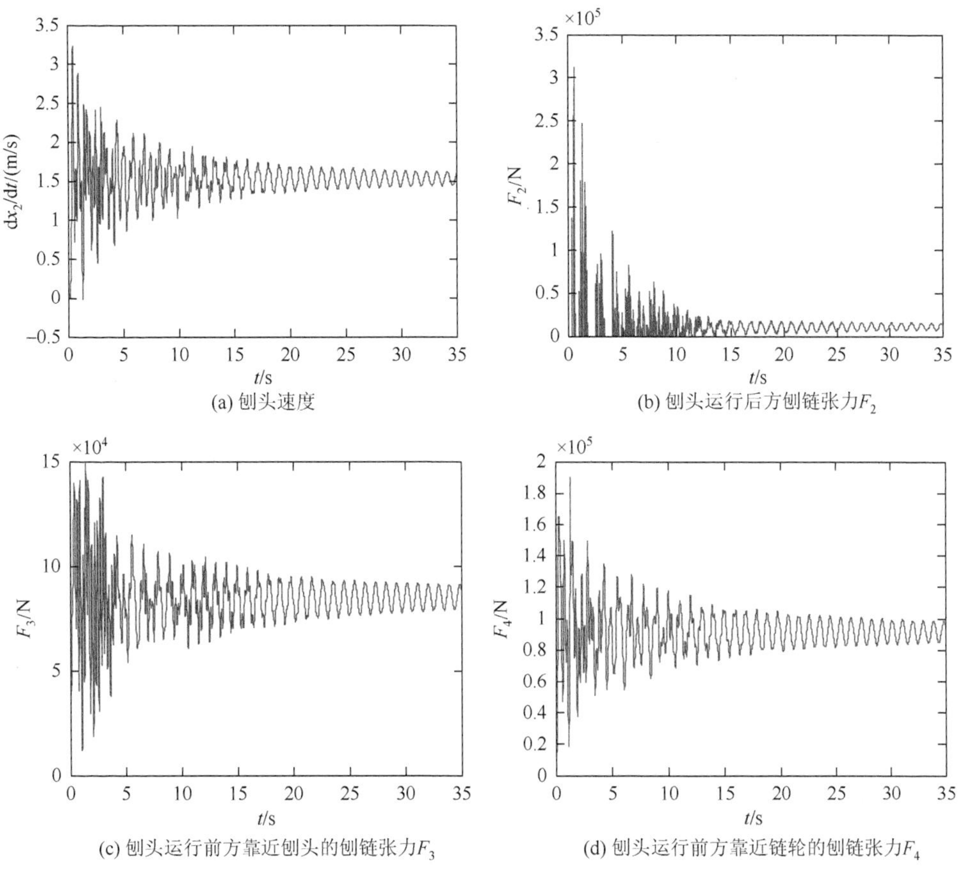

(a) 刨头速度

(b) 刨头运行后方刨链张力F_2

(c) 刨头运行前方靠近刨头的刨链张力F_3

(d) 刨头运行前方靠近链轮的刨链张力F_4

图 4-34　单端驱动、刨削阻力 $F_Z = 50$kN 时刨头速度和刨链张力时间历程

表 4-7　单端驱动时不同刨削阻力作用下的刨链张力平均值

刨削阻力 F_Z/kN	刨链张力 F_3 平均值/kN	刨链张力 F_4 平均值/kN
20	56.082	63.682
30	63.424	71.022
50	84.188	91.796

2）刨链预紧力对刨头速度和刨链张力的影响

（1）双端驱动。

在相同的煤壁作用力和链轮齿数条件下，分析不同的刨链预紧力对刨头速度和刨链张力的影响。其中，刨削阻力 $F_Z = 50$kN，链轮齿数为 7 齿。

当刨链预紧力 F_v 分别为 60kN、80kN、100kN、110kN 时，刨头速度和刨链张力的时间历程曲线如图 4-35～图 4-38 所示。不同刨链预紧力作用下，刨头运行前方（靠近刨头和靠近链轮）的刨链张力 F_3、F_4 平均值如表 4-8 所示。

(a) 刨头速度

(b) 刨头运行后方刨链张力F_2

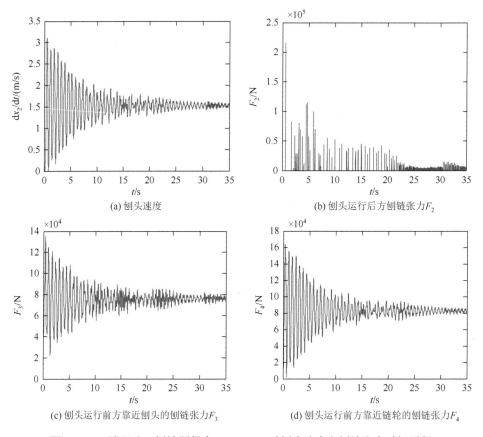

(c) 刨头运行前方靠近刨头的刨链张力F_3

(d) 刨头运行前方靠近链轮的刨链张力F_4

图 4-35　双端驱动、刨链预紧力 $F_v = 60\text{kN}$ 时刨头速度和刨链张力时间历程

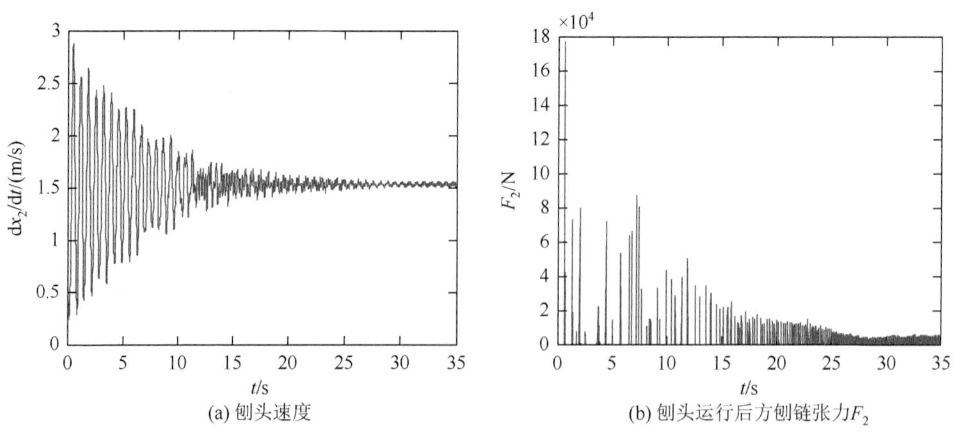

(a) 刨头速度

(b) 刨头运行后方刨链张力F_2

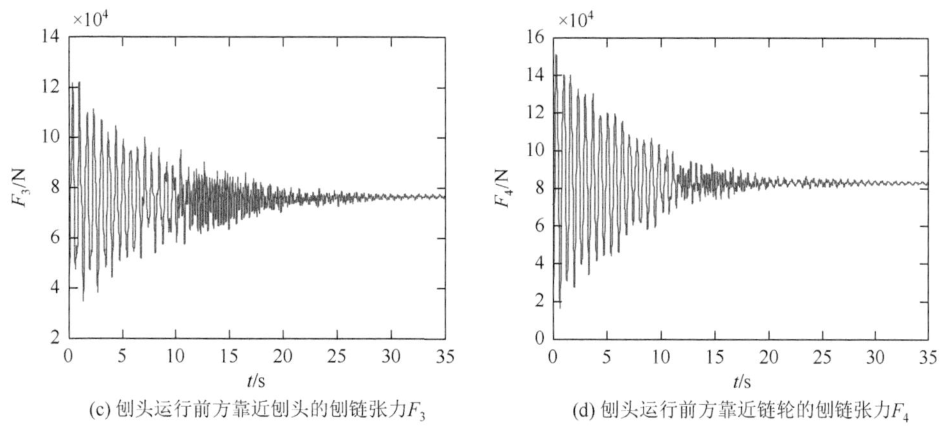

(c) 刨头运行前方靠近刨头的刨链张力F_3　　(d) 刨头运行前方靠近链轮的刨链张力F_4

图 4-36　双端驱动、刨链预紧力 F_v = 80kN 时刨头速度和刨链张力时间历程

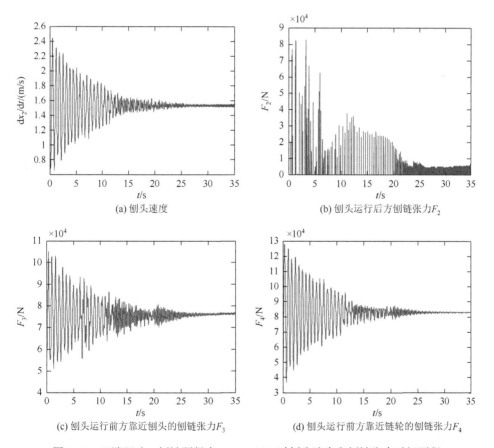

(a) 刨头速度　　(b) 刨头运行后方刨链张力F_2

(c) 刨头运行前方靠近刨头的刨链张力F_3　　(d) 刨头运行前方靠近链轮的刨链张力F_4

图 4-37　双端驱动、刨链预紧力 F_v = 100kN 时刨头速度和刨链张力时间历程

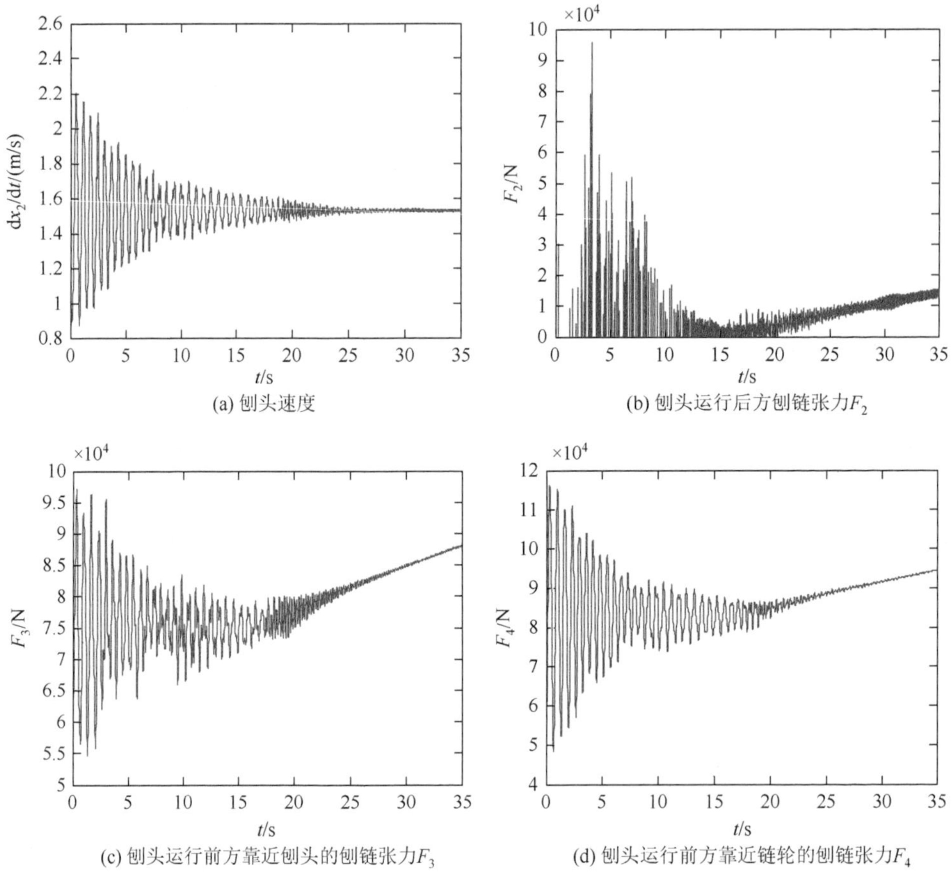

图 4-38　双端驱动、刨链预紧力 $F_v = 110$kN 时刨头速度和刨链张力时间历程

表 4-8　双端驱动时不同刨链预紧力作用下的刨链张力平均值

刨链预紧力 F_v/kN	刨链张力 F_3 平均值/kN	刨链张力 F_4 平均值/kN
60	75.404	83.013
80	75.459	83.064
100	75.545	83.145
110	78.761	86.359

从图 4-35（a）、（c）、（d）～图 4-38（a）、（c）、（d）和表 4-8 中可以看到，刨链预紧力 F_v 越大，刨头速度幅值波动越小，刨链张力 F_3、F_4 的幅值波动变小，但平均值逐渐缓慢增大。当刨链预紧力 $F_v = 110$kN 时，可明显看到，随着刨头靠近另一侧驱动装置，刨头运行前方刨链张力 F_3、F_4 的平均值逐渐增大。

从图 4-35（b）～图 4-38（b）中看到，在刨头运行后方，刨链由松紧交替状态过渡到拉紧状态，当刨链预紧力 $F_v = 110\text{kN}$ 时，随着刨头靠近另一侧驱动装置，刨链张力 F_2 的平均值逐渐增大。

（2）单端驱动。

单端驱动时，在相同的煤壁作用力和链轮齿数条件下，分析刨链预紧力对刨头速度和刨链张力的影响。其中，刨削阻力 $F_Z = 50\text{kN}$，链轮齿数为 7 齿。

当刨链预紧力 F_v 分别为 60kN、80kN、100kN、110kN 时，刨头速度和刨链张力的时间历程曲线如图 4-39～图 4-42 所示。不同刨链预紧力作用下，刨头运行前方（靠近刨头和靠近链轮）的刨链张力 F_3、F_4 平均值如表 4-9 所示。

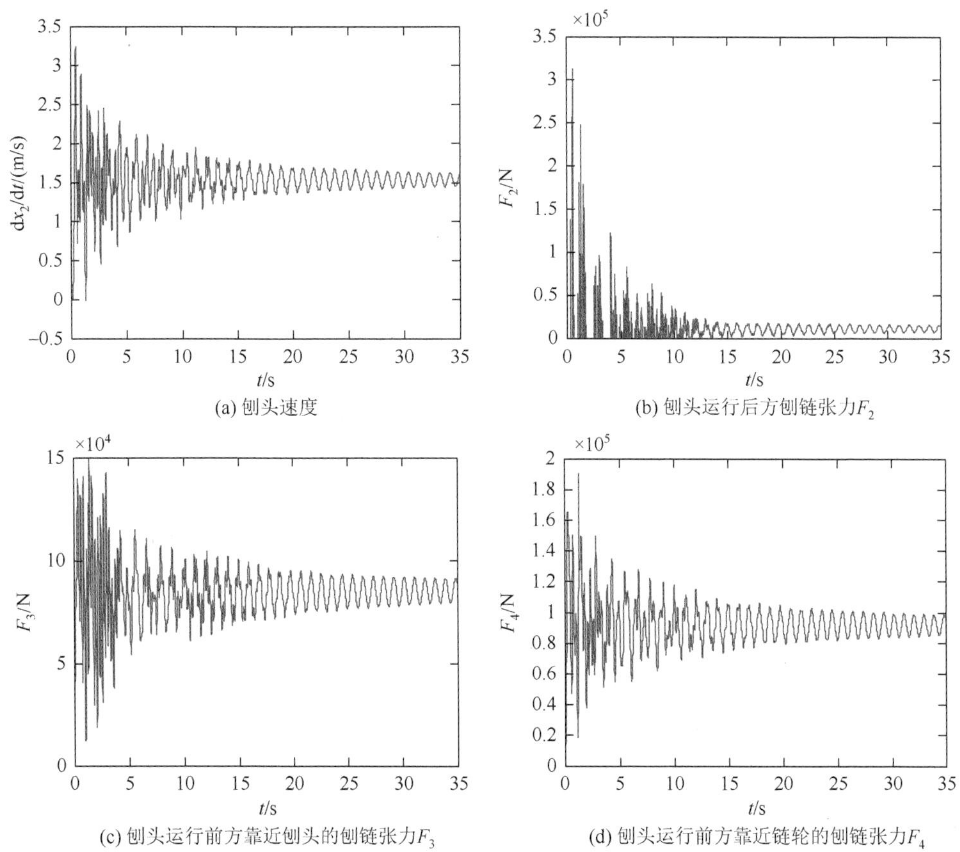

(a) 刨头速度　(b) 刨头运行后方刨链张力 F_2

(c) 刨头运行前方靠近刨头的刨链张力 F_3　(d) 刨头运行前方靠近链轮的刨链张力 F_4

图 4-39　单端驱动、刨链预紧力 $F_v = 60\text{kN}$ 时刨头速度和刨链张力时间历程

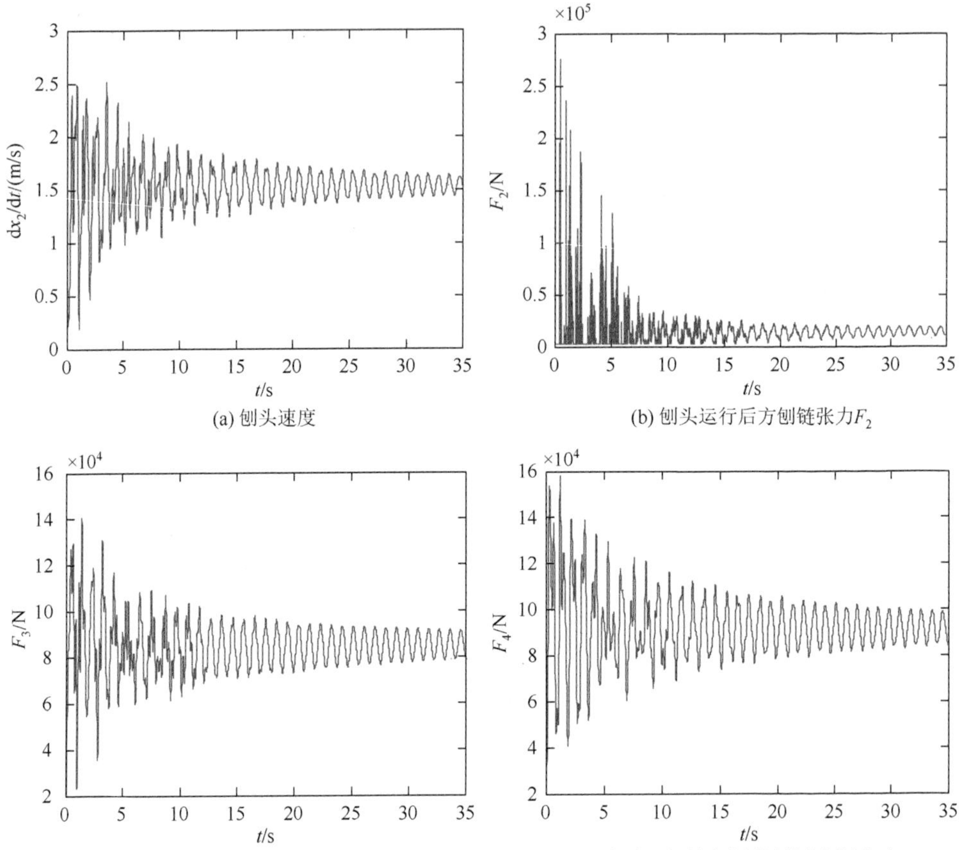

(a) 刨头速度

(b) 刨头运行后方刨链张力F_2

(c) 刨头运行前方靠近刨头的刨链张力F_3

(d) 刨头运行前方靠近链轮的刨链张力F_4

图 4-40　单端驱动、刨链预紧力 $F_v = 80\text{kN}$ 时刨头速度和刨链张力时间历程

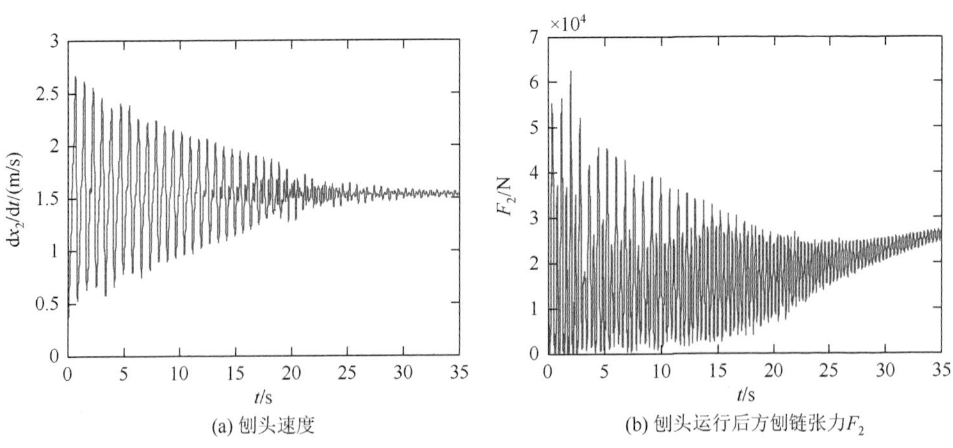

(a) 刨头速度

(b) 刨头运行后方刨链张力F_2

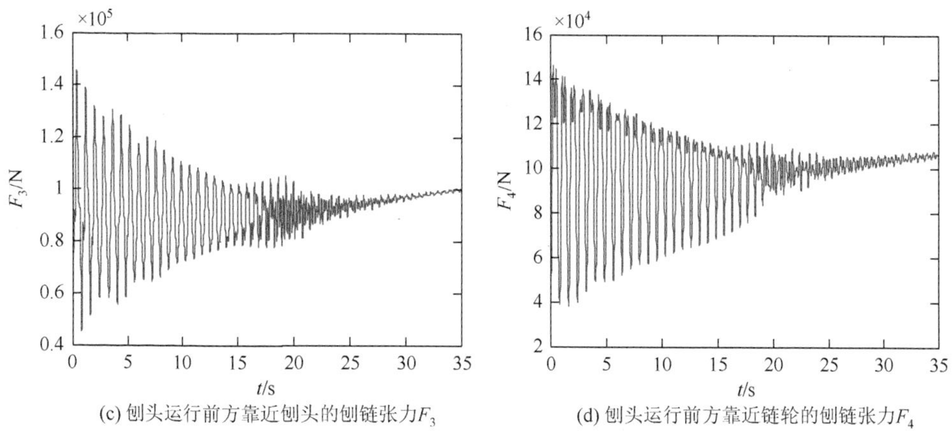

(c) 刨头运行前方靠近刨头的刨链张力F_3　　(d) 刨头运行前方靠近链轮的刨链张力F_4

图 4-41　单端驱动、刨链预紧力 $F_v = 100\text{kN}$ 时刨头速度和刨链张力时间历程

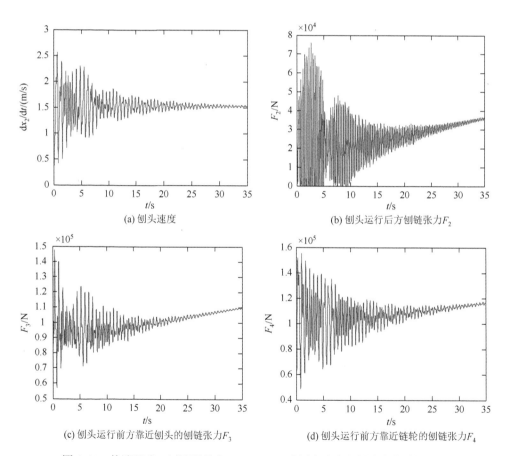

(a) 刨头速度　　(b) 刨头运行后方刨链张力F_2

(c) 刨头运行前方靠近刨头的刨链张力F_3　　(d) 刨头运行前方靠近链轮的刨链张力F_4

图 4-42　单端驱动、刨链预紧力 $F_v = 110\text{kN}$ 时刨头速度和刨链张力时间历程

表 4-9　单端驱动时不同刨链预紧力 F_v 作用下刨链张力平均值

刨链预紧力 F_v/kN	刨链张力 F_3 平均值/kN	刨链张力 F_4 平均值/kN
60	84.188	91.796
80	84.580	92.183
100	92.686	100.29
110	100.30	107.90

从图 4-39（a）、（c）、（d）～图 4-42（a）、（c）、（d）和表 4-9 中可看到，随着刨链预紧力 F_v 增大，刨头速度的幅值波动减小，刨头运行前方刨链张力 F_3、F_4 的平均值增大但幅值波动减小；当刨链预紧力 $F_v = 100$kN、110kN 时，可明显看到随着刨头靠近另一侧驱动装置，刨链张力 F_3、F_4 的平均值逐渐增大。从图 4-39（b）～图 4-42（b）中可以看到，刨头运行后方刨链大部分处于拉紧状态，当刨链预紧力 $F_v = 100$kN、110kN 时，随着刨头靠近另一侧驱动装置，刨链张力 F_2 的平均值逐渐增大。从双端驱动和单端驱动的仿真结果可以看出，与双端驱动相比，单端驱动时刨链张力平均值及幅值波动更大，说明双端驱动能降低刨链的负荷。

3）链轮多边形效应对刨头速度和刨链张力的影响

在相同的煤壁作用力和刨链预紧力作用条件下，分析链轮多边形效应对刨头速度和刨链张力的影响。

刨削阻力 $F_Z = 50$kN，刨链预紧力 F_v 为 100kN，链轮齿数分别为 5 齿、6 齿和 7 齿时，求得刨头速度和刨头运行前方靠近刨头的刨链张力 F_3 和靠近链轮的刨链张力 F_4 的时间历程曲线。为了更加清楚地表示，采用与不考虑链轮多边形效应影响的刨头速度、刨链张力的差值的时间历程曲线，如图 4-43～图 4-45 所示。

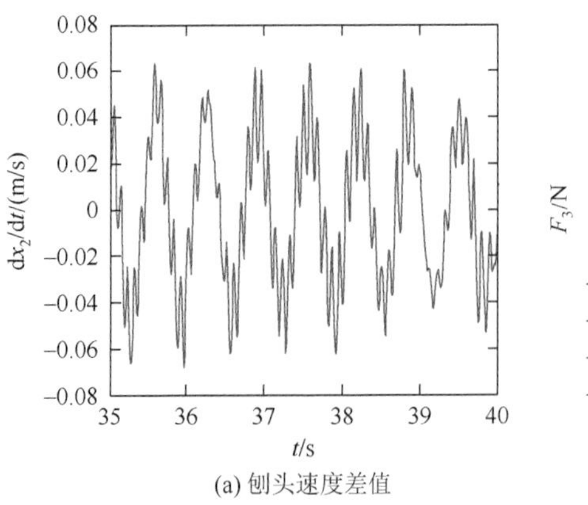

(a) 刨头速度差值

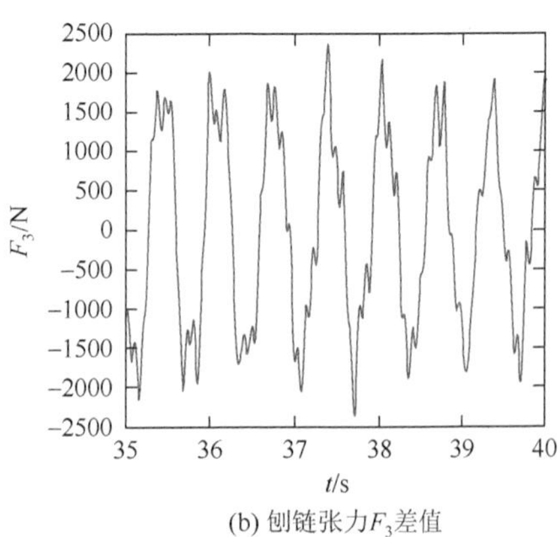

(b) 刨链张力 F_3 差值

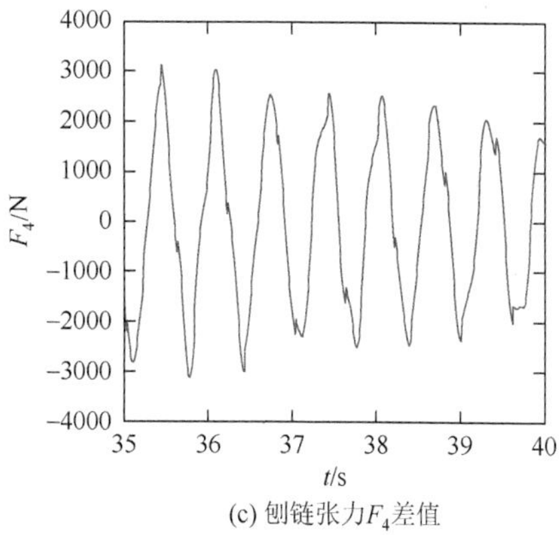

(c) 刨链张力F_4差值

图 4-43　链轮为 5 齿时刨头速度差值和刨链张力差值时间历程

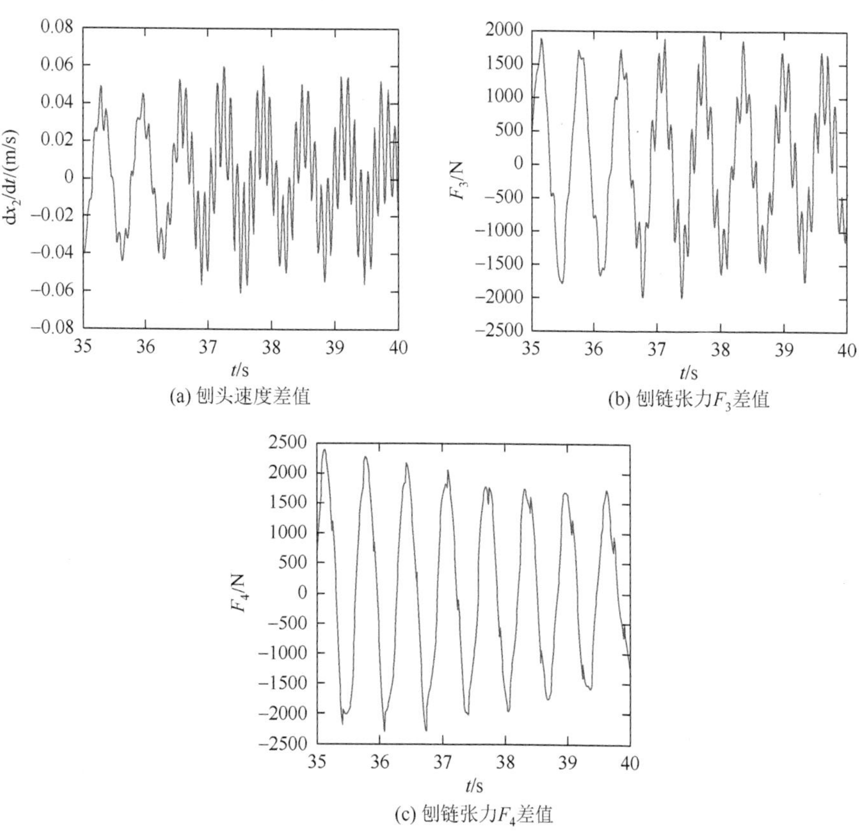

(a) 刨头速度差值

(b) 刨链张力F_3差值

(c) 刨链张力F_4差值

图 4-44　链轮为 6 齿时刨头速度差值和刨链张力差值时间历程

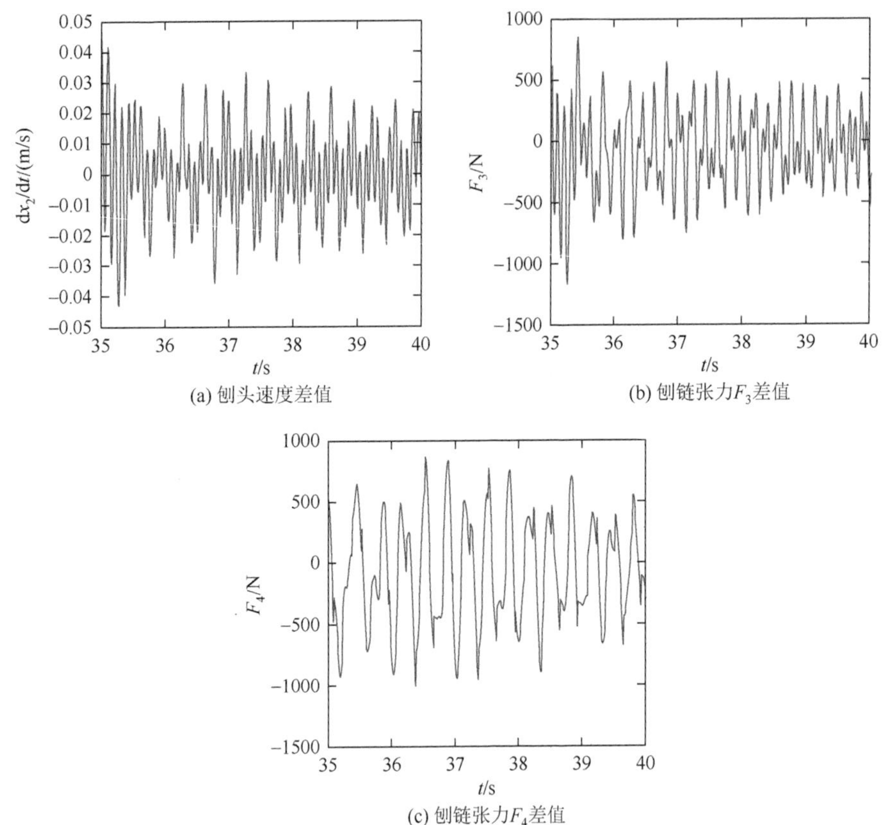

(a) 刨头速度差值

(b) 刨链张力F_3差值

(c) 刨链张力F_4差值

图 4-45　链轮为 7 齿时刨头速度差值和刨链张力差值时间历程

从图 4-43～图 4-45 可以看出，链轮齿数越多，刨头速度差值的幅值波动越小，刨链张力差值的幅值波动也越小。因此，链轮齿数越多，刨头运行就越平稳。

2. 随机煤壁作用力条件下多自由度刨煤机动力学方程数值仿真分析

采用 MATLAB/Simulink 建立仿真模型，用四阶龙格-库塔算法对随机煤壁作用力下的动力学方程进行求解，对各种因素影响下的刨头速度和刨链张力进行仿真分析。刨削阻力服从正态分布规律，变异系数由表 4-1 根据煤壁的情况取为 0.7，可计算得到刨削阻力的标准差，描述随机变化的刨削阻力。侧向力也服从正态分布规律，并且侧向力和刨削阻力存在一定的比例关系，因此随机侧向力可由随机刨削阻力作相应描述。其他参数采用上一小节中的基本参数值。

1）刨削阻力对刨头速度和刨链张力的影响

（1）双端驱动。

在相同的刨链预紧力和链轮齿数条件下，分析随机刨削阻力为不同值时对刨头速度和刨链张力的影响。其中，刨链预紧力 F_v 为 60kN，链轮齿数为 7 齿。

当刨削阻力 F_Z 的平均值为 20kN、30kN、50kN 时，刨头速度和刨链张力的时间历程曲线分别如图 4-46～图 4-48 所示。不同刨削阻力作用下，刨头速度和刨链张力 F_3、F_4 的统计值如表 4-10 所示。

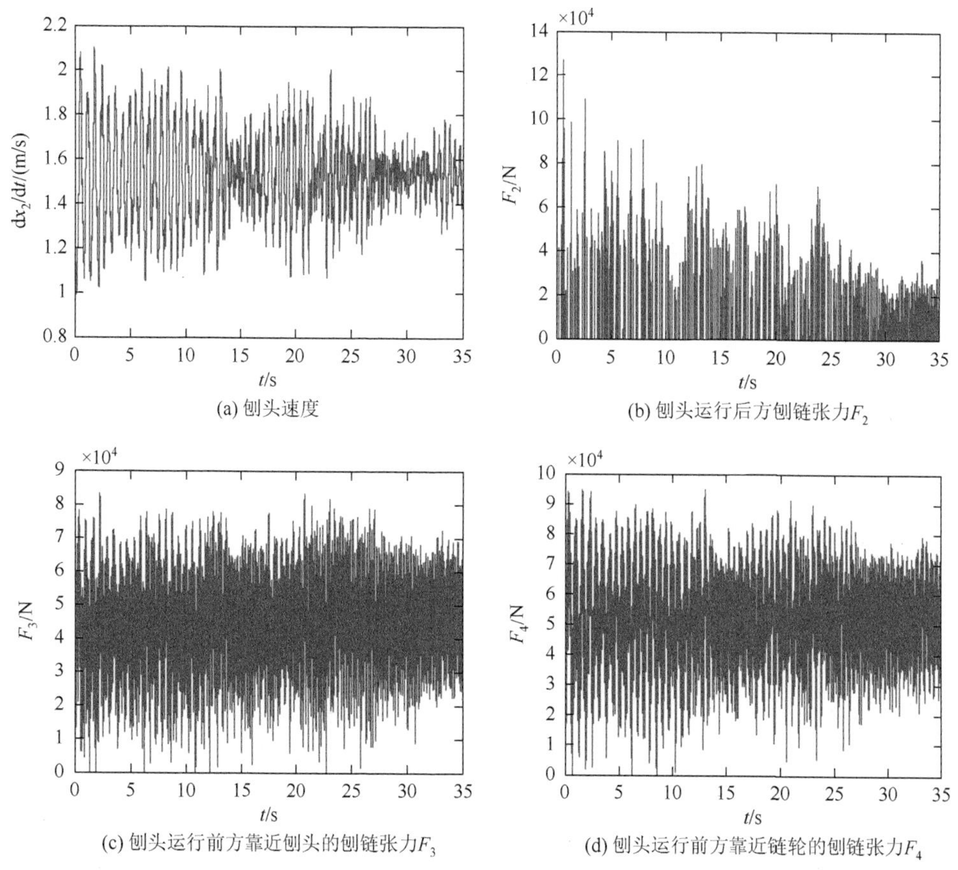

图 4-46　双端驱动、刨削阻力平均值为 20kN 时刨头速度和刨链张力时间历程

从图 4-46（a）、（c）、（d）～图 4-48（a）、（c）、（d）和表 4-10 中可以看到，随着刨削阻力平均值增大，刨头速度幅值波动增大，刨链张力 F_3、F_4 的平均值及幅值波动增大。从图 4-46（b）～图 4-48（b）可以看到，刨头运行后方的刨链张力 F_2 波动较大，刨链一直处于时松时紧的状态。

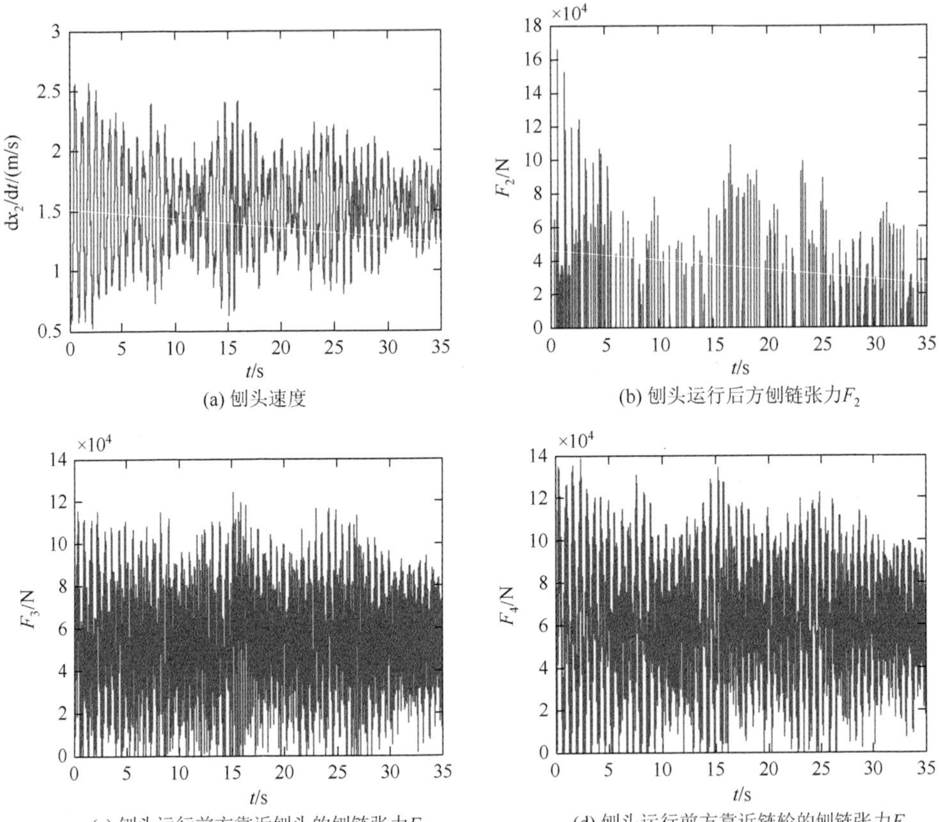

(a) 刨头速度　　(b) 刨头运行后方刨链张力F_2

(c) 刨头运行前方靠近刨头的刨链张力F_3　　(d) 刨头运行前方靠近链轮的刨链张力F_4

图 4-47　双端驱动、刨削阻力平均值为 30kN 时刨头速度和刨链张力时间历程

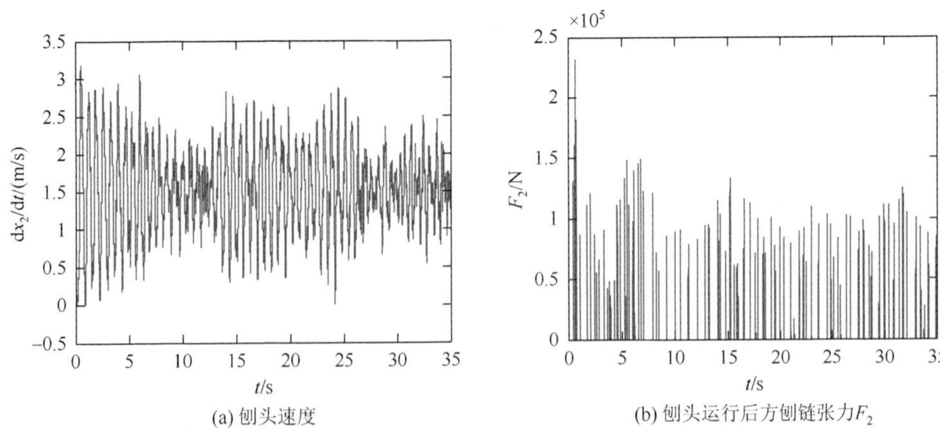

(a) 刨头速度　　(b) 刨头运行后方刨链张力F_2

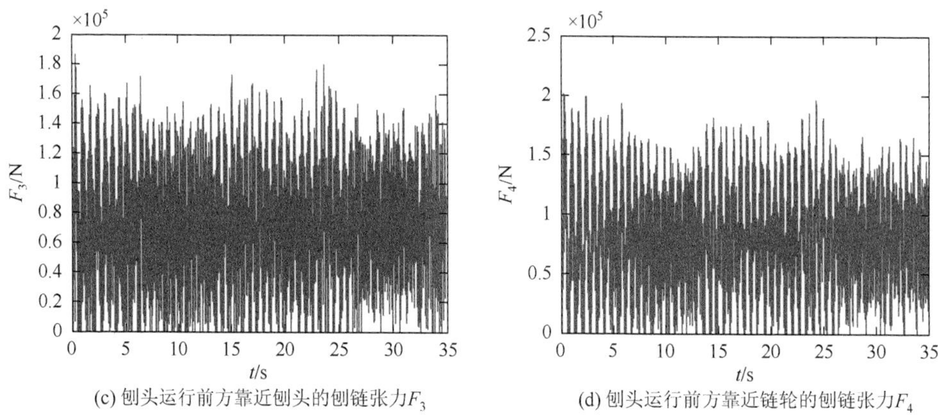

(c) 刨头运行前方靠近刨头的刨链张力F_3　　(d) 刨头运行前方靠近链轮的刨链张力F_4

图 4-48　双端驱动、刨削阻力平均值为 50kN 时刨头速度和刨链张力时间历程

表 4-10　双端驱动时不同刨削阻力作用下刨头速度和刨链张力统计值

刨削阻力 F_Z 平均值 /kN	刨头速度 dx_2/dt 标准差/(m/s)	刨链张力 F_3 平均值/kN	刨链张力 F_3 标准差/kN	刨链张力 F_3 变异系数	刨链张力 F_4 平均值/kN	刨链张力 F_4 标准差/kN	刨链张力 F_4 变异系数
20	0.1959	46.851	12.006	0.256	54.365	13.522	0.248
30	0.3696	56.463	20.861	0.369	63.971	23.802	0.372
50	0.5910	77.868	33.046	0.424	85.364	38.429	0.450

（2）单端驱动。

在相同的刨链预紧力和链轮齿数条件下，分析单端驱动时，不同的随机煤壁作用力对刨头速度和刨链张力的影响。其中，刨链预紧力 F_v 为 60kN，链轮齿数为 7 齿。

当刨削阻力 F_Z 的平均值为 20kN、30kN、50kN 时，刨头速度和刨链张力时间历程曲线分别如图 4-49～图 4-51 所示。不同刨削阻力作用下，刨头速度和刨链张力 F_3、F_4 的统计值如表 4-11 所示。

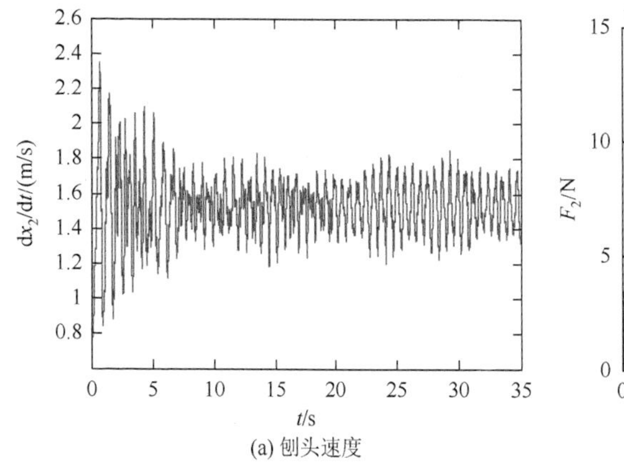

(a) 刨头速度

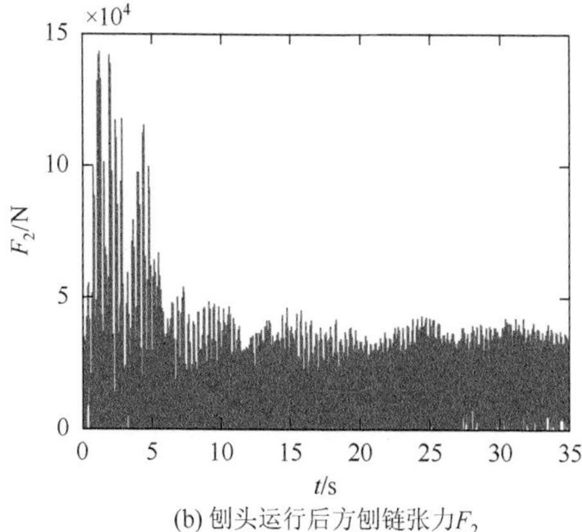

(b) 刨头运行后方刨链张力F_2

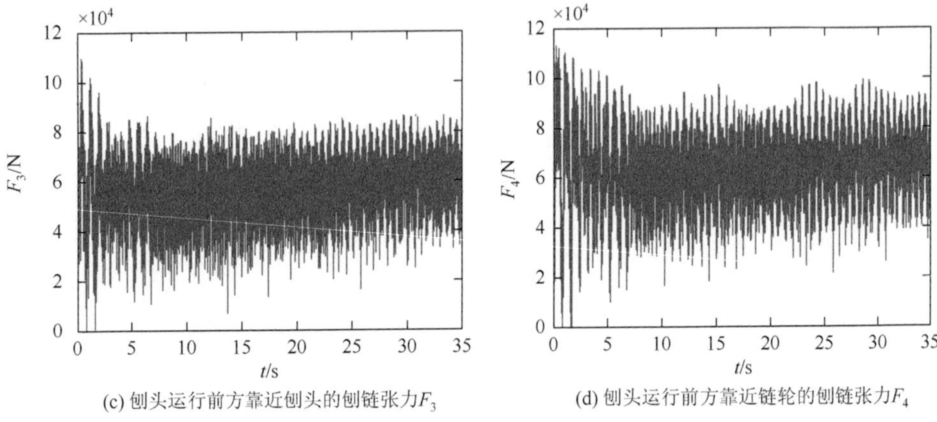

(c) 刨头运行前方靠近刨头的刨链张力F_3　　(d) 刨头运行前方靠近链轮的刨链张力F_4

图 4-49　单端驱动、刨削阻力平均值为 20kN 时刨头速度和刨链张力时间历程

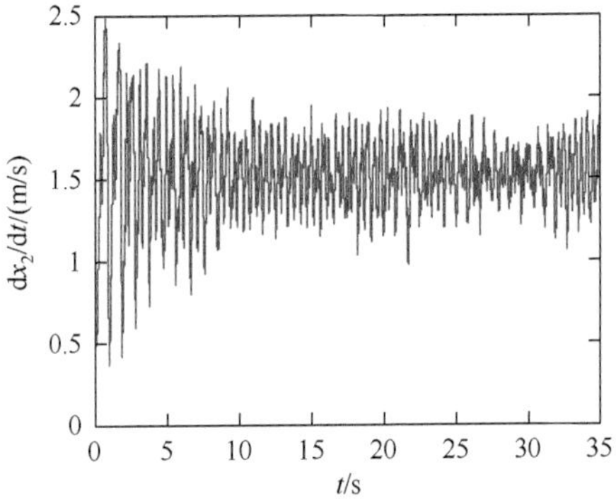

(a) 刨头速度 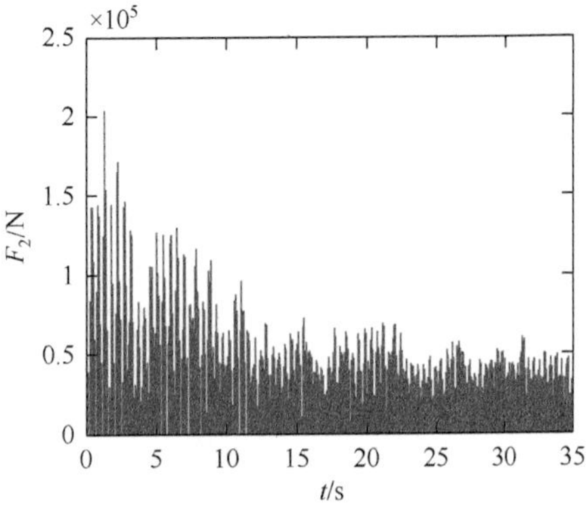　　(b) 刨头运行后方刨链张力F_2

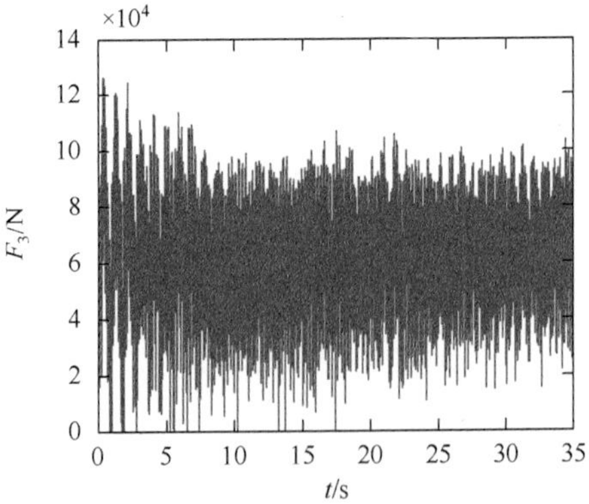

(c) 刨头运行前方靠近刨头的刨链张力F_3 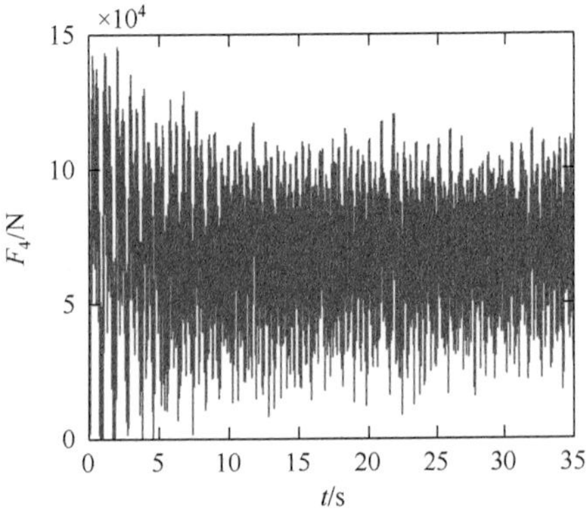　　(d) 刨头运行前方靠近链轮的刨链张力F_4

图 4-50　单端驱动、刨削阻力平均值为 30kN 时刨头速度和刨链张力时间历程

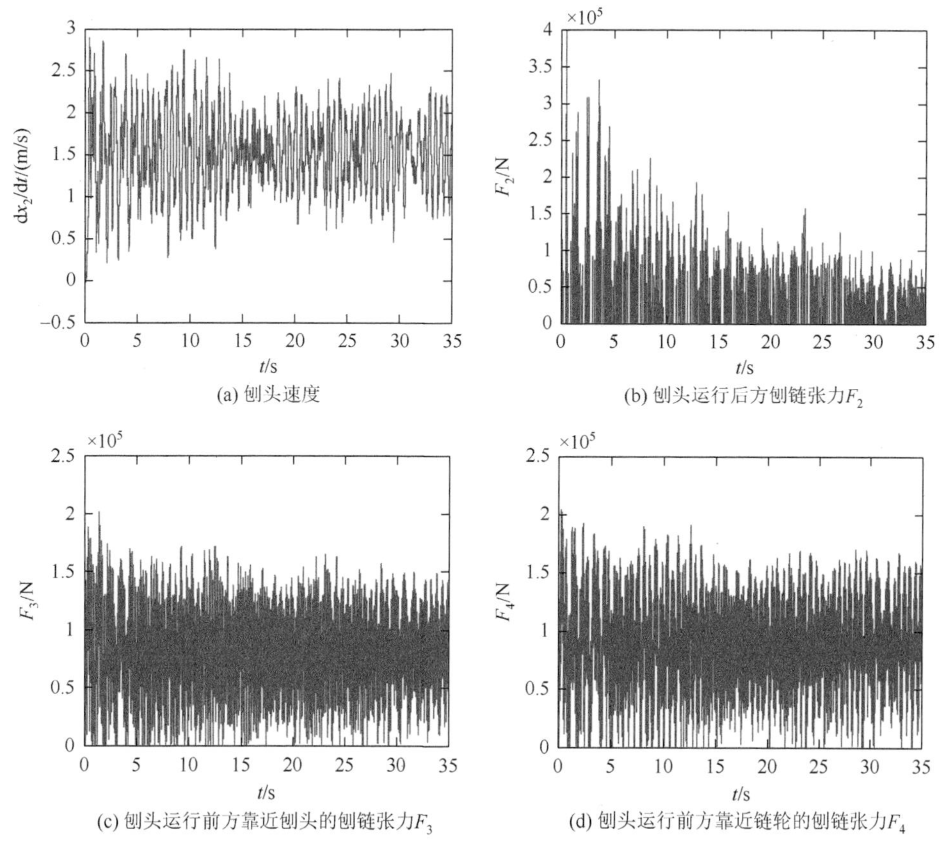

(a) 刨头速度
(b) 刨头运行后方刨链张力F_2
(c) 刨头运行前方靠近刨头的刨链张力F_3
(d) 刨头运行前方靠近链轮的刨链张力F_4

图 4-51　单端驱动、刨削阻力平均值为 50kN 时刨头速度和刨链张力时间历程

表 4-11　单端驱动时不同刨削阻力作用下刨头速度和刨链张力统计值

刨削阻力 F_Z 平均值/kN	刨头速度 dx_2 / dt 标准差/(m/s)	刨链张力 F_3 平均值 /kN	刨链张力 F_3 标准差/kN	刨链张力 F_3 变异系数	刨链张力 F_4 平均值/kN	刨链张力 F_4 标准差/kN	刨链张力 F_4 变异系数
20	0.1837	58.718	11.730	0.199	66.227	13.739	0.207
30	0.2603	65.416	17.375	0.265	72.932	19.717	0.270
50	0.4742	86.891	30.694	0.353	94.426	34.087	0.361

从图 4-49（a）、（c）、（d）～图 4-51（a）、（c）、（d）和表 4-11 中可以看到，随着刨削阻力平均值增大，刨头速度幅值波动增大，刨头运行前方刨链张力 F_3、F_4 的平均值及幅值波动也增大。从图 4-49（b）～图 4-51（b）可以看到，刨头运行后方的刨链张力 F_2 波动较大，链条处于拉紧时的状态较多。从单端、双端驱动的仿真结果可以看出，在总功率和刨削阻力相同时，与双端驱动相比，单端驱动时刨链张力平均值更大，说明双端驱动能降低链条的负荷。

2）刨链预紧力对刨头速度和刨链张力的影响

（1）双端驱动。

在相同的链轮齿数和随机煤壁作用力条件下，分析刨链预紧力对刨头速度和刨链张力的影响。其中，刨削阻力平均值为 50kN，链轮齿数为 7 齿。当刨链预紧力分别为 60kN、80kN、100kN、110kN 时，刨头速度和刨链张力的时间历程曲线如图 4-52～图 4-55 所示。不同刨链预紧力作用下，刨头速度和刨头运行前方（靠近刨头和靠近链轮）的刨链张力 F_3、F_4 统计值如表 4-12 所示。

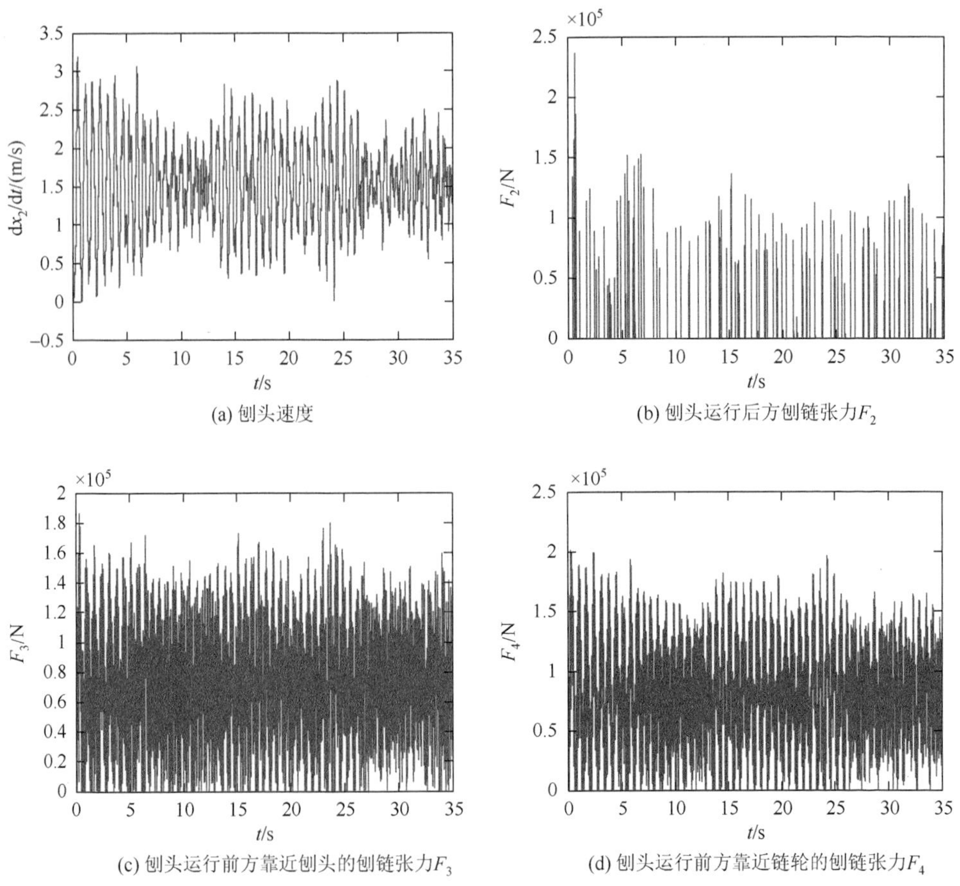

(a) 刨头速度　(b) 刨头运行后方刨链张力 F_2

(c) 刨头运行前方靠近刨头的刨链张力 F_3　(d) 刨头运行前方靠近链轮的刨链张力 F_4

图 4-52　双端驱动、刨链预紧力为 60kN 时刨头速度和刨链张力时间历程

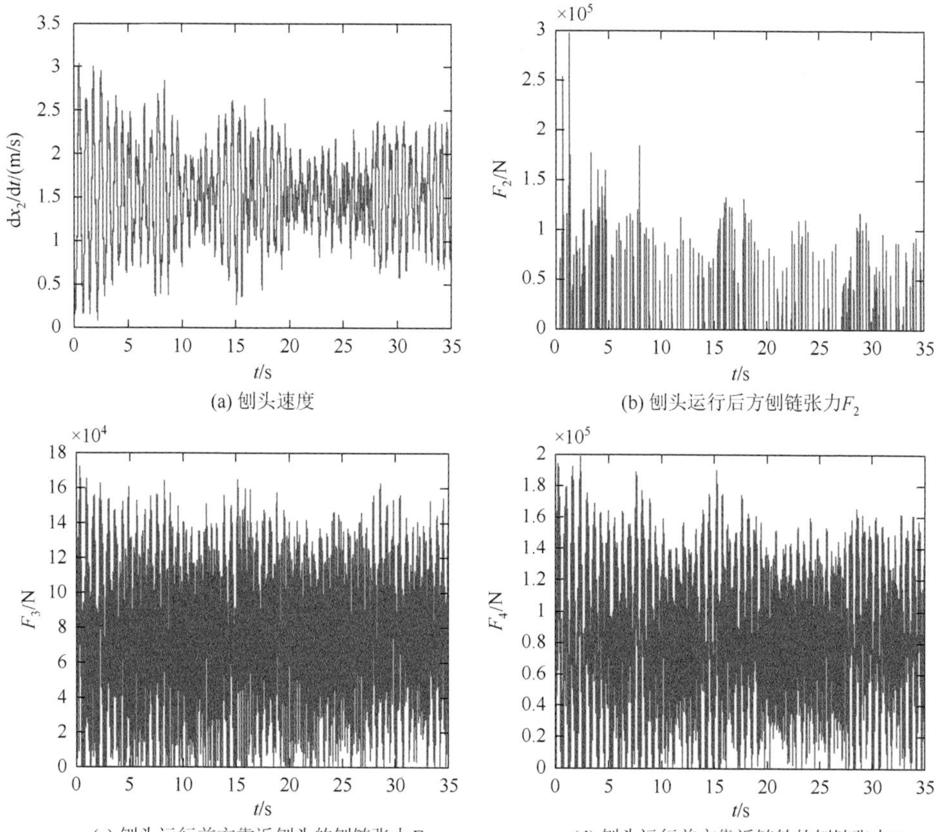

(a) 刨头速度

(b) 刨头运行后方刨链张力F_2

(c) 刨头运行前方靠近刨头的刨链张力F_3

(d) 刨头运行前方靠近链轮的刨链张力F_4

图 4-53　双端驱动、刨链预紧力为 80kN 时刨头速度和刨链张力时间历程

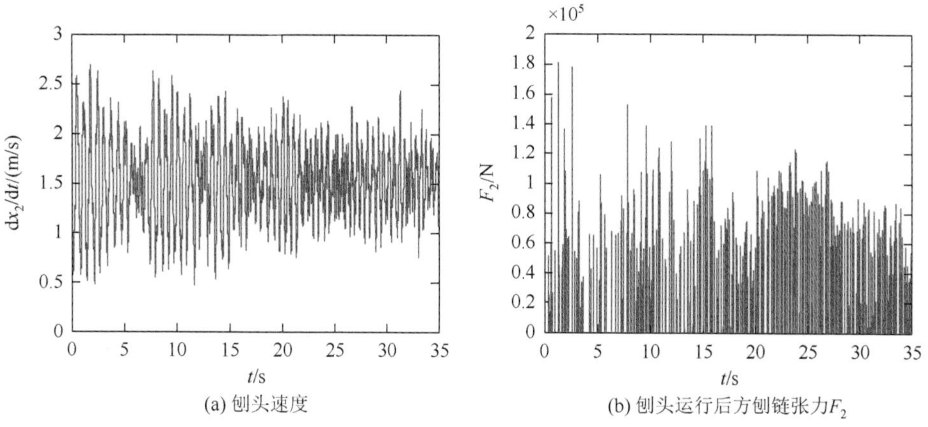

(a) 刨头速度

(b) 刨头运行后方刨链张力F_2

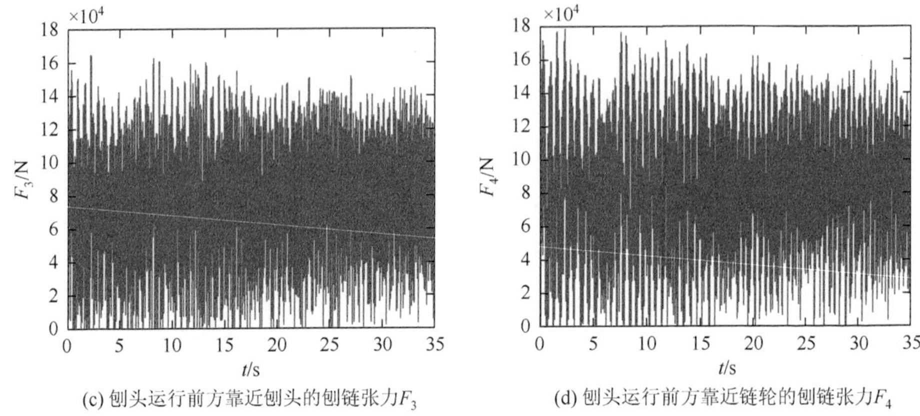

(c) 刨头运行前方靠近刨头的刨链张力F_3　　(d) 刨头运行前方靠近链轮的刨链张力F_4

图 4-54　双端驱动、刨链预紧力为 100kN 时刨头速度和刨链张力时间历程

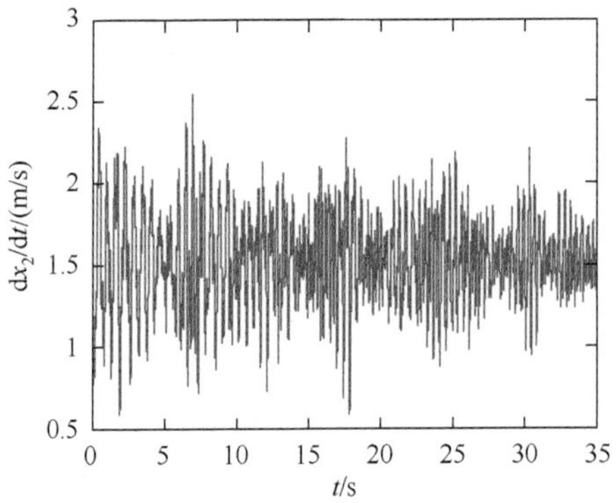

(a) 刨头速度 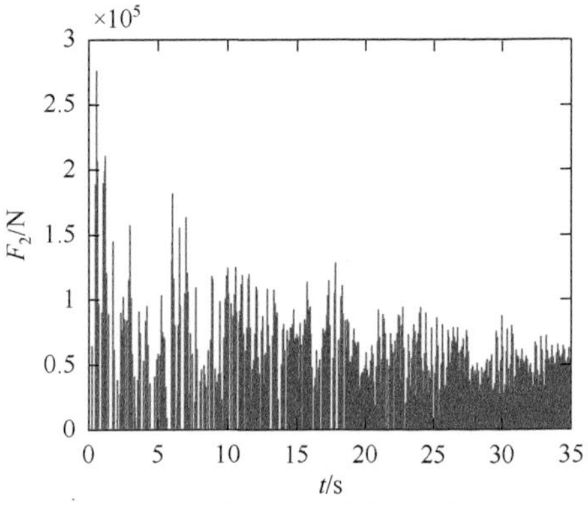　　(b) 刨头运行后方刨链张力F_2

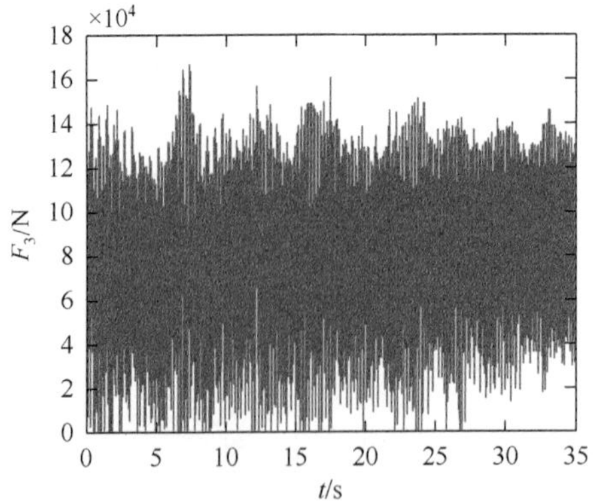

(c) 刨头运行前方靠近刨头的刨链张力F_3 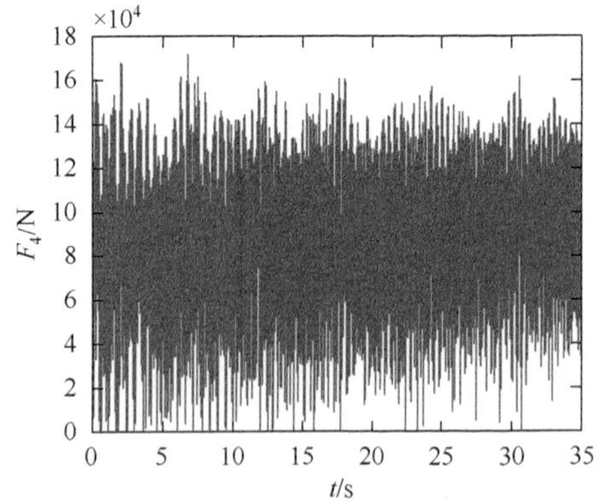　　(d) 刨头运行前方靠近链轮的刨链张力F_4

图 4-55　双端驱动、刨链预紧力为 110kN 时刨头速度和刨链张力时间历程

表 4-12　双端驱动时不同刨链预紧力作用下刨头速度和刨链张力统计值

刨链预紧力 F_v/kN	刨头速度 dx_2 / dt 标准差/(m/s)	刨链张力 F_3 平均值 /kN	刨链张力 F_3 标准差/kN	刨链张力 F_3 变异系数	刨链张力 F_4 平均值/kN	刨链张力 F_4 标准差/kN	刨链张力 F_4 变异系数
60	0.5910	77.868	33.046	0.424	85.364	38.429	0.450
80	0.5247	78.583	30.740	0.391	86.079	35.599	0.413
100	0.4175	81.601	28.353	0.347	89.121	31.332	0.351
110	0.2786	84.468	26.863	0.318	91.976	27.022	0.294

从图 4-52（a）、（c）、（d）～图 4-55（a）、（c）、（d）和表 4-12 中可以看到，随着刨链预紧力 F_v 增大，刨头速度的幅值波动减小，刨头运行前方刨链张力 F_3、F_4 的平均值增大，且幅值波动减小，但平均值增大和幅值波动减小都比较缓慢；当刨链预紧力 F_v 为 110kN 时，可以较明显看到，随着刨头靠近另一侧驱动装置，刨链张力平均值逐渐增大。从图 4-52（b）～图 4-55（b）中可以看到，刨链张力 F_2 的波动较大，刨头运行后方刨链处于松紧交替状态。

（2）单端驱动。

在相同链轮齿数和随机煤壁作用力条件下，分析单端驱动时，刨链预紧力对刨头速度和刨链张力的影响。其中，刨削阻力平均值为 $F_Z = 50$kN，链轮齿数为 7 齿。当刨链预紧力分别为 40kN、60kN、100kN、110kN 时，刨头速度和刨链张力的时间历程曲线如图 4-56～图 4-59 所示。不同刨链预紧力作用下，刨头速度和刨头运行前方（靠近刨头和靠近链轮）的刨链张力 F_3、F_4 统计值如表 4-13 所示。

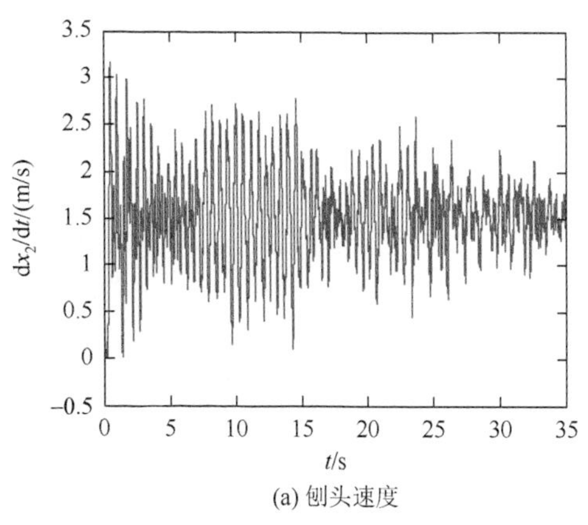

(a) 刨头速度

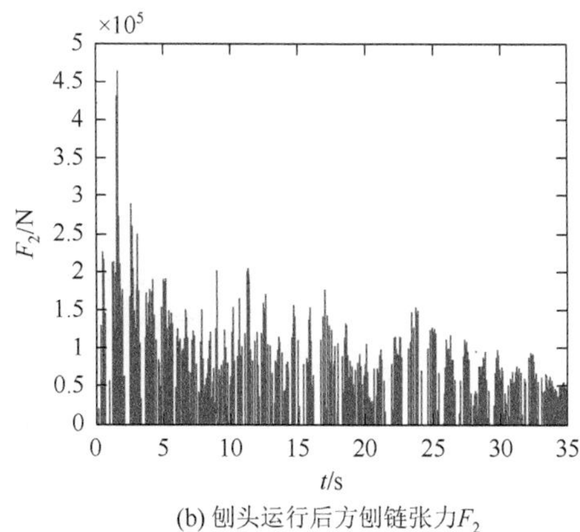

(b) 刨头运行后方刨链张力F_2

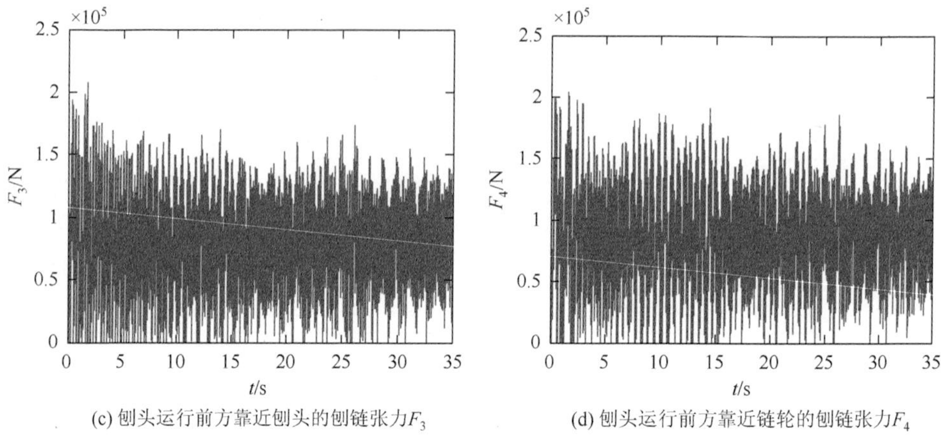

(c) 刨头运行前方靠近刨头的刨链张力F_3　　(d) 刨头运行前方靠近链轮的刨链张力F_4

图 4-56　单端驱动、刨链预紧力为 40kN 时刨头速度和刨链张力时间历程

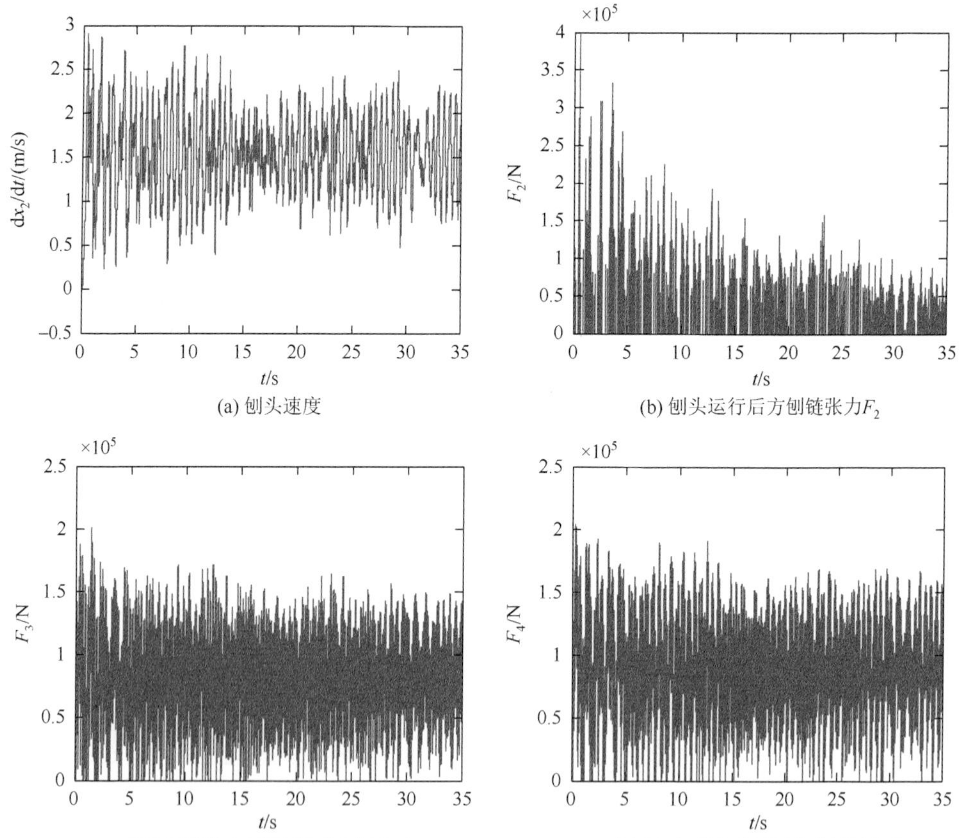

(a) 刨头速度　　(b) 刨头运行后方刨链张力F_2

(c) 刨头运行前方靠近刨头的刨链张力F_3　　(d) 刨头运行前方靠近链轮的刨链张力F_4

图 4-57　单端驱动、刨链预紧力为 60kN 时刨头速度和刨链张力时间历程

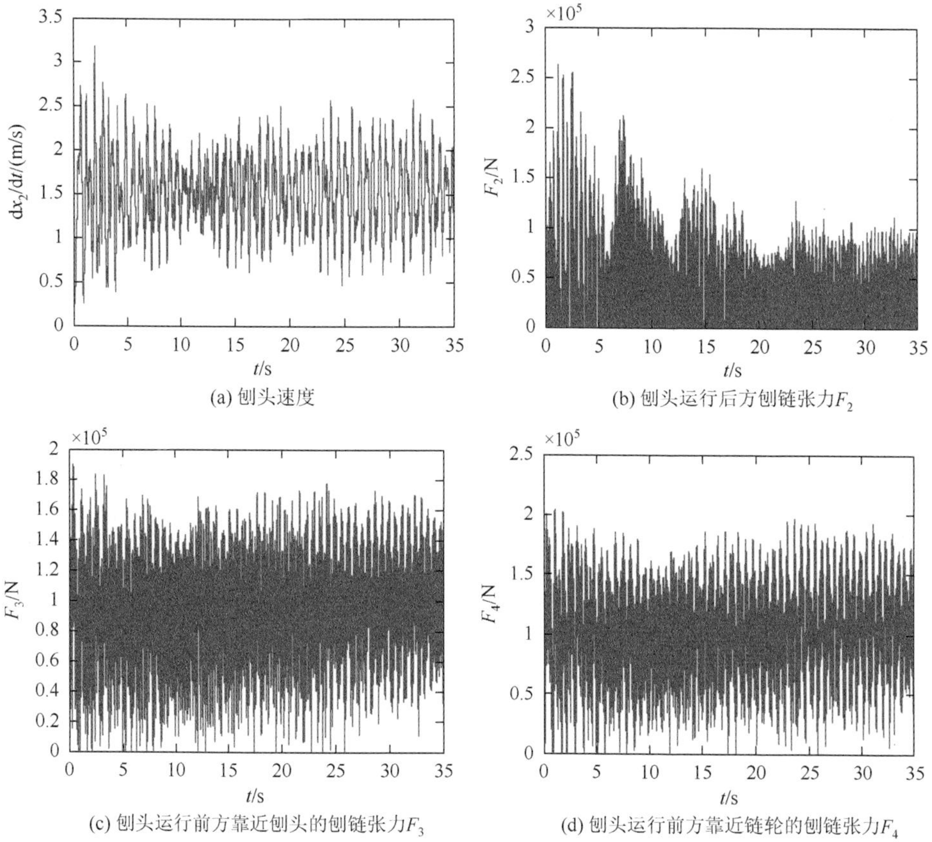

(a) 刨头速度

(b) 刨头运行后方刨链张力F_2

(c) 刨头运行前方靠近刨头的刨链张力F_3

(d) 刨头运行前方靠近链轮的刨链张力F_4

图 4-58　单端驱动、刨链预紧力为 100kN 时刨头速度和刨链张力时间历程

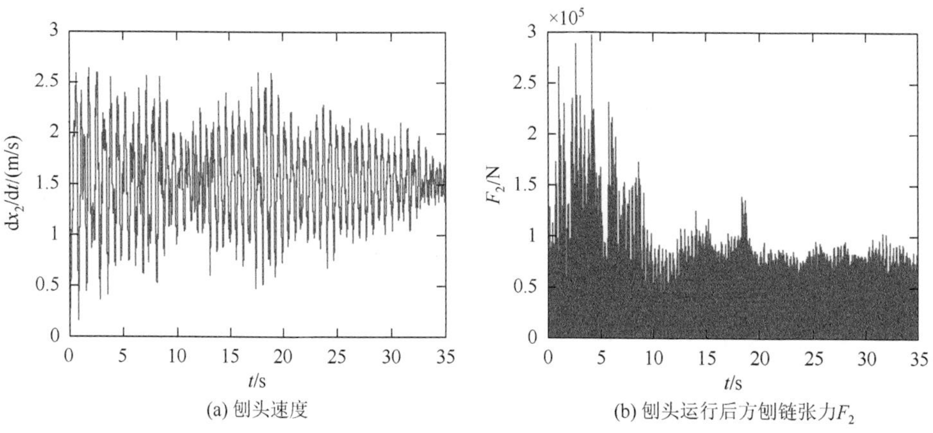

(a) 刨头速度

(b) 刨头运行后方刨链张力F_2

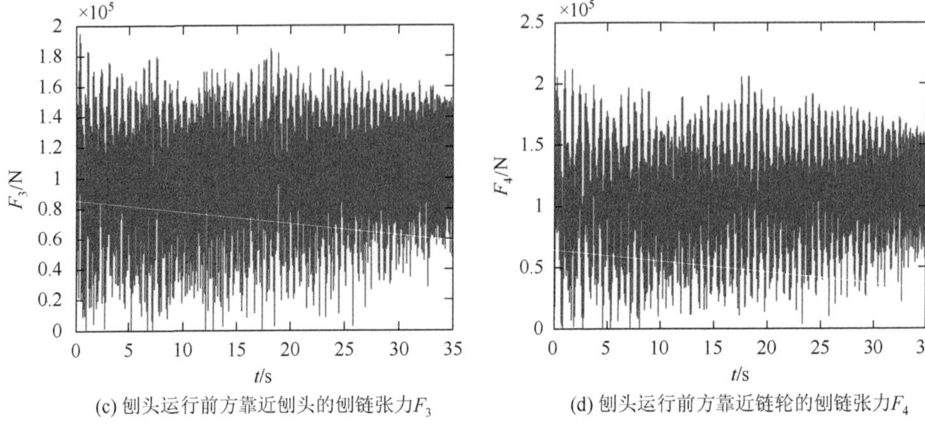

(c) 刨头运行前方靠近刨头的刨链张力F_3　　(d) 刨头运行前方靠近链轮的刨链张力F_4

图 4-59　单端驱动、刨链预紧力为 110kN 时刨头速度和刨链张力时间历程

表 4-13　单端驱动时不同刨链预紧力作用下刨头速度和刨链张力统计值

刨链预紧力 F_v/kN	刨头速度 dx_2 / dt 标准差/(m/s)	刨链张力 F_3 平均值 /kN	刨链张力 F_3 标准差/kN	刨链张力 F_3 变异系数	刨链张力 F_4 平均值/kN	刨链张力 F_4 标准差/kN	刨链张力 F_4 变异系数
40	0.4870	85.715	31.455	0.367	93.243	34.321	0.368
60	0.4742	86.891	30.694	0.353	94.426	34.087	0.361
100	0.4482	99.947	29.046	0.291	107.47	33.167	0.309
110	0.4166	106.52	28.046	0.263	114.04	31.853	0.279

从图 4-56（a）、（c）、（d）～图 4-59（a）、（c）、（d）和表 4-13 中可以看到，随着刨链预紧力增大，刨头速度的幅值波动减小，但变化比较缓慢；刨头运行前方刨链张力 F_3、F_4 的平均值增大，但幅值波动逐渐减小，变化也都较为缓慢；当刨链预紧力 F_v 为 110kN 时，可以较明显看到，随着刨头靠近另一侧驱动装置，刨链张力平均值逐渐增大。从图 4-56（b）～图 4-59（b）中可以看到，刨头运行后方的刨链张力 F_2 开始波动较大，刨链处于拉紧状态较多。与双端驱动相比，单端驱动时刨链的张力平均值更大。因此，在双端驱动时，刨链承受的张力平均值较小，能够减少磨损和消耗。

3）链轮多边形效应对刨头速度和刨链张力的影响

在相同的随机煤壁作用力和刨链预紧力作用下，分析链轮多边形效应对刨头速度和刨链张力的影响。其中，刨削阻力 F_Z 平均值为 50kN，刨链预紧力 F_v 为 100kN，链轮齿数分别为 5 齿、6 齿和 7 齿，求得刨头速度和刨头运行前方靠近刨头的刨链张力 F_3 和靠近链轮的刨链张力 F_4 的时间历程曲线。为更加清楚地表示，采用与不考虑链轮多边形效应影响的刨头速度、刨链张力的差值时间历程曲线，分别如图 4-60～图 4-62 所示。不同链轮齿数时，刨头速度差值和刨链张力差值的标准差统计值如表 4-14 所示。

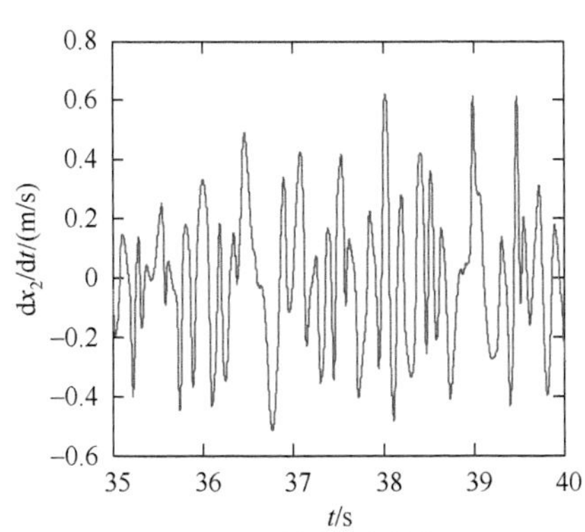

$dx_2/dt/(m/s)$

t/s

(a) 刨头速度差值

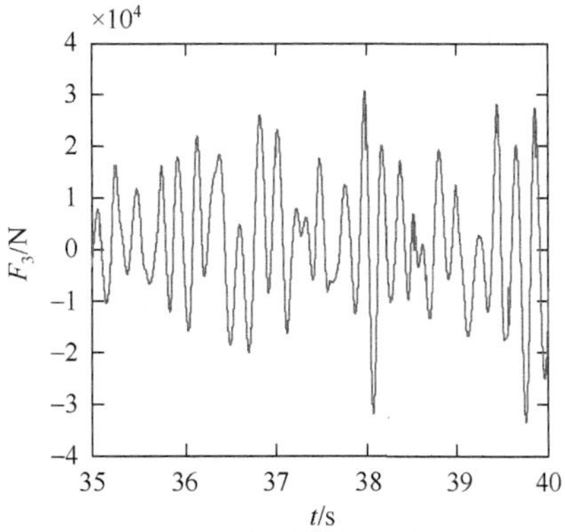

$\times10^4$

F_3/N

t/s

(b) 刨链张力F_3差值

$\times10^4$

F_4/N

t/s

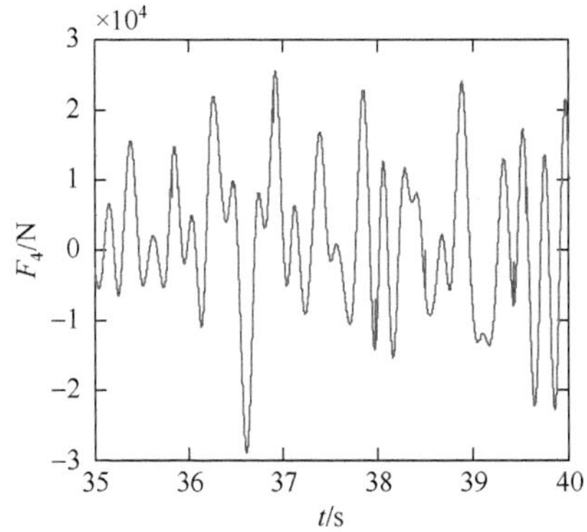

(c) 刨链张力F_4差值

图 4-60　链轮为 5 齿时刨头速度差值和刨链张力差值时间历程

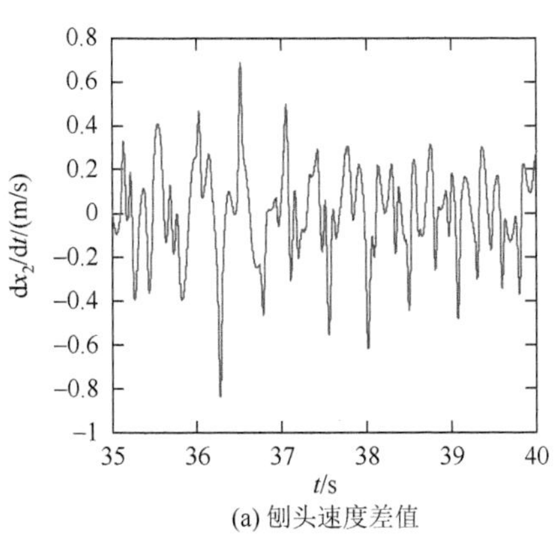

(a) 刨头速度差值

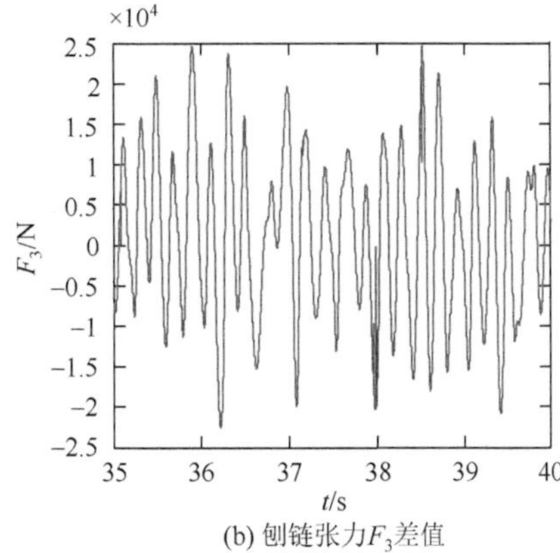

(b) 刨链张力F_3差值

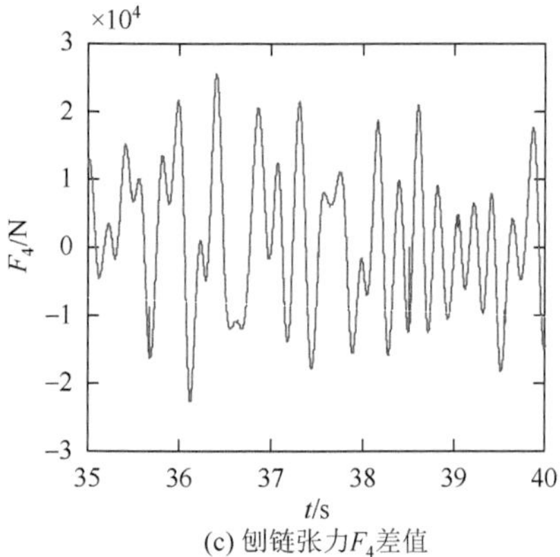

(c) 刨链张力F_4差值

图 4-61　链轮为 6 齿时刨头速度差值和刨链张力差值时间历程

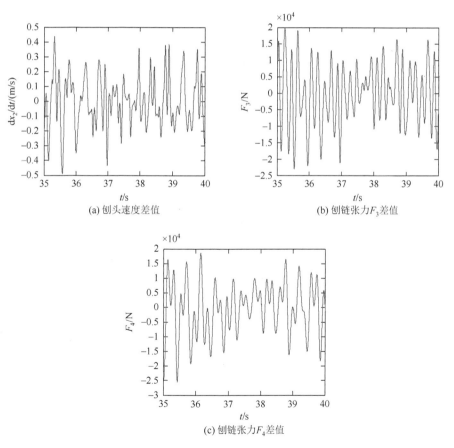

(a) 刨头速度差值

(b) 刨链张力F_3差值

(c) 刨链张力F_4差值

图 4-62　链轮为 7 齿时刨头速度差值和刨链张力差值时间历程

表 4-14　不同链轮齿数时刨头速度差值和刨链张力差值的标准差

链轮齿数	刨头速度 dx_2/dt 差值的标准差/(m/s)	刨链张力 F_3 差值的标准差/kN	刨链张力 F_4 差值的标准差/kN
5	0.2361	12.144	10.596
6	0.2119	10.434	10.255
7	0.1673	9.0947	8.8129

从图 4-60～图 4-62 和表 4-14 中可以看到，随着链轮齿数由 5 齿增加到 7 齿，刨头速度差值和刨链张力差值的幅值波动减小。同时，在相同的链轮齿数条件下，与定常煤壁作用力条件下比较，随机煤壁作用力条件下的刨头速度差值和刨链张力差值幅值变化比较大。可见随机煤壁作用力产生的影响较大，也降低了链轮多边形效应对刨头速度和刨链张力的影响。

4.3.3　多自由度与单自由度刨煤机非线性动力学方程数值仿真分析及比较

在定常煤壁作用力和随机煤壁作用力两种情况下，对单自由度和多自由度动力学方程进行数值仿真分析，其中考虑了煤壁作用力、刨链预紧力、链轮多边形效应对刨头速度和刨链张力的影响。对于多自由度刨煤机动力学模型，还考虑了双端驱动和单端驱动的区别。仿真结果表明，煤壁作用力、刨链预紧力对刨头速度和刨链张力的影响较大，链轮多边形效应的影响则较小，并且随机煤壁作用力降低了多边形效应的影响。双端驱动时，刨链承受的张力平均值较小，能减少刨链磨损和功率消耗。

对于工程初步方案设计分析，单自由度刨煤机动力学模型具有一定的参考价值，而多自由度刨煤机动力学模型更加符合实际工况，可以为详细设计和具体分析提供理论依据。通过数值仿真得到不同因素对刨头速度和刨链张力的影响，可以对两种模型的仿真结果进行比较分析。

在定常煤壁作用力条件下，多自由度模型仿真结果得到的刨链张力平均值比单自由度模型大。多自由度模型仿真得到的刨头运行后方刨链处于松紧交替状态或拉紧状态，而单自由度模型的刨头运行后方刨链张力为 0（除了在刨链预紧力较大时不全为 0）。在实际运行中，刨头运行后方的刨链张力较小，但松紧交替的状态很普遍，其中刨链预紧力的影响较大。

在随机煤壁作用力条件下，多自由度模型的仿真结果中的刨链张力平均值比单自由度模型大。当刨削阻力较大时，单自由度模型的仿真结果中刨头速度会出现负值，表明刨头受到较大载荷的影响；多自由度模型的仿真结果中刨头速度很少出现负值，更符合实际情况。

通过对比两种模型得出，定常和随机煤壁作用力、刨链预紧力、链轮多边形效应对刨头速度和刨链张力的影响规律是一致的。作为简单分析，单自由度模型仿真结果具有一定的分析参考价值，而多自由度动力学模型更接近实际工况、更准确。同时在设计时，当煤壁作用力可认为是定常值时，定常煤壁作用力条件下的仿真结果也可作为较好的参考。

4.4　煤壁性质和工况参数对刨煤机动力学性能的影响

在刨煤机工作过程中，煤壁作用力使刨头承受动载荷。分析煤壁性质及刨削深度等工况参数对刨煤机动力学性能的影响，对刨煤机的运行和使用及高效生产有着重要意义。

在 4.2 节中，建立了滑行刨煤机多自由度非线性动力学模型，其中考虑了随机煤壁作用力、刨链预紧力、链轮多边形效应及两端驱动装置和刨链时变质量等因素影响。随机刨削阻力可由平均值和方差描述，在此基础上，加入刨削阻力平均值的计算。刨头受到的刨削阻力平均值可由单侧所有刨刀的刨削阻力平均值之和计算得出。单把刨刀的刨削阻力平均值可由式（3-1）～式（3-3）计算。

通过公式计算刨削阻力平均值，进一步分析煤壁性质参数、工况参数对刨煤机动力学性能的影响。由式（3-1）～式（3-3）可以看到，刨刀刨削阻力平均值计算公式中，b_p、t_p、k_3、k_4、β 与刨刀和刨头的结构有关，系数 k_1、k_2、k_5、k_6、k_n 取值与煤的脆韧性有关，S_z 取值与抗截强度 A 有关，ψ 与刨削深度 h 和煤的脆韧性有关。刨头结构确定后，刨削阻力平均值计算公式中关于刨刀和刨头结构的参数可以确定。刨削深度、抗截强度和煤的脆韧性均影响煤壁施加于刨头的作用力，同时，抗截强度和煤的脆韧性影响载荷变异系数的选取。因此，下面重点分析如下参数：与煤壁性质有关的抗截强度、煤的脆韧性；与工况条件有关的刨削深度、电机电源频率、工作面长度、刨头与滑架的摩擦系数、刨链与滑架的摩擦系数。

利用 MATLAB/Simulink 建立仿真模型，用四阶龙格-库塔算法对多自由度非线性动力学方程进行数值求解，得到系统的动态响应，对各种因素影响下的刨头速度和刨链张力进行仿真分析。以下列基本参数为例：刨链规格为 30×108，链轮齿数 $N_L=7$；单侧刨刀总数为 20 把；双端驱动单个电机功率 $P_e=160\text{kW}$；同步转速 $n_0=1500\text{r/min}$，额定转速 $n_e=1484\text{r/min}$；刨头与滑架之间的摩擦系数 $\mu_b=0.2$，刨链与滑架之间的摩擦系数 $\mu_c=0.25$；装煤阻力 $F_L=15\text{kN}$，刨链预紧力 $F_v=60\text{kN}$，刨削深度 $h=3\text{cm}$，工作面长度 $L=200\text{m}$；位移初值 $\varphi_1(0)=\varphi_2(0)=x_1(0)=x_2(0)=x_3(0)=x_4(0)=0$，速度初值 $\dot{\varphi}_1(0)=1.5/R_1$，$\dot{\varphi}_2(0)=1.5/R_2$，$\dot{x}_1(0)=\dot{x}_2(0)=\dot{x}_3(0)=\dot{x}_4(0)=1.5$；仿真步长为 0.001，仿真时间为 20s。

1. 煤层抗截强度对刨头速度和刨链张力的影响

分别考虑脆性煤和韧性煤，抗截强度 A 为不同值时，刨头速度和刨链张力的时间历程曲线。由于得到的曲线趋势比较类似，这里仅给出抗截强度 $A = 800\text{N/cm}$ 时的曲线，脆性煤和韧性煤的仿真结果分别如图 4-63 和图 4-64 所示。得到刨头速度和刨头运行前方靠近刨头的刨链张力 F_3 的统计值如表 4-15 所示。

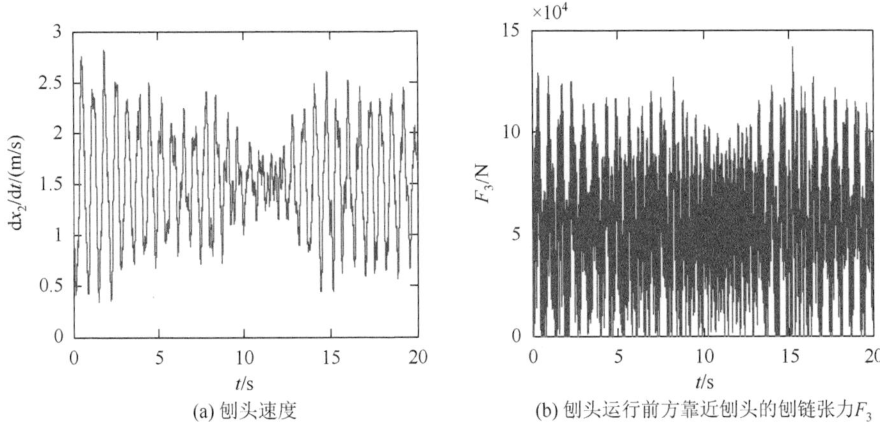

图 4-63　$A = 800\text{N/cm}$ 时刨头速度和刨头运行前方刨链张力 F_3 时间历程（脆性煤）

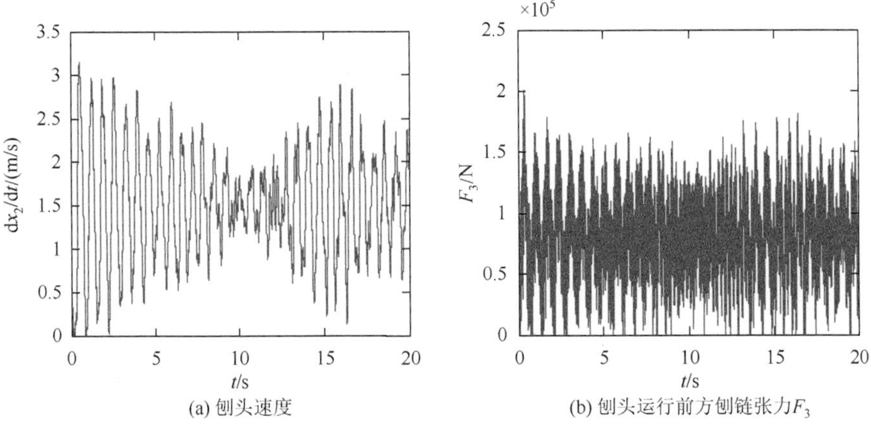

图 4-64　$A = 800\text{N/cm}$ 时刨头速度和刨头运行前方刨链张力 F_3 时间历程（韧性煤）

从表 4-15 中可以看到，随着抗截强度 A 增加，脆性煤的刨头速度波动增加，韧性煤的刨头速度波动总体呈增加趋势，刨链张力 F_3 平均值及波动增加。因此，抗截强度变化对刨头速度和刨链张力的影响较大。

表 4-15　抗截强度不同时刨头速度和刨链张力 F_3 统计值

抗截强度 A/(N/cm)	刨头速度 dx_2/dt 标准差/(m/s)		刨链张力 F_3 平均值/kN		刨链张力 F_3 标准差/kN		刨链张力 F_3 变异系数	
	脆性煤	韧性煤	脆性煤	韧性煤	脆性煤	韧性煤	脆性煤	韧性煤
600	0.3962	0.5272	50.985	67.873	19.661	24.513	0.3856	0.361
800	0.5095	0.6510	59.778	82.740	25.758	31.633	0.430	0.382
1000	0.6652	0.6451	68.875	97.281	33.403	38.354	0.4849	0.394
1200	0.7273	0.6824	77.926	111.78	37.642	44.870	0.483	0.401

2. 煤的脆韧性对刨头速度和刨链张力的影响

煤层抗截强度相同，煤的脆韧性不同时，从图 4-63、图 4-64 和表 4-15 中可以看到，由脆性煤变为韧性煤时，刨头速度波动增加，刨头运行前方靠近刨头的刨链张力 F_3 平均值及波动增加，而且增加较大。刨链张力统计值的平均相对变化率如表 4-16 所示，说明随着抗截强度增加，韧性煤与脆性煤相比，刨链张力 F_3 平均值的增加较大但波动增加较少。因此，煤的脆韧性对刨头速度和刨链张力的影响较大。

表 4-16　煤的脆韧性不同时刨链张力统计值的平均相对变化率

类型	刨链张力 F_3 平均值的平均相对变化率	刨链张力 F_3 标准差的平均相对变化率
脆性煤	0.528	0.915
韧性煤	0.647	0.830

3. 刨削深度对刨头速度和刨链张力的影响

抗截强度 $A = 800$N/cm，脆性煤，以下仿真条件相同，得到的不同刨削深度时刨头速度和刨链张力统计值如表 4-17 所示。刨削深度 $h = 4$cm 时的刨头速度和刨链张力时间历程曲线如图 4-65 所示。由表 4-17 可以看到，随着刨削深度增加，刨头速度波动总体呈增加趋势，刨头运行前方靠近刨头的刨链张力 F_3 的平均值及波动均增加。因此，刨削深度变化对刨头速度和刨链张力的影响较大。

表 4-17　不同刨削深度时刨头速度和刨链张力统计值

刨削深度 h/cm	刨头速度 dx_2/dt 标准差/(m/s)	刨链张力 F_3 平均值/kN	刨链张力 F_3 标准差/kN	刨链张力 F_3 变异系数
3	0.5095	59.778	25.758	0.430
4	0.6758	68.183	32.132	0.471
5	0.6233	75.539	34.891	0.462
6	0.7215	82.211	38.851	0.473

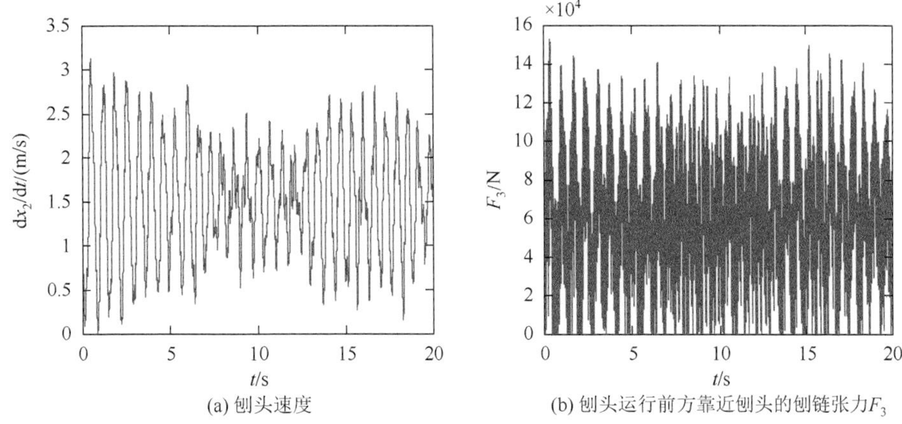

(a) 刨头速度　(b) 刨头运行前方靠近刨头的刨链张力F_3

图 4-65　$h = 4\text{cm}$ 时刨头速度和刨链张力时间历程

4. 电机电源频率对刨头速度和刨链张力的影响

当电机变频调速时，改变电源频率，则额定刨头速度变化，分析其对刨头速度和刨链张力的影响。仅给出 $f = 40\text{Hz}$ 时的刨头速度和刨链张力时间历程曲线，仿真结果如图 4-66 所示。得到的不同电机电源频率时刨头速度和刨链张力统计值如表 4-18 所示。

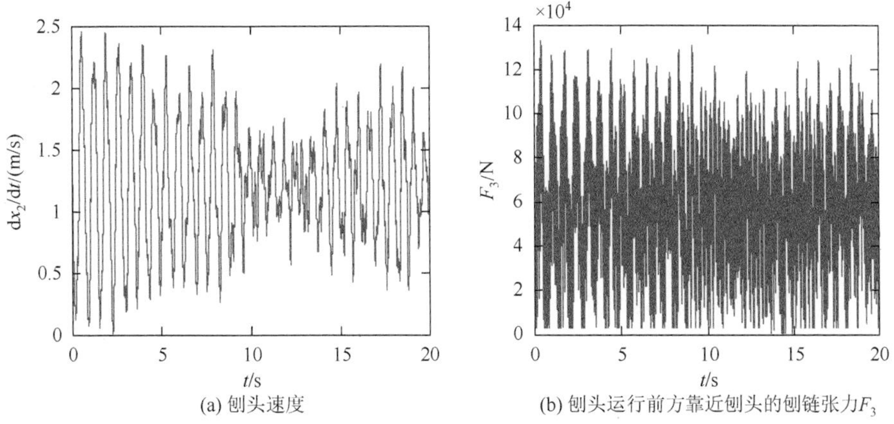

(a) 刨头速度　(b) 刨头运行前方靠近刨头的刨链张力F_3

图 4-66　$f = 40\text{Hz}$ 时刨头速度和刨链张力时间历程

表 4-18　不同电机电源频率时刨头速度和刨链张力统计值

电机电源频率 f/Hz	刨头额定速度 V_b/(m/s)	刨头速度 $\mathrm{d}x_2/\mathrm{d}t$ 平均值/(m/s)	刨头速度 $\mathrm{d}x_2/\mathrm{d}t$ 标准差/(m/s)	刨头速度 $\mathrm{d}x_2/\mathrm{d}t$ 变异系数	刨链张力 F_3 平均值/kN	刨链张力 F_3 标准差/kN	刨链张力 F_3 变异系数
30	0.9	0.9138	0.4569	0.5	58.863	24.268	0.412
40	1.2	1.2191	0.5141	0.422	59.466	25.442	0.427
50	1.5	1.5244	0.5095	0.334	59.778	25.758	0.430
60	1.8	1.8238	0.4589	0.252	60.051	25.485	0.424

分析仿真结果和统计值得出，随着电机电源频率增加，刨头额定速度增加，刨头速度波动变化较小；刨头运行前方靠近刨头和刨链张力 F_3 平均值增加，但增加缓慢，波动变化较小。因此，电机电源频率变化对刨头速度和刨链张力的影响较小。

5. 工作面长度对刨头速度和刨链张力的影响

仅给出工作面长度 $L = 160\text{m}$ 时的刨头速度和刨链张力时间历程曲线，仿真结果如图 4-67 所示。得到的不同工作面长度时刨头速度和刨链张力统计值如表 4-19 所示。分析仿真结果和统计值得出，随着工作面长度增加，刨头速度波动总体呈增加趋势，且波动较大；刨头运行前方靠近刨头的刨链张力 F_3 的平均值和幅值变化较小。因此，工作面长度变化对刨头速度和刨链张力的影响较小。

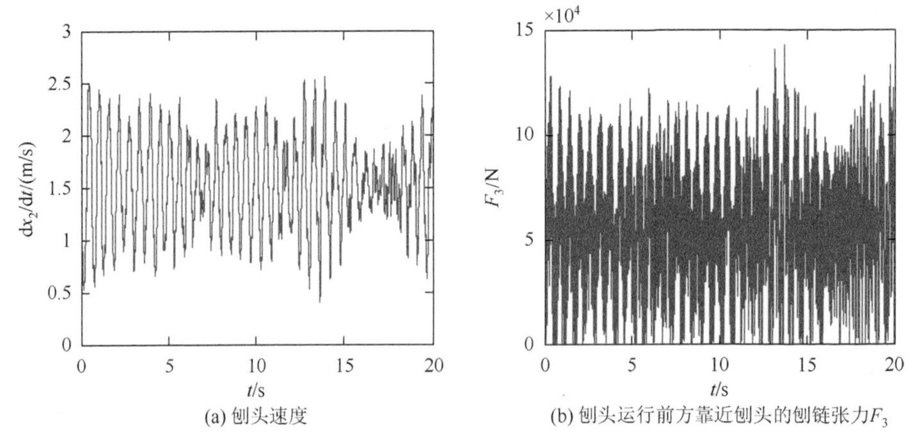

(a) 刨头速度　　(b) 刨头运行前方靠近刨头的刨链张力 F_3

图 4-67　$L = 160\text{m}$ 时刨头速度和刨链张力时间历程

表 4-19　工作面长度不同时刨头速度和刨链张力统计值

工作面长度 L/m	刨头速度 dx_2/dt 标准差/(m/s)	刨链张力 F_3 平均值/kN	刨链张力 F_3 标准差/kN	刨链张力 F_3 变异系数
100	0.3522	59.753	24.801	0.415
120	0.3516	59.868	23.809	0.397
140	0.3179	59.372	21.542	0.363
160	0.4504	59.895	25.559	0.427
180	0.4191	59.490	24.000	0.403
200	0.5095	59.778	25.758	0.430

6. 刨头与滑架的摩擦系数对刨头速度和刨链张力的影响

仅给出刨头与滑架的摩擦系数 $\mu_b = 0.3$ 时的刨头速度和刨链张力时间历程曲线，仿真结果如图 4-68 所示。得到的刨头与滑架的摩擦系数不同时刨头速度和刨链张力统计值如表 4-20 所示。分析仿真结果和统计值可以得到，随着刨头与滑架的摩擦系数增加，刨头速度波动较大；刨头运行前方靠近刨头的刨链张力 F_3 的平均值增加，幅值波动较小。刨头与滑架的摩擦系数变化对刨头速度和刨链张力的影响较小。

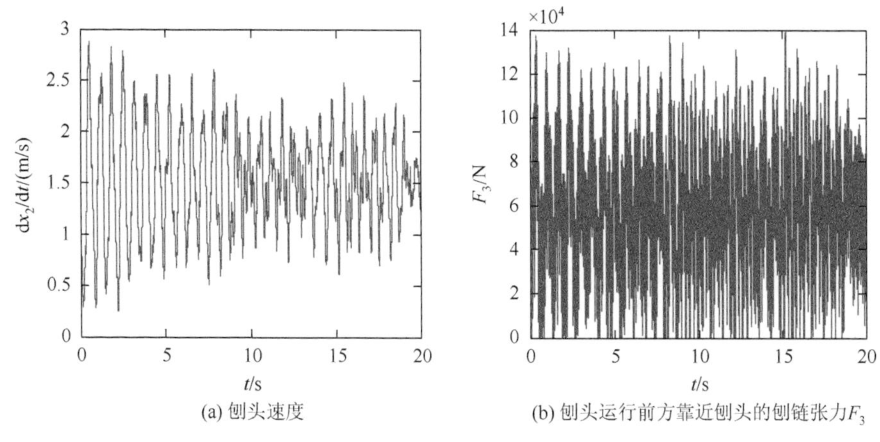

(a) 刨头速度　(b) 刨头运行前方靠近刨头的刨链张力 F_3

图 4-68　$\mu_b = 0.3$ 时刨头速度和刨链张力时间历程

表 4-20　刨头与滑架的摩擦系数不同时刨头速度和刨链张力统计值

刨头与滑架的摩擦系数 μ_b	刨头速度 dx_2/dt 标准差/(m/s)	刨链张力 F_3 平均值/kN	刨链张力 F_3 标准差/kN	刨链张力 F_3 变异系数
0.1	0.4315	56.289	23.406	0.416
0.15	0.4752	58.158	26.234	0.451
0.2	0.5095	59.778	25.758	0.431
0.25	0.4910	61.115	24.915	0.408
0.3	0.5171	62.777	26.963	0.429
0.35	0.4766	64.329	24.680	0.384
0.4	0.5630	66.128	26.715	0.404

7. 刨链与滑架的摩擦系数对刨头速度和刨链张力的影响

仅给出刨链与滑架的摩擦系数 $\mu_c = 0.15$ 时的刨头速度和刨链张力时间历程曲线，仿真结果如图 4-69 所示。得到的刨链与滑架的摩擦系数不同时刨头速度和刨链张力统计值如表 4-21 所示。分析仿真结果和统计值可以得到，随着刨链与滑架的摩擦系数增加，刨头速度波动变化较小；刨头运行前方靠近刨头的刨链张力 F_3 的平均值和标准差变化较小。因此，刨链与滑架的摩擦系数的变化对刨头速度和刨链张力的影响较小。

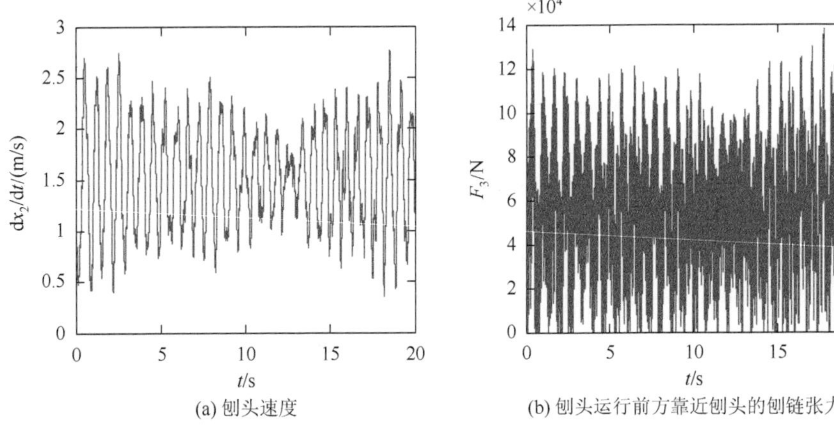

(a) 刨头速度　　(b) 刨头运行前方靠近刨头的刨链张力F_3

图 4-69　$\mu_c = 0.15$ 时刨头速度和刨链张力时间历程

表 4-21　刨链与滑架的摩擦系数不同时刨头速度和刨链张力统计值

刨链与滑架的摩擦系数 μ_c	刨头速度 dx_2/dt 标准差/(m/s)	刨链张力 F_3 平均值/kN	刨链张力 F_3 标准差/kN	刨链张力 F_3 变异系数
0.1	0.4959	60.248	24.867	0.413
0.15	0.5221	59.461	25.700	0.432
0.2	0.4740	59.437	24.079	0.405
0.25	0.5095	59.778	25.758	0.431
0.3	0.4789	59.720	24.244	0.406
0.35	0.4321	59.638	24.742	0.415
0.4	0.5313	59.706	26.007	0.436

8. 数值仿真结果分析

为了更清楚地分析各种参数变化对刨头速度和刨链张力的影响，在每个参数各自变化范围内，得到刨头速度标准差和刨链张力平均值及标准差的相对改变量范围，如表 4-22 所示。通过分析可为刨煤机工况参数选择和结构设计等方面提供参考。

表 4-22　刨头速度标准差和刨链张力平均值及标准差的相对改变量范围

参数	刨头速度 dx_2/dt 标准差/%	刨链张力 F_3 平均值/%	刨链张力 F_3 标准差/%
（脆性煤）抗截强度 A/(N/cm)，$600 \leqslant A \leqslant 1200$，间隔为 200	28.59～83.57	17.25～52.84	31.01～91.45
（韧性煤）抗截强度 A/(N/cm)，$600 \leqslant A \leqslant 1200$，间隔为 200	22.36～29.44	21.9～64.69	29.05～83.05

续表

参数	刨头速度 dx_2/dt 标准差/%	刨链张力 F_3 平均值/%	刨链张力 F_3 标准差/%
刨削深度 h/cm，$3 \leqslant h \leqslant 6$，间隔为 1	22.34～41.61	14.06～37.53	24.75～50.83
电机电源频率 f/Hz，$30 \leqslant f \leqslant 60$，间隔为 10	0.437～12.5	1.02～2.02	4.84～6.14
工作面长度 L/m，$100 \leqslant L \leqslant 200$，间隔为 20	−9.74～44.66	−0.64～0.24	−13.14～3.86
刨头与滑架的摩擦系数 μ_b，$0.1 \leqslant \mu_b \leqslant 0.4$，间隔为 0.05	10.13～30.48	3.32～17.48	5.44～15.19
刨链与滑架的摩擦系数 μ_c，$0.1 \leqslant \mu_c \leqslant 0.4$，间隔为 0.05	−12.86～7.14	−1.35～−0.78	−3.17～4.58

各参数中，煤层抗截强度、煤的脆韧性和刨削深度对刨煤机动力学性能影响很大。对于抗截强度，除了韧性煤时刨头速度标准差的相对改变量范围差值为 7.08%，其余均超过 35%，最高为 60.44%。对于刨削深度，各相对改变量范围的差值中，最大为 26.08%、最小为 19.27%。总体比较，还是抗截强度的影响最明显。

刨头与滑架的摩擦系数、工作面长度、电机电源频率、刨链与滑架的摩擦系数影响较小，在这些参数中，得到的相对改变量范围差值，最小为 0.57%、最大为 54.4%，其余均在 25%以下。其中，刨头与滑架的摩擦系数对刨头速度和刨链张力影响相对较大，刨头速度标准差的相对改变量范围差值最大为 20.35%，刨链张力标准差的相对改变量范围最小为 9.75%。工作面长度对刨头速度波动影响相对较大，刨头速度标准差的相对改变量范围差值为 54.4%。

第 5 章　动载荷作用下刨煤机能耗变化分析

在世界薄煤层和中厚煤层的开采中，刨煤机具有重要地位。目前，刨煤机的成功应用使很多国家实现了薄煤层和中厚煤层的自动化开采。滑行刨煤机是应用最广泛的刨煤机，并且在朝大功率、高刨头速度、可以刨削硬煤和厚煤层方向发展。为提高煤炭产量和刨头速度、适应硬煤层和厚煤层的开采，必然需要提高刨煤机装机功率，但同时也带来了非刨削功率的增耗等能量利用率问题。

刨煤机能耗是指刨煤机在运行中所消耗的能量，刨煤机单位能耗是指刨削单位体积的煤所消耗的能量，单位能耗是衡量刨煤机能量利用率的指标之一。刨煤机运行时，煤层性质、刨煤机结构参数及各种工况参数（如刨削深度等）都会影响能耗的变化。同时不能忽视的是，煤壁施加于刨头的载荷变化、链轮多边形效应等因素，会导致刨煤机在运行中受到动载荷作用，大功率刨煤机及高刨头速度使动载荷的影响更为突出。因此，动载荷作用下刨煤机能耗和刨煤机单位能耗的变化规律如何、存在哪些主要的影响因素、如何降低刨煤机能耗和提高刨煤机能量利用率，都是亟待解决的关键问题，这对为刨煤机研发和使用提供理论基础以及实现煤炭行业科学产能具有重要意义。

因此，本章在前面几章的基础上，系统深入地分析动载荷作用下滑行刨煤机能耗及单位能耗的变化规律。首先，分析刨削和非刨削两种情况，建立较为全面的动力学模型，建立动载荷作用下的刨煤机能耗模型和单位能耗模型，分析影响能耗和单位能耗的相关因素。然后，以动力学模型和能耗模型为基础，对刨煤机参数进行多目标优化，为降低能耗及刨煤机的研发和使用提供理论基础。关于刨煤机功率的测试实验和能耗分析将在第 7 章中详细论述。

5.1　刨煤机能耗和单位能耗模型

为了分析动载荷作用下刨煤机能耗的变化，必须建立准确的能耗模型和单位能耗模型，建立这些模型的前提是建立更加全面的动力学模型。在第 4 章建立的多自由度刨煤机动力学模型中，主要分析刨煤机动力学性能，所以未考虑刨链绕经链轮的曲线阻力影响。刨链绕经链轮的曲线阻力，是在驱动装置处刨链绕经链轮与轮齿啮合时产生的，由于刨链预紧力过高等，曲线阻力会增加，功率消耗加大，对刨煤机的运行和能耗等产生影响。因此，考虑刨链绕经链轮的曲线阻力影响，分析刨削和非刨削两种情况，首先建立更为全面的刨煤机动力学模型，然后进一步建立刨煤机的能耗模型。

5.1.1　考虑曲线阻力影响的刨削时和非刨削时刨煤机动力学模型

1. 刨削时刨煤机动力学模型

考虑刨链绕经链轮时的曲线阻力影响，建立更加全面的刨削时刨煤机动力学模型，如图5-1所示。考虑曲线阻力时，更为全面的刨煤机非线性动力学方程如式（5-1）所示。

$$
\begin{cases}
J_2\ddot{\varphi}_2 = F_1(x_1,x_2,\varphi_2,\dot{x}_1,\dot{x}_2,\dot{\varphi}_2,t)R_2 - F_6(x_2,x_4,\varphi_2,\dot{x}_2,\dot{x}_4,\dot{\varphi}_2,t)R_2 \\
\qquad - F_{w2}(x_1,x_2,x_4,\varphi_2,\dot{x}_1,\dot{x}_2,\dot{x}_4,\dot{\varphi}_2,t)R_2 + M_2(\dot{\varphi}_2) \\
m_1(x_2)\ddot{x}_1 = F_2(x_1,x_2,\dot{x}_1,\dot{x}_2,t) - F_1(x_1,x_2,\varphi_2,\dot{x}_1,\dot{x}_2,\dot{\varphi}_2,t) - \dfrac{\mathrm{d}m_1(x_2)}{\mathrm{d}t}\dot{x}_1 - F_{\mu1}(\dot{x}_1,x_2) \\
m_2\ddot{x}_2 = F_3(x_2,x_3,\dot{x}_2,\dot{x}_3,t) - F_2(x_1,x_2,\dot{x}_1,\dot{x}_2,t) - F_{\mu2}(\dot{x}_2,t) - F_L(\dot{x}_2) - F_Z(\dot{x}_2,t) \\
m_3(x_2)\ddot{x}_3 = F_4(x_2,x_3,\varphi_1,\dot{x}_2,\dot{x}_3,\dot{\varphi}_1,t) - F_3(x_2,x_3,\dot{x}_2,\dot{x}_3,t) - \dfrac{\mathrm{d}m_3(x_2)}{\mathrm{d}t}\dot{x}_3 - F_{\mu3}(\dot{x}_3,x_2) \\
J_1\ddot{\varphi}_1 = F_5(x_2,x_4,\varphi_1,\dot{x}_2,\dot{x}_4,\dot{\varphi}_1,t)R_1 - F_4(x_2,x_3,\varphi_1,\dot{x}_2,\dot{x}_3,\dot{\varphi}_1,t)R_1 \\
\qquad - F_{w1}(x_2,x_3,x_4,\varphi_1,\dot{x}_2,\dot{x}_3,\dot{x}_4,\dot{\varphi}_1,t)R_1 + M_1(\dot{\varphi}_1) \\
m_4\ddot{x}_4 = F_6(x_2,x_4,\varphi_2,\dot{x}_2,\dot{x}_4,\dot{\varphi}_2,t) - F_5(x_2,x_4,\varphi_1,\dot{x}_2,\dot{x}_4,\dot{\varphi}_1,t) - F_{\mu4}(\dot{x}_4)
\end{cases}
\tag{5-1}
$$

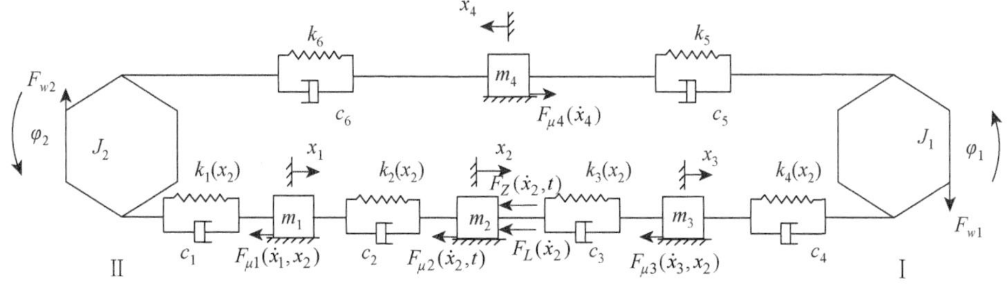

图5-1　刨削时刨煤机动力学模型

刨链绕经链轮时的曲线阻力，主要由三部分组成：①刨链与链轮相遇和分离时，由于刨链的转折弯曲产生的阻力；②链轮轴上的轴承摩擦阻力；③啮合时，刨链与链轮轮齿间的摩擦阻力。将这些阻力变位到链轮的节圆周上，得到计算时通常采用的经验公式，相关系数可由实验得出，刨链绕经主动链轮时的曲线阻力可表示为（洪晓华，2005）

$$F_{qz} = k_q (S_y + S_L) \tag{5-2}$$

式中，S_y 为与主动链轮相遇点的刨链张力；S_L 为与主动链轮分离点的刨链张力；k_q 为刨链绕经主动链轮时的曲线阻力系数，$k_q = 0.03 \sim 0.05$（洪晓华，2005）。

因此，刨链经过两端驱动链轮时的曲线阻力可分别表示为式（5-3）和式（5-4）。

$$F_{w1}(x_2,x_3,x_4,\varphi_1,\dot{x}_2,\dot{x}_3,\dot{x}_4,\dot{\varphi}_1,t) = k_q[F_4(x_2,x_3,\varphi_1,\dot{x}_2,\dot{x}_3,\dot{\varphi}_1,t) + F_5(x_2,x_4,\varphi_1,\dot{x}_2,\dot{x}_4,\dot{\varphi}_1,t)] \tag{5-3}$$

$$F_{w2}(x_1,x_2,x_4,\varphi_2,\dot{x}_1,\dot{x}_2,\dot{x}_4,\dot{\varphi}_2,t) = k_q[F_6(x_2,x_4,\varphi_2,\dot{x}_2,\dot{x}_4,\dot{\varphi}_2,t) + F_1(x_1,x_2,\varphi_2,\dot{x}_1,\dot{x}_2,\dot{\varphi}_2,t)] \tag{5-4}$$

当受到运行阻力后刨链产生的伸长量与施加预紧力后刨链产生的伸长量相等时，刨链处于理想的预紧状态，满足运行要求。刨头从驱动装置Ⅱ处运行至驱动装置Ⅰ处的过程中，刨链剩余预紧力逐渐增大。当刨头在驱动装置Ⅱ处时，刨链处于理想的预紧状态，此时剩余预紧力为 0，而且对于双端驱动，刨链的最小张力点位置是驱动装置Ⅱ处。因此，刨头位于驱动装置Ⅱ处时（$x_2 = 0$）的必需预紧力可作为刨链的理想预紧力，这与 3.3.3 节中的分析一致。关于刨链必需预紧力的计算，参考 4.2 节，如式（5-5）所示。

$$F_{vx}(x_2,\dot{x}_2,t) = \frac{1}{2}\mu_c qgL + \left(\frac{3}{4} - \frac{L_0 + x_2}{2L}\right)[F_Z(\dot{x}_2,t) + F_L(\dot{x}_2) + F_{\mu 2}(\dot{x}_2,t)] \tag{5-5}$$

当 $x_2 = 0$ 时，得到刨链的理想预紧力为

$$F_{vi}(\dot{x}_2,t) = \frac{1}{2}\mu_c qgL + \left(\frac{3}{4} - \frac{L_0}{2L}\right)[F_Z(\dot{x}_2,t) + F_L(\dot{x}_2) + F_{\mu 2}(\dot{x}_2,t)] \tag{5-6}$$

施加的刨链预紧力应小于等于理想预紧力，可表示为

$$F_v \leqslant F_{vi}(\dot{x}_2,t)$$

2. 非刨削时刨煤机动力学模型

刨煤机在非刨削状态，即空行程时，不存在刨削阻力、侧向力和装煤阻力，而且刨头的摩擦阻力和刨链剩余预紧力计算公式也不同。考虑刨链绕经链轮的曲线阻力影响，建立非刨削时的刨煤机动力学模型如图 5-2 所示，动力学微分方程如式（5-7）所示。

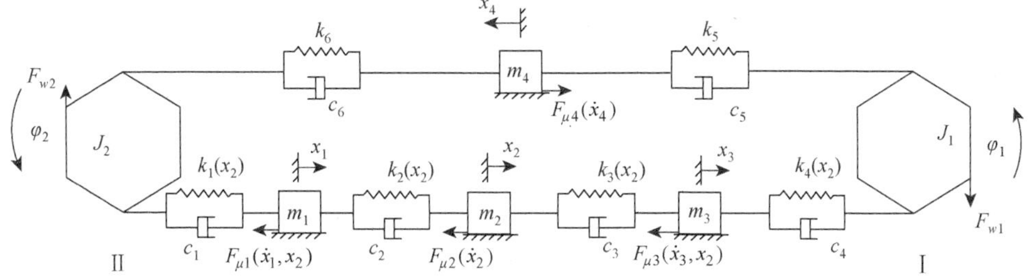

图 5-2　非刨削时刨煤机动力学模型

$$
\begin{cases}
J_2\ddot{\varphi}_2 = F_1(x_1,x_2,\varphi_2,\dot{x}_1,\dot{x}_2,\dot{\varphi}_2)R_2 - F_6(x_2,x_4,\varphi_2,\dot{x}_2,\dot{x}_4,\dot{\varphi}_2)R_2 \\
\qquad - F_{w2}(x_1,x_2,x_4,\varphi_2,\dot{x}_1,\dot{x}_2,\dot{x}_4,\dot{\varphi}_2)R_2 + M_2(\dot{\varphi}_2) \\
m_1(x_2)\ddot{x}_1 = F_2(x_1,x_2,\dot{x}_1,\dot{x}_2) - F_1(x_1,x_2,\varphi_2,\dot{x}_1,\dot{x}_2,\dot{\varphi}_2) - \dfrac{\mathrm{d}m_1(x_2)}{\mathrm{d}t}\dot{x}_1 - F_{\mu 1}(\dot{x}_1,x_2) \\
m_2\ddot{x}_2 = F_3(x_2,x_3,\dot{x}_2,\dot{x}_3) - F_2(x_1,x_2,\dot{x}_1,\dot{x}_2) - F_{\mu 2}(\dot{x}_2) \\
m_3(x_2)\ddot{x}_3 = F_4(x_2,x_3,\varphi_1,\dot{x}_2,\dot{x}_3,\dot{\varphi}_1) - F_3(x_2,x_3,\dot{x}_2,\dot{x}_3) - \dfrac{\mathrm{d}m_3(x_2)}{\mathrm{d}t}\dot{x}_3 - F_{\mu 3}(\dot{x}_3,x_2) \\
J_1\ddot{\varphi}_1 = F_5(x_2,x_4,\varphi_1,\dot{x}_2,\dot{x}_4,\dot{\varphi}_1)R_1 - F_4(x_2,x_3,\varphi_1,\dot{x}_2,\dot{x}_3,\dot{\varphi}_1)R_1 \\
\qquad - F_{w1}(x_2,x_3,x_4,\varphi_1,\dot{x}_2,\dot{x}_3,\dot{x}_4,\dot{\varphi}_1)R_1 + M_1(\dot{\varphi}_1) \\
m_4\ddot{x}_4 = F_6(x_2,x_4,\varphi_2,\dot{x}_2,\dot{x}_4,\dot{\varphi}_2) - F_5(x_2,x_4,\varphi_1,\dot{x}_2,\dot{x}_4,\dot{\varphi}_1) - F_{\mu 4}(\dot{x}_4)
\end{cases}
$$

（5-7）

非刨削时刨链经过两端驱动链轮时的曲线阻力可表示为

$$F_{w1}(x_2,x_3,x_4,\varphi_1,\dot{x}_2,\dot{x}_3,\dot{x}_4,\dot{\varphi}_1) = k_q[F_4(x_2,x_3,\varphi_1,\dot{x}_2,\dot{x}_3,\dot{\varphi}_1) + F_5(x_2,x_4,\varphi_1,\dot{x}_2,\dot{x}_4,\dot{\varphi}_1)]$$

（5-8）

$$F_{w2}(x_1,x_2,x_4,\varphi_2,\dot{x}_1,\dot{x}_2,\dot{x}_4,\dot{\varphi}_2) = k_q[F_6(x_2,x_4,\varphi_2,\dot{x}_2,\dot{x}_4,\dot{\varphi}_2) + F_1(x_1,x_2,\varphi_2,\dot{x}_1,\dot{x}_2,\dot{\varphi}_2)]$$

（5-9）

非刨削时的理想预紧力为

$$F_{vi}(\dot{x}_2) = \frac{1}{2}\mu_c qgL + \left(\frac{3}{4} - \frac{L_0}{2L}\right)F_{\mu 2}(\dot{x}_2) \tag{5-10}$$

5.1.2　刨削单位能耗模型

单位能耗是衡量刨煤机能量利用率的指标之一，刨削单位能耗是指刨削单位体积的煤时刨削力所做的功。在 5.1.1 节中建立的刨削时刨煤机动力学模型基础上，可以进一步得到刨削单位能耗模型。

由于刨削力与刨削阻力的大小相同，方向相反，可由刨煤机动力学方程（5-1）

计算得到刨削阻力数据，即刨削力，将其对 T 时间内的刨头位移进行积分，得到刨削力所做的功，则刨削单位能耗模型如式（5-11）所示：

$$H_{WZ} = \frac{W_Z}{V} \tag{5-11}$$

式中，H_{WZ} 为刨削单位能耗，单位为 kW·h/m^3；W_Z 为刨削力所做的功，单位为 kW·h；V 为刨削煤的体积，单位为 m^3。

刨削力所做的功 W_Z 由式（5-12）表示：

$$W_Z = \int_0^{L_b} F_Z(\dot{x}_2, t)\mathrm{d}x_2 \tag{5-12}$$

式中，$F_Z(\dot{x}_2, t)$ 为刨头的刨削力，单位为 N；L_b 为刨头在 T 时间内的总位移，单位为 m，如式（5-13）所示。

$$L_b = \int_0^T \dot{x}_2 \mathrm{d}t \tag{5-13}$$

式中，T 为刨煤机运行总时间，单位为 s。

刨削煤的体积 V 如式（5-14）所示：

$$V = Hh\int_0^T \dot{x}_2 \mathrm{d}t \tag{5-14}$$

式中，H 为煤层厚度，单位为 m；h 为刨削深度，单位为 m。

5.1.3 刨削时刨煤机能耗及单位能耗模型

根据建立的动力学方程（5-1），可以得到刨煤机能耗和单位能耗的计算公式。刨煤机运行时间内两端驱动装置所做功之和，即刨煤机能耗，如式（5-15）所示：

$$W = \int_0^T M_1(\dot{\varphi}_1)\dot{\varphi}_1 \mathrm{d}t + \int_0^T M_2(\dot{\varphi}_2)\dot{\varphi}_2 \mathrm{d}t \tag{5-15}$$

式中，W 为刨煤机能耗，单位为 kW·h。

刨煤机单位能耗模型如式（5-16）所示：

$$H_W = \frac{W}{V} \tag{5-16}$$

式中，H_W 为刨煤机单位能耗，单位为 kW·h/m^3。

5.1.4 非刨削时刨煤机能耗模型

非刨削时刨煤机能耗 W_f 可由式（5-17）表示，虽然函数形式与式（5-15）相同，但其中的数值由非刨削时动力学方程（5-7）计算得到。

$$W_f = \int_0^T M_1(\dot{\varphi}_1)\dot{\varphi}_1 \mathrm{d}t + \int_0^T M_2(\dot{\varphi}_2)\dot{\varphi}_2 \mathrm{d}t \tag{5-17}$$

5.2　刨煤机能耗和单位能耗的影响因素分析及仿真

5.2.1　刨削单位能耗的影响因素分析及仿真

根据建立的刨削单位能耗模型，进一步考察相关参数对刨削单位能耗的影响。由 3.1 节刨削阻力平均值计算可知，b_p、t_p、k_3、k_4、β 与刨刀和刨头的结构有关，系数 k_1、k_2、k_5、k_6、k_n 取值与煤的脆韧性有关，S_z 的取值与抗截强度 A 有关，ψ 与刨削深度 h 和煤的脆韧性有关。刨头结构确定后，公式中关于刨刀和刨头结构的参数就可以确定。煤的脆韧性确定后，刨削深度、抗截强度均影响煤壁施于刨头的作用力，即刨削阻力，同时，抗截强度和煤的脆韧性影响载荷变异系数的选取。因此，应重点分析抗截强度、刨削深度对刨削单位能耗的影响。考虑到刨煤机朝高刨头速度方向发展，这里也一并分析刨头速度对刨削单位能耗的影响。

根据式（5-1），建立 MATLAB/Simulink 仿真模型，用四阶龙格-库塔算法对刨煤机非线性动力学方程进行数值求解，进一步计算各种因素影响下的刨削单位能耗。

以某煤矿刨煤机参数为例：刨链规格为 38×137，刨链刚度系数 $k = 9.06\times10^7$ N/m；阻尼系数为 500N·s/m；链轮齿数 $N_L = 6$；单侧刨刀总数为 22 把；刨头质量 $m_2 = 5736$kg；驱动装置 Ⅰ、Ⅱ 的等效转动惯量为 $J_1 = J_2 = 6775$kg·m^2；单个电机功率 $P_e = 400$kW；同步转速 $n_0 = 1000$r/min，额定转速 $n_e = 990$r/min；传动效率 $\eta = 0.8$；传动比 $i = 15.285$；刨头与滑架之间的摩擦系数 $\mu_b = 0.2$，刨链与滑架之间的摩擦系数 $\mu_c = 0.25$；煤层厚度 $H = 1.4$m，脆性煤，抗截强度 $A = 100$N/mm，刨削深度 $h = 50$mm；工作面长度 $L = 150$m；刨链预紧力 $F_v = 80$kN；曲线阻力系数 $k_q = 0.05$；电机电源频率 $f = 50$Hz（刨头速度 $V_b = 1.7974$m/s）；位移初值 $\varphi_1(0) = \varphi_2(0) = x_1(0) = x_2(0) = x_3(0) = x_4(0) = 0$，速度初值 $\dot{\varphi}_1(0) = 1.7974/R_1$，$\dot{\varphi}_2(0) = 1.7974/R_2$，$\dot{x}_1(0) = \dot{x}_2(0) = \dot{x}_3(0) = \dot{x}_4(0) = 1.7974$；仿真步长为 0.001，仿真时间为 20s。

1. 煤层抗截强度对刨削单位能耗的影响

当刨削深度 $h = 50$mm，抗截强度 A 为不同值时，可通过仿真分析得到刨削力所做的功和刨削单位能耗，如表 5-1 所示。从表中可以看到，抗截强度 A 增加时，刨削单位能耗也随之增大。因此，煤层的抗截强度变化对刨削单位能耗的影响较大。

表 5-1　抗截强度不同时刨削力做功和刨削单位能耗

抗截强度 A/(N/mm)	刨削阻力平均值/kN	T时间内刨头总位移/m	T时间内刨削力做功/(kW·h)	刨削单位能耗/(kW·h/m^3)
80	52.239	35.8078	1.0383	0.4142
100	65.299	35.7810	1.1743	0.4689
120	78.358	35.7186	1.3069	0.5227
140	91.418	35.6020	1.4409	0.5782
160	104.48	35.5138	1.5750	0.6336

2. 刨削深度对刨削单位能耗的影响

抗截强度 $A=100$N/mm 时，可通过仿真分析得到刨削深度不同时刨削力做功和刨削单位能耗，如表 5-2 所示。由表可以看到，随着刨削深度增加，刨削单位能耗降低。因此，刨削深度变化对刨削单位能耗的影响较大。

表 5-2　刨削深度不同时刨削力做功和刨削单位能耗

刨削深度 h/mm	刨削阻力平均值/kN	T时间内刨头总位移/m	T时间内刨削力做功/(kW·h)	刨削单位能耗/(kW·h/m^3)
30	45.447	35.9291	0.9748	0.6460
40	55.705	35.7904	1.0750	0.5364
50	65.299	35.7810	1.1743	0.4689
60	74.269	35.7471	1.2636	0.4208
70	82.689	35.7271	1.3495	0.3854

3. 刨头速度对刨削单位能耗的影响

考虑电机变频调速，电机电源频率不同时，刨头速度变化对刨削单位能耗的影响。仿真参数为：抗截强度 $A=100$N/mm，刨削深度 $h=50$mm。仿真分析得到的数据和变化情况如表 5-3 所示，可看到刨头速度变化对刨削单位能耗的影响很小。

表 5-3　电机电源频率（刨头速度）不同时刨削力做功和刨削单位能耗

电机电源频率 f/Hz	刨头速度 V_b/(m/s)	T时间内刨头总位移/m	T时间内刨削力做功/(kW·h)	刨削单位能耗/(kW·h/m^3)
30	1.0784	21.4223	0.7015	0.4678
40	1.4379	28.5981	0.9366	0.4679
50	1.7974	35.7810	1.1743	0.4689
60	2.1569	42.9465	1.4082	0.4684
70	2.5164	49.9692	1.6398	0.4688

5.2.2 刨削时刨煤机能耗和单位能耗的影响因素分析及仿真

1. 刨煤机能耗和单位能耗的影响因素

分析煤层性质参数、工况参数、刨煤机结构参数对刨煤机能耗和单位能耗的影响。煤的脆韧性确定后，刨削深度、抗截强度均影响煤层施于刨头的作用力，即刨削阻力。刨头基本结构确定后，刨刀和刨头结构的部分参数可以确定，但还要考虑设计时刨头质量改变产生的影响，以及考虑刨头速度对刨煤机能耗的影响。刨头速度的变化是通过变频调速完成的，电机电源频率变化时，刨头速度相应地变化，因此分析如下参数：煤层抗截强度、刨削深度、刨头速度（电机电源频率）、工作面长度、刨链预紧力、刨头与滑架摩擦系数、刨链与滑架摩擦系数、刨头质量。

2. 各参数对刨煤机能耗影响的仿真

根据方程（5-1），建立 MATLAB/Simulink 仿真模型，用四阶龙格-库塔算法对刨煤机非线性动力学方程进行数值求解，进一步计算各种因素影响下的刨煤机能耗和单位能耗。刨煤机参数以 5.2.1 节中仿真参数为例，仿真时间为刨煤机运行一个行程的时间（即从驱动装置Ⅱ运行至驱动装置Ⅰ）。考虑只有一个参数变化，其他参数不变时，仿真得到驱动装置Ⅰ和Ⅱ所做的功、刨煤机能耗及单位能耗分别如表 5-4～表 5-11 所示。

表 5-4　煤层抗截强度不同时驱动装置做功和刨煤机能耗及单位能耗

抗截强度 A/(N/mm)	驱动装置Ⅰ做功/(kW·h)	驱动装置Ⅱ做功/(kW·h)	刨煤机能耗/(kW·h)	刨煤机单位能耗/(kW·h/m^3)
80	4.7394	0.8975	5.6369	0.5500
100	5.4577	0.7623	6.2200	0.6076
120	6.1481	0.6603	6.8084	0.6658
140	6.8214	0.5879	7.4093	0.7254
160	7.4643	0.5427	8.0070	0.7851

表 5-5　刨削深度不同时驱动装置做功和刨煤机能耗及单位能耗

刨削深度 h/mm	驱动装置Ⅰ做功/(kW·h)	驱动装置Ⅱ做功/(kW·h)	刨煤机能耗/(kW·h)	刨煤机单位能耗/(kW·h/m^3)
30	4.3677	0.9820	5.3497	0.8695
40	4.9364	0.8601	5.7965	0.7072
50	5.4577	0.7623	6.2200	0.6076
60	5.9264	0.6881	6.6145	0.5389
70	6.3550	0.6333	6.9883	0.4883

表 5-6　电机电源频率（刨头速度）不同时驱动装置做功和刨煤机能耗及单位能耗

电机电源频率 f/Hz	刨头速度 V_b/(m/s)	驱动装置 I 做功 /(kW·h)	驱动装置 II 做功 /(kW·h)	刨煤机能耗 /(kW·h)	刨煤机单位能耗 /(kW·h/m^3)
30	1.0784	5.4440	0.7701	6.2141	0.6052
40	1.4379	5.4488	0.7663	6.2151	0.6061
50	1.7974	5.4577	0.7623	6.2200	0.6076
60	2.1569	5.4553	0.7664	6.2217	0.6088
70	2.5164	5.4469	0.7742	6.2211	0.6100

表 5-7　工作面长度不同时驱动装置做功和刨煤机能耗及单位能耗

工作面长度 L/m	驱动装置 I 做功 /(kW·h)	驱动装置 II 做功 /(kW·h)	刨煤机能耗/(kW·h)	刨煤机单位能耗 /(kW·h/m^3)
120	4.2677	0.6095	4.8772	0.5994
140	5.0485	0.7232	5.7717	0.6051
160	5.8714	0.8055	6.6769	0.6103
180	6.7070	0.8972	7.6042	0.6160
200	7.5805	0.9642	8.5447	0.6217

表 5-8　刨链预紧力不同时驱动装置做功和刨煤机能耗及单位能耗

刨链预紧力 F_v/kN	驱动装置 I 做功 /(kW·h)	驱动装置 II 做功 /(kW·h)	刨煤机能耗/(kW·h)	刨煤机单位能耗 /(kW·h/m^3)
80	5.4577	0.7623	6.2200	0.6076
100	4.8988	1.3965	6.2953	0.6145
120	4.2571	2.1277	6.3848	0.6226
140	3.6577	2.8248	6.4825	0.6316
160	3.5316	3.0948	6.6264	0.6455

表 5-9　刨头与滑架摩擦系数不同时驱动装置做功和刨煤机能耗及单位能耗

刨头与滑架摩擦系数 μ_b	驱动装置 I 做功 /(kW·h)	驱动装置 II 做功 /(kW·h)	刨煤机能耗/(kW·h)	刨煤机单位能耗 /(kW·h/m^3)
0.1	5.1578	0.8315	5.9893	0.5848
0.2	5.4577	0.7623	6.2200	0.6076
0.3	5.7503	0.6920	6.4423	0.6296
0.4	6.0428	0.6310	6.6738	0.6525
0.5	6.3323	0.5703	6.9026	0.6802

表 5-10　刨链与滑架摩擦系数不同时驱动装置做功和刨煤机能耗及单位能耗

刨链与滑架摩擦系数 μ_c	驱动装置 I 做功 /(kW·h)	驱动装置 II 做功 /(kW·h)	刨煤机能耗/(kW·h)	刨煤机单位能耗 /(kW·h/m^3)
0.1	5.1250	0.8393	5.9643	0.5823
0.2	5.3409	0.7935	6.1344	0.5991
0.3	5.5682	0.7374	6.3056	0.6161
0.4	5.7982	0.6816	6.4798	0.6333
0.5	6.0218	0.6273	6.6491	0.6501

表 5-11　刨头质量不同时驱动装置做功和刨煤机能耗及单位能耗

刨头质量 m_2/kg	驱动装置 I 做功 /(kW·h)	驱动装置 II 做功 /(kW·h)	刨煤机能耗/(kW·h)	刨煤机单位能耗 /(kW·h/m^3)
4500	5.3265	0.7921	6.1186	0.5976
5000	5.3720	0.7886	6.1606	0.6017
5500	5.4306	0.7725	6.2031	0.6059
6000	5.4841	0.7577	6.2418	0.6097
6500	5.5378	0.7430	6.2808	0.6136

由上述仿真结果得出刨削时各参数变化条件下的刨煤机能耗变化如图 5-3 所示，单位能耗的变化如图 5-4 所示。

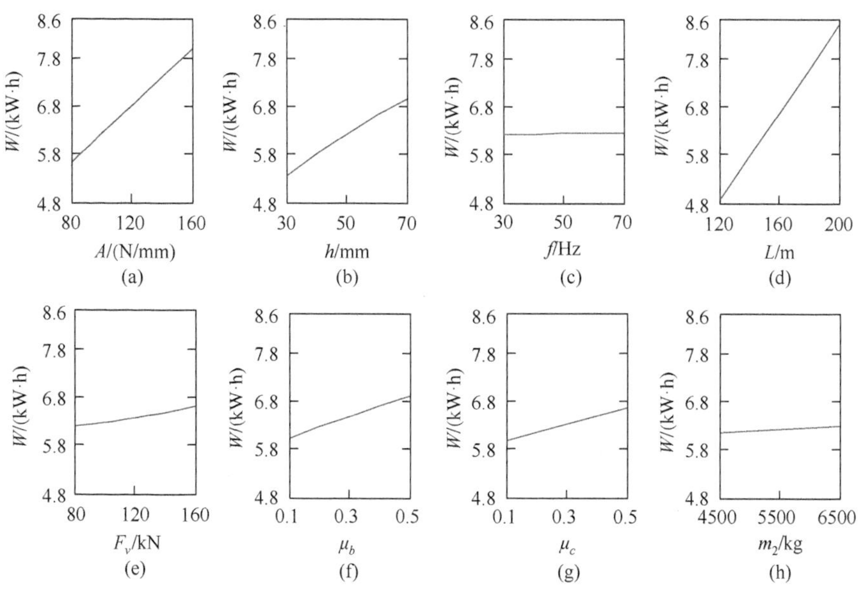

图 5-3　刨削时各参数变化条件下的刨煤机能耗

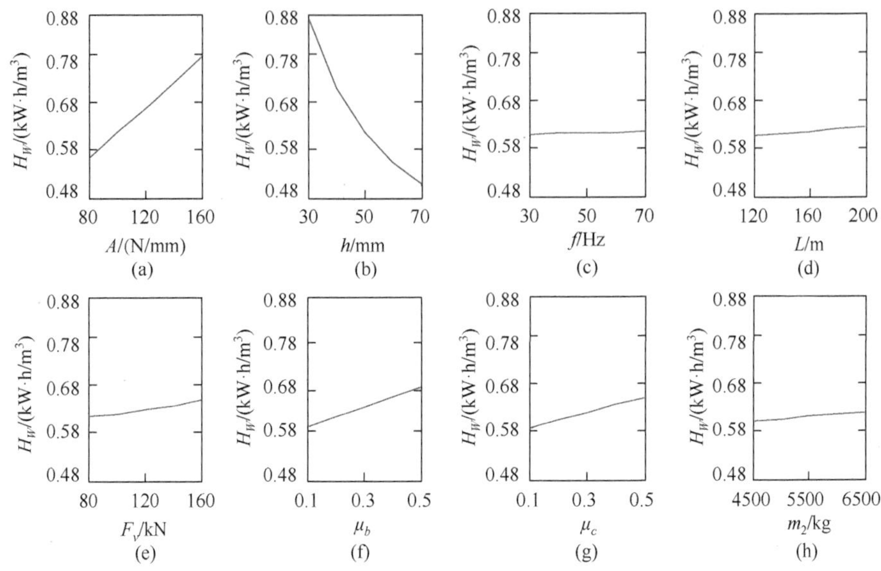

图 5-4 刨削时各参数变化条件下的刨煤机单位能耗

由图 5-3 和图 5-4 可得出如下结论。

（1）各参数中，煤层抗截强度和刨削深度对刨煤机能耗和单位能耗的影响较大。抗截强度增加，能耗和单位能耗增大；刨削深度增加，能耗增加，单位能耗降低。

（2）刨链预紧力、刨头与滑架摩擦系数、刨链与滑架摩擦系数对能耗和单位能耗影响较大。各参数分别增加时，刨煤机能耗和单位能耗也增大。

单独考虑刨削时刨链预紧力对刨煤机能耗和单位能耗的影响，如图 5-5 所示，根据仿真参数计算，刨削时理想预紧力 $F_{vi}=102.07\text{kN}$。由图 5-5 可更加清楚地看到，当预紧力超过理想预紧力时，刨煤机能耗和单位能耗增加较快。

（3）工作面长度、刨头速度和刨头质量对刨煤机单位能耗影响较小，其中一个参数增加时，刨煤机单位能耗增加，但增加较小。其中，工作面长度增加虽然引起很大的能耗增加，但单位能耗增加较小。刨头速度和刨头质量对刨煤机能耗的影响也较小。

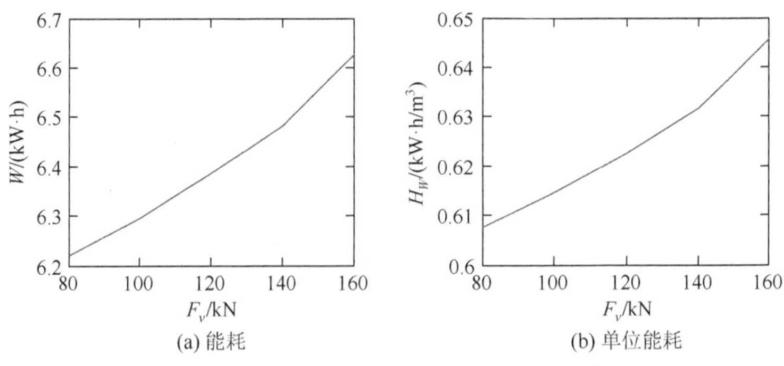

图 5-5 刨削时刨链预紧力变化时的刨煤机能耗和单位能耗

上述仿真分析结果可以指导刨煤机设计和刨煤机的现场使用，设计刨煤机时应考虑影响单位能耗较大的因素，如煤层性质、刨削深度等。因此，需要掌握煤的物理和机械性质，正确选择刨头、刨刀的结构形式，还要合理选择刨链预紧力并采取减少摩擦消耗的措施，这些都是提高能量利用率的关键。

5.2.3　非刨削时刨煤机能耗的影响因素及仿真

非刨削时，没有煤层性质和刨削深度等参数，因此下面重点分析刨头速度（电机电源频率）、刨链预紧力、刨头与滑架摩擦系数、刨链与滑架摩擦系数及刨头质量对刨煤机能耗的影响。

同样采用 MATLAB/Simulink 建立仿真模型，用四阶龙格-库塔算法对动力学方程（5-7）进行数值求解，得到系统的动态响应，进一步计算能耗。仿真参数与 5.2.1 节中的参数相同，仿真步长为 0.001，仿真时间也是一个行程。考虑只有一个参数变化，其他参数不变时，通过仿真得到的驱动装置做功和刨煤机能耗数据分别如表 5-12～表 5-16 所示。

表 5-12　电机电源频率（刨头速度）不同时驱动装置做功和刨煤机能耗

电机电源频率 f/Hz	刨头速度 V_b/(m/s)	驱动装置 I 做功/(kW·h)	驱动装置 II 做功/(kW·h)	刨煤机能耗/(kW·h)
30	1.0784	0.7429	0.6643	1.4072
40	1.4379	0.7325	0.6760	1.4085
50	1.7974	0.7266	0.6826	1.4092
60	2.1569	0.7229	0.6872	1.4101
70	2.5164	0.7205	0.6905	1.4110

表 5-13　刨链预紧力不同时驱动装置做功和刨煤机能耗

刨链预紧力 F_v/kN	驱动装置 I 做功/(kW·h)	驱动装置 II 做功/(kW·h)	刨煤机能耗/(kW·h)
5	0.7681	0.6368	1.4049
10	0.7473	0.6597	1.4070
15	0.7266	0.6826	1.4092
20	0.7188	0.6963	1.4151
25	0.7306	0.7079	1.4385

表 5-14　刨头与滑架摩擦系数不同时驱动装置做功和刨煤机能耗

刨头与滑架摩擦系数 μ_b	驱动装置 I 做功/(kW·h)	驱动装置 II 做功/(kW·h)	刨煤机能耗/(kW·h)
0.1	0.5864	0.5751	1.1615
0.2	0.7266	0.6826	1.4092

续表

刨头与滑架摩擦系数 μ_b	驱动装置 I 做功/(kW·h)	驱动装置 II 做功/(kW·h)	刨煤机能耗/(kW·h)
0.3	0.8713	0.7867	1.6580
0.4	1.0160	0.8909	1.9068
0.5	1.1607	0.9955	2.1562

表 5-15　刨链与滑架摩擦系数不同时驱动装置做功和刨煤机能耗

刨链与滑架摩擦系数 μ_c	驱动装置 I 做功/(kW·h)	驱动装置 II 做功/(kW·h)	刨煤机能耗/(kW·h)
0.1	0.4491	0.4265	0.8756
0.2	0.6274	0.6015	1.2289
0.3	0.8260	0.7635	1.5895
0.4	1.0248	0.9253	1.9501
0.5	1.2234	1.0871	2.3105

表 5-16　刨头质量不同时驱动装置做功和刨煤机能耗

刨头质量 m_2/kg	驱动装置 I 做功/(kW·h)	驱动装置 II 做功/(kW·h)	刨煤机能耗/(kW·h)
4500	0.6641	0.6378	1.3019
5000	0.6893	0.6560	1.3453
5500	0.7146	0.6741	1.3887
6000	0.7399	0.6922	1.4321
6500	0.7651	0.7104	1.4755

由上述仿真结果得出非刨削时各参数变化条件下的刨煤机能耗变化，如图 5-6 所示，可以得出如下结论。

（1）刨头与滑架摩擦系数、刨链与滑架摩擦系数对非刨削时刨煤机能耗的影响较大，摩擦系数增大，能耗增加显著。

（2）随着刨头质量增大、刨链预紧力增加，能耗增加。非刨削时，没有刨削阻力作用，刨头阻力大幅减小，必需预紧力减小，因此刨链预紧力的影响不明显；同时由于没有刨削阻力等作用，刨头质量对能耗的影响变得更加明显。

根据非刨削时仿真参数计算，理想预紧力 $F_{vi} = 13.68\text{kN}$。非刨削时不同刨链预紧力条件下的刨煤机能耗如图 5-7 所示。从图中可清楚地看到，当施加的刨链预紧力超过理想预紧力时，能耗增加明显。

（3）电机电源频率不同，即刨头速度变化对刨煤机能耗的影响非常小。

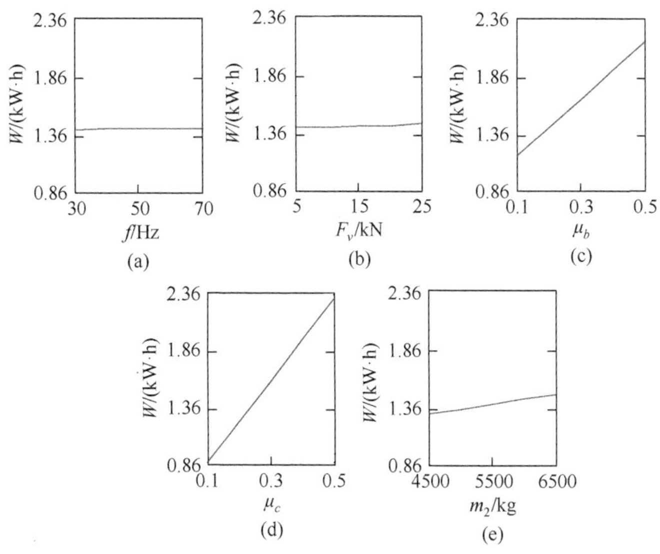

图 5-6　非刨削时各参数变化条件下的刨煤机能耗

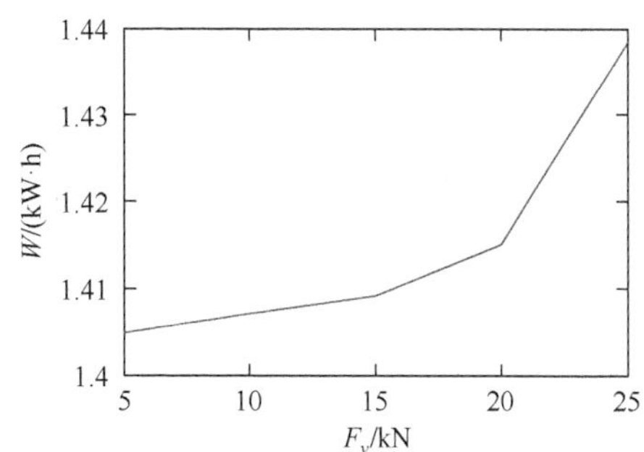

图 5-7　非刨削时不同刨链预紧力条件下的刨煤机能耗

5.2.4　刨削和非刨削时刨煤机能耗比较

对煤层性质、刨煤机结构参数和运行参数影响下的刨煤机能耗模型进行仿真分析，结果表明，刨削时，煤层抗截强度和刨削深度对刨煤机能耗和单位能耗影响较大；刨链预紧力、刨头与滑架摩擦系数、刨链与滑架摩擦系数对其影响较大；工作面长度、刨头速度和刨头质量对其影响较小。非刨削时，刨头与滑架摩擦系数、刨链与滑架摩擦系数对刨煤机的能耗影响较大；由于没有刨削阻力等作用，刨链预紧力对其的影响不明显，刨头质量对其的影响变大；刨头速度对能耗的影响非常小。无论是刨削还是非刨削情况，当施加的刨链预紧力超过理想预紧力时，刨煤机能耗都显著增加。

5.3　滑行刨煤机参数多目标综合优化

为能够采取有效措施降低刨煤机能耗及提高能量利用率，应深入分析刨煤机参数和能耗、产量及动力学性能的关系。在刨煤机实际运行中，在节能的前提下需确保产量，同时还要考虑动力学性能，避免产生剧烈的振动，要求零部件的动态响应最低。下面基于 5.1.1 节中刨削时的动力学模型和 5.1.3 节中刨煤机单位能耗模型，对滑行刨煤机的参数进行多目标综合优化，能够为合理选择刨煤机参数提供理论依据，为刨煤机的设计和使用提供理论指导。

5.3.1　刨煤机多目标优化数学模型

1. 设计变量

从图 5-4 中可看到煤层性质、运行参数及结构参数等对刨煤机单位能耗的影响。对于确定的煤矿煤层，煤层抗截强度为确定值。刨头型号确定时，刨头结构、刨刀的相关参数及其他系数均为定值，因此刨头质量、刨头与滑架的摩擦系数、刨链与滑架的摩擦系数可视为不变。考虑到刨削深度对刨煤机单位能耗和生产能力的影响，刨链预紧力对动力学性能的影响，以及刨头朝高速度方向发展的趋势，设计变量为刨削深度 h、刨链预紧力 F_v、工作面长度 L、电机电源频率 f，如式（5-18）所示。

$$U^{\mathrm{T}} = [u_1, u_2, u_3, u_4] = [h, F_v, L, f] \tag{5-18}$$

2. 目标函数

将刨煤机单位能耗最低、生产能力最大、零部件动态响应最低作为优化目标。考虑刨煤机的振动实际，第 4 章动力学分析结果表明，随机载荷作用时不同参数影响下的刨头速度和刨链张力的动力响应变化相似。因此，这里考虑将刨链张力的变异系数作为动态响应的目标函数，各目标函数如下。

刨煤机单位能耗目标函数表示为

$$f_1(U) = H_W = \frac{\int_0^T M_1(\dot{\varphi}_1)\dot{\varphi}_1 \mathrm{d}t + \int_0^T M_2(\dot{\varphi}_2)\dot{\varphi}_2 \mathrm{d}t}{Hh\int_0^T \dot{x}_2 \mathrm{d}t} \tag{5-19}$$

生产能力目标函数表示为

$$f_2(U) = Q = 3600\frac{\rho Hh\int_0^T \dot{x}_2 \mathrm{d}t}{T} \tag{5-20}$$

式中，ρ 为煤的实体密度，单位为 $\mathrm{t/m^3}$。

刨链张力变异系数目标函数为

$$f_3(U)=V_F=\frac{\sigma_{F_3}}{\bar{F}_3} \tag{5-21}$$

式中，V_F、σ_{F_3}、$\bar{F}_3$ 分别为刨头运行前方的刨链张力 $F_3(x_2,x_3,\dot{x}_2,\dot{x}_3,t)$ 的变异系数、标准差、平均值。

把上述三个目标函数采用线性加权和的方法进行组合，并采用均值化方法对各子目标函数进行无量纲化处理，得到目标函数为

$$\min F(U)=w_1 f_1(U)-w_2 f_2(U)+w_3 f_3(U) \tag{5-22}$$

式中，w_1、w_2、w_3 分别为各目标函数的加权系数，可根据实际工作面要求和刨煤机情况确定。

3. 约束条件

刨削深度 h 受刨刀的结构限制，不应超过刨刀露于刀座之外的长度（即刨刀外露长度 l_p），若在脆性很大的煤层，截割时崩落角很大，可适当增加刨削深度进行刨削，但以不超过刀座较宽部位为宜，因此有 $0<h\leqslant l_p$。工作中，电机电源频率 f 的范围可表示为 $f_1\leqslant f\leqslant f_2$；工作面长度 L 和刨链预紧力 F_v 的范围可分别表示为 $L_1\leqslant L\leqslant L_2$、$F_{v1}\leqslant F_v\leqslant F_{v2}$，则约束条件如下：

$$\begin{cases} g_1(U)=u_1>0 \\ g_2(U)=u_1-l_p\leqslant 0 \\ g_3(U)=u_2-F_{v1}\geqslant 0 \\ g_4(U)=u_2-F_{v2}\leqslant 0 \\ g_5(U)=u_3-L_1\geqslant 0 \\ g_6(U)=u_3-L_2\leqslant 0 \\ g_7(U)=u_4-f_1\geqslant 0 \\ g_8(U)=u_4-f_2\leqslant 0 \end{cases} \tag{5-23}$$

5.3.2 优化求解及实例计算

由于设计变量都是离散变量，本节采用枚举法编制 MATLAB 程序对刨煤机相关参数进行优化。优化过程中，需要对刨煤机动力学方程（5-1）进行求解，由于方程是通过仿真实现求解的，采用 MATLAB 中的 sim 命令调用 Simulink 模型进行仿真分析得到动力学方程的解，并进行寻优。

刨刀外露长度 l_p 为 90mm，其他刨煤机参数以 5.2.1 节仿真参数为例，仿真时间为 20s。各参数的取值范围为：10≤h≤90mm，间隔为 10mm；80≤F_v≤120kN，间隔为 10kN；120≤L≤200m，间隔为 20m；30≤f≤70Hz，间隔为 10Hz。枚举出

满足约束的所有可能的参数方案，通过比较选取最优的组合方式。考虑加权系数为部分典型值时，运行优化程序得到的优化结果如表 5-17 所示。

表 5-17　加权系数不同时的优化结果

w_1	w_2	w_3	$u_1(h)$/mm	$u_2(F_v)$/kN	$u_3(L)$/m	$u_4(f)$/Hz	H_W/(kW·h/m^3)	Q/(t/h)	V_F
1	0	0	90	80	120	30	0.4329	658.30	0.4008
0	1	0	90	120	120	70	0.4503	1536.6	0.4264
0	0	1	10	120	120	60	2.3242	147.46	0.1867
0.4	0.3	0.3	90	120	120	70	0.4503	1536.6	0.4264

优化结果表明：

（1）当目标函数中只考虑单位能耗最低时（$w_1 = 1$、$w_2 = 0$、$w_3 = 0$），优化结果是刨削深度取最大值，刨链预紧力、工作面长度和刨头速度取最小值。此时，生产能力较低。

（2）当目标函数中只考虑生产能力最大时（$w_1 = 0$、$w_2 = 1$、$w_3 = 0$），优化结果是刨削深度、刨链预紧力和刨头速度取最大值，工作面长度取最小值。可以看到，生产能力提高的同时，单位能耗并不高。

（3）当目标函数中只考虑零部件动态响应最低时（$w_1 = 0$、$w_2 = 0$、$w_3 = 1$），优化结果是刨削深度、工作面长度取最小值，刨链预紧力取最大值，刨头速度不是区间端值。此时，生产能力非常低，单位能耗很高，所以单纯追求动态性能最优并不是经济合理的选择。

（4）当各目标函数的加权系数接近时（$w_1 = 0.4$、$w_2 = 0.3$、$w_3 = 0.3$），优化结果与只考虑生产能力最大时的结果相同。

为了达到较低的单位能耗和较高的生产能力，不能同时满足动态响应最低。设计和运行刨煤机时，可以调整加权系数的大小，经过多次反复计算，再根据实际情况考虑其他因素，确定合理的参数范围，使其达到最优，为刨煤机设计和使用提供直接的参考。

滑行刨煤机是应用最广、最具代表性的刨煤机，其他刨煤机，如拖钩刨煤机的原理与其相似，但拖钩刨煤机的摩擦损耗更大。因此，本章关于滑行刨煤机的能耗理论和第 7 章中的实验研究同样有助于分析拖钩刨煤机的运行特点，能够为各种类型刨煤机的设计和使用提供理论指导，为系统地分析刨煤机运行提供途径。

第 6 章　刨链可靠性及刨链疲劳寿命预测分析

可靠性是衡量产品质量的一个重要指标，可靠性问题是一种综合性的系统工程问题。机械产品的可靠性取决于其零部件的结构形式与尺寸、选用的材料及热处理、制造工艺、润滑条件、维修的方便性及各种安全保护措施等。机械零部件可能的失效模式有：材料屈服、断裂、疲劳、过度变形、压杆失稳、腐蚀、磨损、振幅过大、噪声过大、蠕变等（刘惟信，1996）。通过分析引起机械零部件失效破坏的因素，收集并分析可靠性数据，进而可以寻求提高零部件可靠性的措施。

刨链是牵引刨头运行的挠性部件，是刨煤机系统的重要组成部分。在工作中刨链的负荷变化较大，尤其受到随机煤壁作用力，刨链在运行中受到很大的动载荷作用，导致材料强度下降，因此更应该对刨链在动载荷作用下的可靠性问题进行深入研究（康晓敏和李贵轩，2010b；康晓敏，2009）。

6.1　刨链可靠性的影响因素及刨链疲劳破坏

刨煤机工作时，刨链断裂（断链）的情况严重影响刨煤机的正常运行。因此，需要总结分析刨链在工作中的使用情况，找出影响刨链可靠性的因素，同时对工作中刨链的使用维修数据进行统计分析，积累原始数据。

对刨煤机使用中的断链故障进行分析总结，发现主要原因有（陈引亮，2000）：①卡住刨头没有及时停机；②司机操作失误或信号失效，使刨头不能停机，撞到机头（尾）架；③接链环的质量不好；④刨链磨损严重，疲劳过度；⑤链轮磨损严重；⑥滑架或护链罩变形，卡住刨链；⑦焊接质量差。

晋华宫煤矿（郭永利，2006）和凤凰山煤矿（边强，2006）使用德国 DBT 公司的滑行刨煤机，均出现了断链事故。两个煤矿的刨煤机应用实例说明，设备和煤层地质条件、刨削深度、刨链预紧力及操作等问题都有可能导致断链的发生。

铁法煤业集团使用 DBT 公司的多台刨煤机，极少发生断链事故，这固然与煤层的节理层理发育有关，但合理地制定工况参数、严格管理、精心操作也十分重要。例如，选择较小的刨削深度；保持输送机平直；检查刨链松紧程度；检修电气设备；合理选择控制参数；注重各种影响生产和造成断链的因素，如煤层地质条件变化、遇到断层、顶底板起伏等；在刨煤机的使用过程中，采取多种措施防止断链，等等。

断链处理起来工作量较大，因此预防断链事故是生产技术管理工作的重要内容，有以下几个方面。

（1）根据煤层厚度，合理调整确定刨头高度，既要能顺利地通过，不留顶煤，又要使刨头不刨顶板，防止刨头负荷过大。

（2）控制刨削深度。

（3）注意刨链的运行状况，尽量减少断链事故。例如，及时调整刨链的松紧程度、及时检查更换刨链，特别是接链环等。

刨煤机工作时，除了生产管理和操作影响外，煤岩性质、刨链负荷变化、环境工况、材料性能等多方面因素都有可能导致刨链断裂，下面主要对刨链承受的动载荷、磨损、腐蚀进行分析。

（1）动载荷。

煤壁作用力是随机的，所以刨链在工作中受到动载荷的作用，而且变化幅度较大。当煤块崩落后，刨刀受到的力会瞬间降到较小值甚至为零。当刨刀又开始进入煤壁时，阻力很大。所以在这种交变载荷的作用下，刨链容易出现应力疲劳。而且由于链轮多边形效应，刨链受到循环应力的作用，同时还有预紧力的作用。因此，各种影响因素使刨链承受较高的动载荷，造成刨链疲劳直至断裂。

（2）磨损。

链条在运行中与滑架接触产生摩擦受到磨损，同时链轮与链环在啮合时会产生相对滑动而磨损。此外，链环与链环之间也会产生摩擦而使链条受到磨损。

（3）腐蚀。

井下的水中含有腐蚀性物质，这些物质会对链环造成腐蚀，使链环表面产生锈疤和脱皮等，致使链环断面减小、强度降低，促使链环断裂。但刨链在滑架中运行时，有滑架的保护，所以腐蚀不是很明显。

从以上分析得出，刨煤机运行中，刨链的负荷变化很大，刨链承受随机动载荷作用，导致刨链疲劳，再加上刨链的磨损、腐蚀和裂纹等导致疲劳强度降低，容易导致断链。因此，下面着重分析刨链疲劳对刨链可靠性的影响。

6.2　刨链疲劳寿命预测

从大量的断链故障分析可知，刨链的疲劳破坏是主要原因之一。因此，可通过分析刨链材料的疲劳性能，建立疲劳累积损伤模型，进而对刨链进行疲劳寿命计算和分析。

6.2.1　刨链的 *S-N* 曲线

反映材料疲劳强度性能的特性曲线为 *S-N* 曲线，描述材料 *S-N* 曲线最常用的形式是幂函数（李舜酩，2006；刘惟信，1996）。零部件材料在等载荷幅值作用下，载荷幅值（应力幅值）的大小 S 与达到疲劳破坏应力循环次数 N 之间的关系为

$$NS^m = C \tag{6-1}$$

式中，S 为应力幅值；m、C 为材料的实验常数；N 为应力水平为 S 时材料疲劳失效的循环次数，高周疲劳循环即循环次数 $N>10^4$，刨链的疲劳破坏一般都应为高周疲劳破坏。

描绘材料性能的基本 S-N 曲线，应当由 $R=-1$ 的对称循环疲劳实验给出，或查有关手册得到。材料的疲劳极限和 S-N 曲线只能代表标准光滑试样的疲劳性能，实际零部件的尺寸、形状和表面情况等与标准试样有很大差别，零部件的形状、尺寸、表面状况、平均应力、使用温度及环境等很多因素都会影响机械零部件的疲劳强度。对材料的疲劳性能进行适当的修正，才能得到零部件的 S-N 曲线。由于矿用圆环链还没有现成的 S-N 曲线，缺乏实验数据，可依据矿用高强度圆环链的国家标准中的规定做近似估计。

根据《矿用高强度圆环链》(GB/T 12718—2009)，C 级圆环链的最小破断应力为 800MPa，C 级圆环链疲劳实验的上限应力和下限应力（近似值）分别为 330MPa 和 50MPa，试样在上、下限脉动负荷作用下的循环次数不低于 3×10^4 次。

根据以上标准规定的数据近似估计刨链的 S-N 曲线。将圆环链在疲劳实验时受到脉动负荷作用下的循环次数确定为 3×10^4 次，将实验时圆环链受到的脉动应力转化为等效对称循环应力 S_N，根据疲劳实验的上限应力和下限应力可求得等效对称循环应力 $S_N=183.6\text{MPa}$。因此，得到在 S_N 作用下的循环次数为 $N=3\times10^4$ 次。

S-N 曲线由式（6-1）的幂函数形式表达，描述的是高周疲劳，因此其使用下限为 $10^3\sim10^4$，通常假定 $N=10^3$ 时，有

$$S_{10^3} = 0.9S_b \tag{6-2}$$

式中，S_b 为材料的极限抗拉强度。

因为 C 级圆环链的最小破断应力为 800MPa，所以圆环链的极限抗拉强度 $S_b=800\text{MPa}$。

则将 S_N、N 及式（6-2）代入 S-N 曲线的表达式（6-1），可得

$$C = (0.9S_b)^m \times 10^3 = (S_N)^m N \tag{6-3}$$

式中，$S_N=183.6\text{MPa}$；$N=3\times10^4$；$S_b=800\text{MPa}$。

取 $m=2.49$，可根据式（6-3）求得参数如下：

$$C = (183.6)^{2.49} \times 3\times10^4 \tag{6-4}$$

得到圆环链的 S-N 曲线为

$$NS^{2.49} = (183.6)^{2.49} \times 3\times10^4 \tag{6-5}$$

圆环链在工作中受到拉应力循环，应力平均值不为 0，因此需考虑平均应力对疲劳性能的影响。在处理非对称应力循环时，常常把它等效成对称循环应力（陈传尧，2002）。

由古德曼直线方程可得

$$\frac{S_a}{S_{-1}}+\frac{S_m}{S_b}=1 \tag{6-6}$$

式中，S_a 为应力幅值；S_{-1} 为对称循环疲劳极限；S_m 为平均应力；S_b 为抗拉强度。

对于给定的 N 次循环寿命的疲劳强度，将式（6-6）中的 S_{-1} 换成 $S_{a(R=-1)}$ 即可，因此可得

$$S_{a(R=-1)}=\frac{S_a}{1-\dfrac{S_m}{S_b}} \tag{6-7}$$

式中，$S_{a(R=-1)}$ 为幅值为 S_a、平均值为 S_m 的应力循环的等效对称应力循环的应力幅值，单位为 MPa。

将式（6-7）代入式（6-1）可得

$$N\left(\frac{S_a}{S_b-S_m}S_b\right)^m=C \tag{6-8}$$

经过以上分析，考虑平均应力对疲劳性能的影响，得到矿用圆环链的 S-N 曲线，进一步分析刨链的疲劳寿命。

6.2.2 疲劳累积损伤理论

对于大多数工程结构或机械，失效是由一系列的变幅循环载荷所产生的疲劳损伤累积造成的。由于随机煤壁作用力及链轮多边形效应等因素影响，刨链在运行中承受较高的动载荷，这种变幅循环载荷作用会引起刨链疲劳。因此，分析刨链在随机动载荷作用下的疲劳，对提高刨链可靠性具有重要意义。

疲劳是零部件在循环载荷作用下损伤累积的过程，损伤是指零部件受损的过程。大多数零部件所受循环载荷的幅值都是变化的，变幅载荷下的疲劳破坏是不同频率和幅值的载荷所造成的损伤逐渐累积的结果，因此依据不同研究结果对损伤累积方式的不同假设，提出了不同的疲劳累积损伤理论。线性疲劳累积损伤理论简单实用，目前应用较多的是著名的 Palmgren-Miner 线性累积损伤法则。

Palmgren-Miner 线性累积损伤法则的基本假设如下（李舜酩，2006）。

（1）损伤正比于循环比。对于单一的应力循环，若用 D 表示损伤，用 n/N 表示循环比，则 $D\propto n/N$。其中，n 表示循环次数，N 表示发生破坏时的寿命。

（2）试件能够吸收的能量达到极限值，导致疲劳破坏。根据这一假设，如果破坏前试件能够吸收的能量极限值为 W，试件破坏前的总循环数为 N；而在某一循环次数时，试件吸收的能量为 W_1，由于试件吸收的能量与其循环次数 n_1 存在正比关系，有

$$\frac{W_1}{W}=\frac{n_1}{N}$$

（3）疲劳损伤可以分别计算，然后再线性叠加。若试件的加载历史由 $\sigma_1,\sigma_2,\cdots,\sigma_r$ 等 r 个不同应力水平构成，各应力水平下的寿命分别为 $N_1,N_2,\cdots,N_r$，各应力水平下的循环次数分别为 $n_1,n_2,\cdots,n_r$，可得

$$D=\sum_{i=1}^{r}\frac{n_i}{N_i} \tag{6-9}$$

式中，n_i 为某应力水平下的循环次数；N_i 为该应力水平下发生破坏时的寿命。

当损伤为 1 时，零部件发生破坏，即

$$D=\sum_{i=1}^{r}\frac{n_i}{N_i}=1 \tag{6-10}$$

（4）加载次序不影响损伤和寿命，即损伤的速度与以前的载荷历程无关。根据刨链的 S-N 曲线，采用 Palmgren-Miner 线性累积损伤法则，计算随机动载荷作用下刨链的累积损伤和疲劳寿命。应用线性疲劳累积损伤理论分析刨链的疲劳寿命，可以在时域内或频域内进行。时域内分析的基本方法是对随机应力进行循环计数，在求得应力循环后，结合材料的疲劳性能，求得各应力循环的疲劳损伤，最后使用 Palmgren-Miner 线性累积损伤法则求得疲劳寿命。该方法思路清晰，结果较精确，但计算量大。频域计算则通过计算应力时间历程的某些统计量，根据经验公式直接估算疲劳累积损伤。对预测随机载荷作用下的结构疲劳寿命，时域中的分析是比较直接的方法，时域计算要利用刨链张力响应计算得到刨链的应力时间历程，用循环计数法统计出实际的应力循环幅值和对应的循环次数，最后由式（6-10）计算相应的疲劳累积损伤，得到疲劳寿命。

6.2.3　雨流计数法

将应力（或载荷）时间历程简化为一系列的全循环和半循环的过程，来计算循环次数的方法，称为计数法，目前使用最多的是雨流计数法。雨流计数法由 Matsuishi 和 Endo 提出，取垂直向下的坐标表示时间，横坐标表示应力。这样，应力时间历程与雨点从宝塔顶向下流动的情况相似。

雨流计数法的计数规则如下（李舜酩，2006）。

（1）重新安排应力时间历程，以最高峰值或最低谷值（视两者的绝对值哪一个更大）为起点。

（2）雨流依次从每个峰（或谷）的内侧向下流，在下一个峰（或谷）处落下，直到对面有一个比其起点更高的峰值（或更低的谷值）时停止。

（3）当雨流遇到来自上面屋顶流下的雨流时，即停止。

（4）取出所有的全循环，并记录下各自的幅值和均值。

对如图 6-1（a）所示的应力时间历程进行分析，以最高峰值 a 点为新时间历程的起点，将 a 点及以后的应力时间历程移到 c 点的前面，这样重排变成图 6-1（b）所示的应力时间历程。把图 6-1（b）的应力时间历程顺时针旋转 90°，变成图 6-1（c）所示的情况。按图 6-1（c）中雨流的流动情况，对应力时间历程进行循环次数计数，最后得到形如图 6-1（d）所示的 4 个全循环。

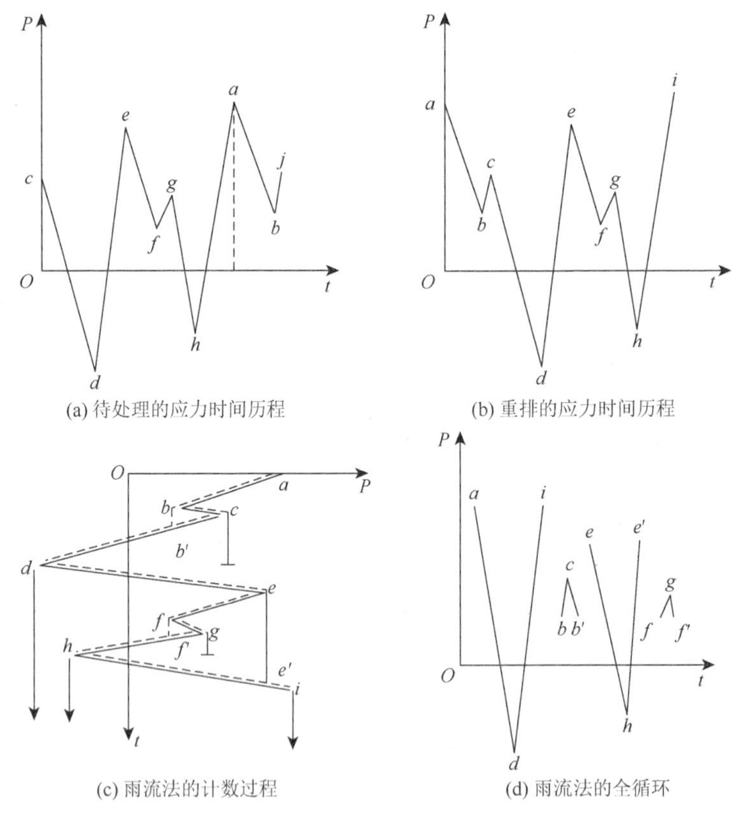

图 6-1　雨流计数法

运用雨流计数法获得应力时间历程的雨流循环，利用疲劳累积损伤理论，可以得出随机应力作用下的疲劳寿命。

6.2.4　不同因素影响下刨链疲劳寿命预测分析

根据 4.2 节中多自由度刨煤机动力学模型，分析随机煤壁作用力、刨链预紧力和链轮多边形效应对刨链疲劳寿命的影响。

通过求解多自由度刨煤机动力学方程，得到刨链张力时间历程，进而得到应力时间历程，由雨流计数法计算程序得到各种应力幅值下的循环次数，采用 Palmgren-Miner 线性累积损伤法则计算刨链疲劳损伤，得到刨链疲劳寿命。

采用 4.3.2 节中的基本仿真参数，给出计算刨链疲劳寿命的算例。在双端驱动条件下，只考虑一个刨削行程，刨削阻力平均值设为 50kN，变异系数为 0.7，装煤阻力为 15KN，刨链预紧力为 60kN，链轮齿数为 7 齿。刨头运行一个行程（从驱动Ⅱ到驱动Ⅰ），工作面长度为 200m，仿真时间为 120s，得到刨头运行前方靠近刨头的刨链张力时间历程和刨链应力时间历程，分别如图 6-2 和图 6-3 所示。

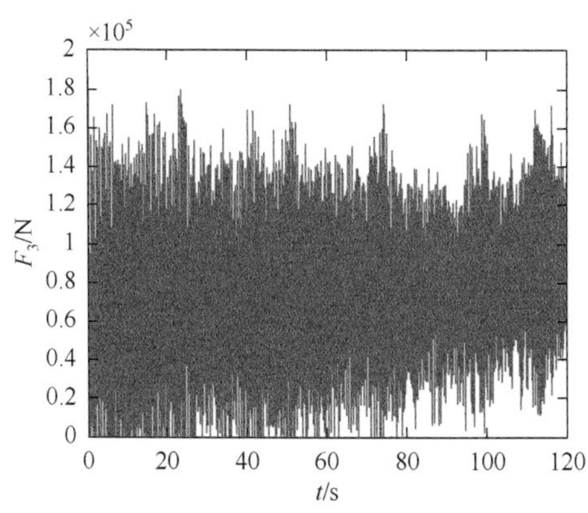

图 6-2　刨头运行前方靠近刨头的刨链张力时间历程

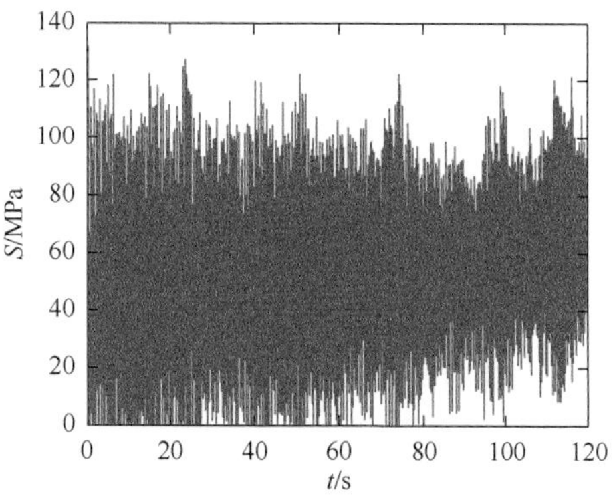

图 6-3　刨头运行前方靠近刨头的刨链应力时间历程

通过雨流计数法程序计算刨链不同应力幅值的循环次数，得到应力幅值的范围如图 6-4 所示，还未对平均应力进行修正，图中纵坐标 N 为应力幅值的循环次数。

通过式（6-8）修正平均应力，计算得到一个行程内的累积损伤为：$D_L = 4.9514\times10^{-6}$。当积累损伤为 1 时，刨链达到破坏，因此可得出刨煤机运行多少个行程后刨链累积损伤为 1，由计算得出共有 $k_L = 2.0196\times10^5$ 个行程。

设井下刨煤机每天工作 18h，则可计算刨链达到损坏时的总工作时间为 $n_c =$ 1.03 年。

另外可计算出刨链破坏前的采煤量。工作面长度 $L = 200\text{m}$，设煤层高度 $H = 1.5\text{m}$，刨削深度 $h = 0.06\text{m}$，煤的实体密度 $\rho = 1.35\text{t/m}^3$，则总产量 Q 为

$$Q = k_L \cdot H \cdot L \cdot h \cdot \rho = 4.9076 \times 10^6 (\mathrm{t})$$

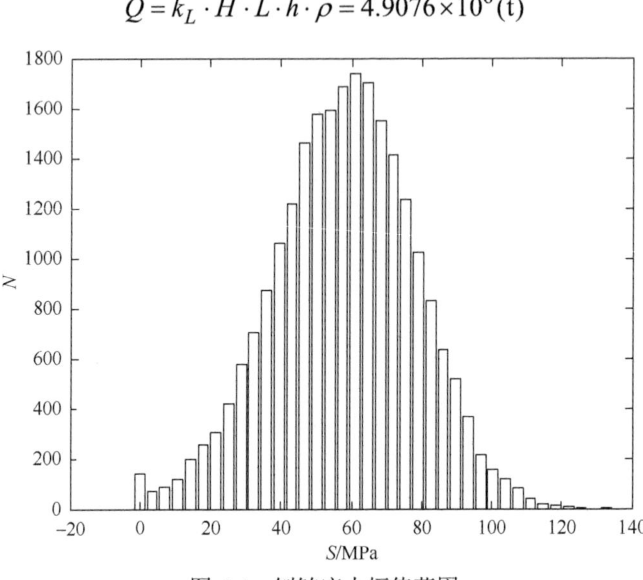

图 6-4　刨链应力幅值范围

以上述算例为基础，通过数值仿真，分析随机煤壁作用力、刨链预紧力和链轮多边形效应对刨链疲劳寿命的影响。在相同刨链预紧力和链轮齿数条件下，考虑双端驱动时，在不同的随机刨削阻力作用下，对刨链的疲劳累积损伤进行计算。刨链预紧力 F_v 为 60kN，刨削阻力变异系数为 0.7，装煤阻力为 15kN，链轮齿数为 7 齿。仿真时间为 120s，按每天工作 18h 计算刨链达到破坏时的工作时间。在不同刨削阻力平均值作用下，刨链一个行程的疲劳累积损伤、破坏时行程数及工作时间如表 6-1 所示。

表 6-1　不同刨削阻力平均值作用下刨链一个行程的疲劳累积损伤、破坏时行程数及工作时间

刨削阻力 F_Z 平均值/kN	一个行程的疲劳累积损伤 D_L	破坏时行程数 k_L/个	破坏时工作时间 n_c/年
20	7.2237×10^{-7}	1.3843×10^{6}	7.02
30	1.776×10^{-6}	5.6307×10^{5}	2.86
50	4.9514×10^{-6}	2.0196×10^{5}	1.03

从表 6-1 可以看出，随着刨削阻力平均值增加，刨链一个行程的疲劳累积损伤增加，增加幅度较大，刨链疲劳寿命降低很快。从 4.3.2 节中的仿真结果看到，增大刨削阻力，刨链张力平均值和幅值波动增大。因此，可以分析得出，刨削阻力平均值的增加降低了刨链疲劳寿命，而且平均应力和幅值变化的双重影响使疲劳寿命降低很快。

在相同随机煤壁作用力和链轮齿数条件下，考虑刨链预紧力的影响，对刨链的疲劳累积损伤进行计算。同样考虑双端驱动时，链轮齿数为7齿，刨削阻力F_Z的平均值为50kN，变异系数为0.7，装煤阻力为15kN。仿真时间为120s，按每天工作18h计算刨链达到破坏时的工作时间。在不同刨链预紧力作用下，刨链一个行程的疲劳累积损伤、破坏时行程数及工作时间如表6-2所示。

表6-2　不同刨链预紧力作用下刨链一个行程的疲劳累积损伤、破坏时行程数及工作时间

刨链预紧力F_v/kN	一个行程的疲劳累积损伤D_L	破坏时行程数k_L/个	破坏时工作时间n_c/年
60	4.9514×10^{-6}	2.0196×10^5	1.03
80	4.4544×10^{-6}	2.245×10^5	1.14
100	3.2805×10^{-6}	3.0483×10^5	1.55

从表6-2可以看出，随着刨链预紧力增加，刨链一个行程的疲劳累积损伤减小，但减小的幅度较缓慢，达到破坏时的行程数增加，疲劳寿命也增加。从4.3.2节中的仿真结果看到，随着刨链预紧力增加，刨链张力平均值增大，但幅值波动减小。因此，可以分析得出：刨链预紧力引起刨链张力幅值波动的变化对刨链疲劳寿命的影响较大，而由刨链预紧力引起的平均应力的变化对刨链疲劳寿命的影响则较小。在实际工作中，可适当增大刨链预紧力值，使刨链张力波动减小，提高刨链疲劳寿命，但同时还要考虑刨链预紧力增大使功率消耗和磨损加剧的因素，因此必须选择合适的刨链预紧力值。

在相同随机煤壁作用力和刨链预紧力作用下，链轮齿数分别为5齿、6齿和7齿，对刨链的疲劳累积损伤进行计算。同样考虑双端驱动时，刨削阻力F_Z的平均值为50kN，变异系数为0.7，装煤阻力为15kN，刨链预紧力F_v为60kN，仿真时间为120s，按每天工作18h计算刨链达到破坏时的工作时间。在不同链轮齿数作用下，刨链一个行程的疲劳累积损伤、破坏时行程数及工作时间如表6-3所示。

表6-3　不同链轮齿数作用下刨链一个行程的疲劳累积损伤、破坏时行程数及工作时间

链轮齿数	一个行程的疲劳累积损伤D_L	破坏时行程数k_L/个	破坏时工作时间n_c/年
5	6.0463×10^{-6}	1.6539×10^5	0.84
6	5.4145×10^{-6}	1.8469×10^5	0.93
7	4.9514×10^{-6}	2.0196×10^5	1.03

从表6-3看出，链轮齿数增加，刨链疲劳累积损伤减少，刨链的疲劳寿命增加，但增加幅度较小。从4.3.2节中的仿真结果可以看到，链轮齿数增加，刨链张力波动减小，降低了刨链动应力幅值。因此，可得出，链轮齿数增加，提高了刨链疲劳寿命，而且链轮多边形效应对刨链疲劳寿命的影响较小。

由以上分析总结得出：刨削阻力平均值增加，疲劳寿命降低；适当增大刨链预紧力或增加链轮齿数均可提高刨链疲劳寿命；随机煤壁作用力和刨链预紧力对刨链的疲劳寿命影响较大，链轮多边形效应对其影响较小。关于刨链张力的实验测试数据及刨链疲劳累积损伤分析在第 7 章中进行详细论述。

6.3　提高刨链可靠性的措施

通过上述分析可见，刨链运行中受到动载荷的作用，随机煤壁作用力、刨链预紧力和链轮多边形效应等因素导致刨链的疲劳破坏，还有一些其他方面因素也会影响刨链可靠性，可以通过提高圆环链的机械性能、创造好的工作面环境、及时检查和更换设备零部件、加强管理和操作及注意刨煤机系统配套问题和煤层条件等问题，来提高刨链运行的可靠性，并积累刨链的使用和维护情况数据，进行进一步的可靠性分析。

通过分析，提高刨链可靠性的措施总结如下。

（1）充分了解煤层性质，结合刨刀破煤机理和受力分析，分析煤壁给予刨刀的随机作用力，采用“量体裁衣”的原则设计刨煤机。

（2）结合刨煤机动力学模型，通过计算和仿真，得到刨链的张力和应力分析，计算刨链疲劳寿命，提供理论指导。

（3）选择合适的运行参数，如刨链预紧力和刨削深度等，使刨链获得较高的疲劳寿命。

（4）通过理论计算仿真和实践经验相结合，给出预防措施，在刨链破坏前定期更换链环，开展预防性维修。

（5）注重圆环链及接链环的性能和生产环节。

（6）加强技术人员培训和生产组织管理。

第 7 章　刨煤机刨削实验

为了研究刨煤机的刨煤过程，当生产现场实验条件不能满足时，实验室实验是非常有效的手段，能够验证理论分析和仿真的结果。我国于 2006 年建立了第一座刨煤机综合实验台，至今已完成多项刨煤机刨削实验。

7.1　刨煤机综合实验台简介

刨煤机综合实验台由刨煤机、刮板输送机、皮带运输机、转载机、液压推移系统及人工煤壁等组成。刨煤机、刮板输送机、推移油缸及人工煤壁等在倾斜的水泥台面上，水泥台面与地面之间的倾角 α 为 2.6°。刨煤机综合实验台简图如图 7-1 所示。刮板输送机的电动机功率为 40kW，由于空间限制，刮板输送机由九节中部溜槽和机头机尾过渡槽等组成，总长度为 22.3m。刨煤机、皮带运输机和转载机等为自行研制。研制的刨煤机是下链牵引滑行刨煤机，采用单端驱动的方式，电动机功率为 75kW；采用两级圆锥圆柱齿轮减速器，传动比为 8；刨链使用规格为 18×64 的圆环链。刨头最小高度为 0.5m，最大高度为 1m，刨头速度通过变频器调整。

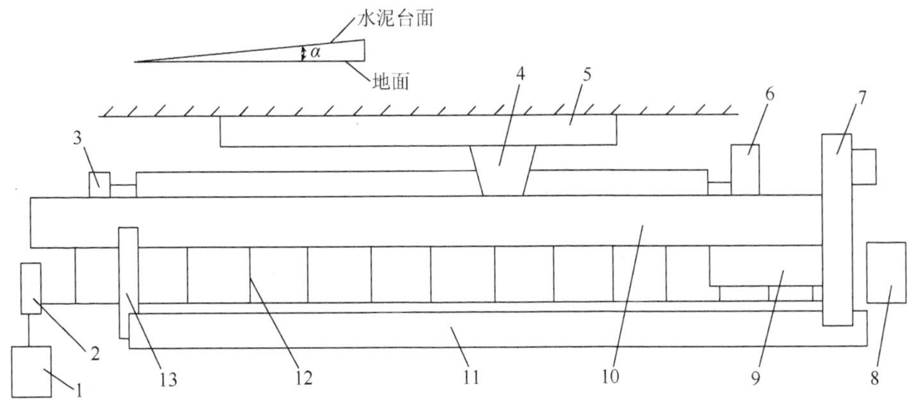

图 7-1　刨煤机综合实验台简图

1-泵站；2-液压阀控制台；3-刨煤机机尾装置；4-刨头；5-人工煤壁；6-刨煤机机头驱动装置；7-转载机；8-电控操作台；9-刮板输送机驱动部；10-刮板输送机；11-皮带运输机；12-推移油缸；13-卸载槽

人工煤壁由水泥和煤矸石颗粒配比而成，煤壁长 7.78m，宽 0.935m，高 1.29m。由于井下的煤壁有层理、节理及顶板压酥，而人工煤壁没有层理和节理，物理机械性质与煤层有异，强度要比真实煤壁稍高。刚建成时的刨煤机综合实验台如图 7-2（a）所示，经过多次实验，逐渐完善的刨煤机综合实验台如图 7-2（b）所示。

(a) 刚建成时的实验台

(b) 逐渐完善的实验台

图 7-2　刨煤机综合实验台

7.2　刨煤机刨链张力测试及刨链疲劳累积损伤分析

采用自行设计研制的刨煤机综合实验台进行刨链张力测试。通过测试得到在不同刨削深度情况下刨链张力的变化规律，并与 4.2 节中建立的动力学模型仿真结果进行比较，对刨煤机动力学及刨链可靠性等研究具有重要意义。

7.2.1　测试系统

刨链张力测试系统如图 7-3 所示，张力数据由屏蔽电缆传输至计算机，数据存储后，进行数据处理。

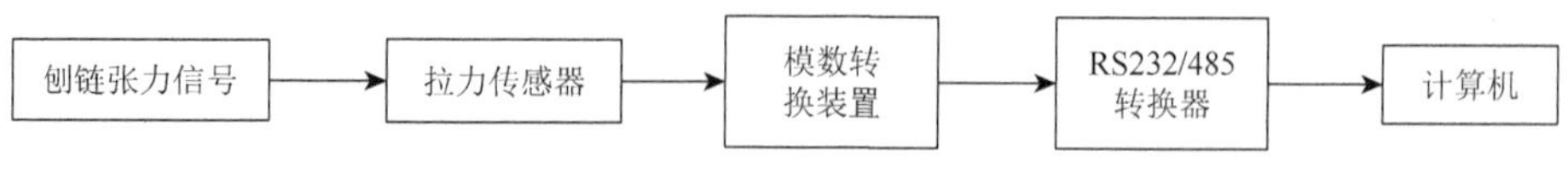

图 7-3　刨链张力测试系统

测试刨链张力的拉力传感器接入位置如图 7-4 所示。刨头由机头位置开始向机尾方向运行，在刨头运行前方的一侧，将刨头和刨链连接处的接链环断开，接入拉力传感器。

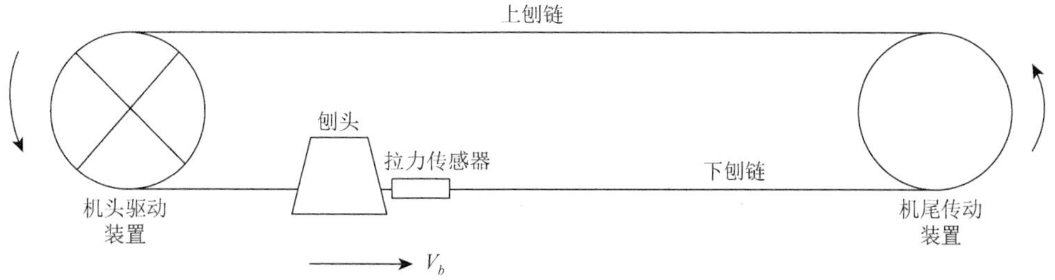

图 7-4　拉力传感器接入位置

测试设备中，拉力传感器和数据采集装置如图 7-5 所示，采用 CFBLZ 型柱式拉力传感器，量程为 0～10t，输出电压为 mV，灵敏度为 1.184，精度为 0.05%。数据采集装置型号为 XSB-A-H1MB3S2V0。编制串口程序得到拉力数据后，采用 MATLAB 软件进行处理。布置传感器和采集装置的刨煤机如图 7-6 所示。

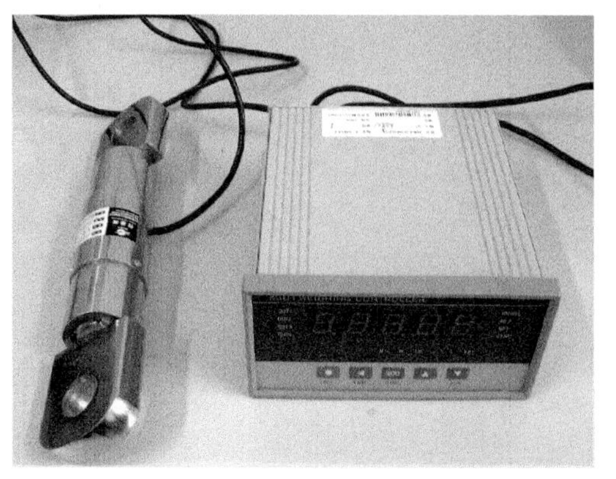

图 7-5　拉力传感器和数据采集装置

图 7-6　布置传感器和采集装置的刨煤机

7.2.2　实验过程

刨煤机机头链轮中心与机尾链轮中心距离为 15.34m。刨头速度由变频器控制，当频率设定为 20Hz 时，可得刨头速度为 1.117m/s。在电控操作台控制刨煤机，首先启动变频器和电动机，然后刨头按设定速度沿滑架运行，到机尾一侧接触到行程开关，断电停止。完成一次刨削后，控制刨煤机反向运行回到机头一侧，然后根据实验要求，确定刨削深度，用推移系统向人工煤壁方向推移刮板输送机，尽量调整平直，减少摩擦阻力，以保证刨煤机稳定运行，然后进行下一个刨削过程。采集数据和刨头刨削煤壁的情况分别如图 7-7 和图 7-8 所示。

图 7-7　采集数据

图 7-8　刨头刨削煤壁

7.2.3　刨链张力测试结果分析

在不同刨削深度情况下进行刨链张力测试实验。刨链初张力为 2254N，当平均刨削深度为 3mm、5.75mm、10.4mm 时，得到刨链张力测试曲线分别如图 7-9～图 7-11 所示。

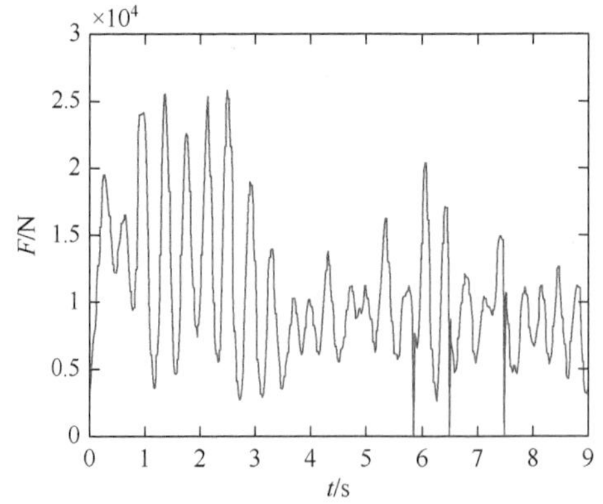

图 7-9　平均刨削深度为 3mm 时的刨链张力测试曲线

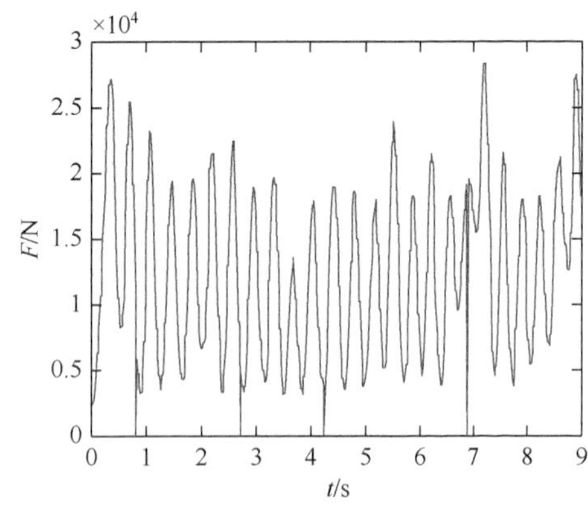

图 7-10　平均刨削深度为 5.75mm 时的刨链张力测试曲线

下面对实验测得的刨链张力曲线，与通过刨煤机动力学模型得到的刨链张力仿真结果进行比较分析。首先需建立实验条件下的刨煤机动力学方程，如前所述，由于刨煤机置于倾角为 α 的水泥台面上，而且是单端电机驱动，得到实验室条件下的刨煤机动力学方程如式（7-1）所示。

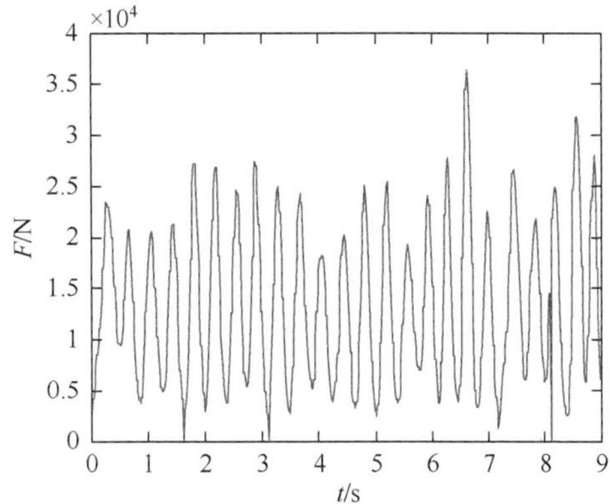

图 7-11　平均刨削深度为 10.4mm 时的刨链张力测试曲线

$$
\begin{cases}
J_2\ddot{\varphi}_2 + F_6(x_2,x_4,\varphi_2,\dot{x}_2,\dot{x}_4,\dot{\varphi}_2,t)R_2 - F_1(x_1,x_2,\varphi_2,\dot{x}_1,\dot{x}_2,\dot{\varphi}_2,t)R_2 = M_2(\dot{\varphi}_2) \\
m_1\ddot{x}_1 + \dfrac{\mathrm{d}m_1}{\mathrm{d}t}\dot{x}_1 + F_1(x_1,x_2,\varphi_2,\dot{x}_1,\dot{x}_2,\dot{\varphi}_2,t) - F_2(x_1,x_2,\dot{x}_1,\dot{x}_2,t) = -F_{\mu 1}(\dot{x}_1,x_2) + F_{m1} \\
m_2\ddot{x}_2 + F_2(x_1,x_2,\dot{x}_1,\dot{x}_2,t) - F_3(x_2,x_3,\dot{x}_2,\dot{x}_3,t) = -F_{\mu 2}(\dot{x}_2,t) - F_L(\dot{x}_2) + F_{m2} - F_Z(\dot{x}_2,t) \\
m_3\ddot{x}_3 + \dfrac{\mathrm{d}m_3}{\mathrm{d}t}\dot{x}_3 + F_3(x_2,x_3,\dot{x}_2,\dot{x}_3,t) - F_4(x_2,x_3,\varphi_1,\dot{x}_2,\dot{x}_3,\dot{\varphi}_1,t) = -F_{\mu 3}(\dot{x}_3,x_2) + F_{m3} \\
J_1\ddot{\varphi}_1 + F_4(x_2,x_3,\varphi_1,\dot{x}_2,\dot{x}_3,\dot{\varphi}_1,t)R_1 - F_5(x_2,x_4,\varphi_1,\dot{x}_2,\dot{x}_4,\dot{\varphi}_1,t)R_1 = 0 \\
m_4\ddot{x}_4 + F_5(x_2,x_4,\varphi_1,\dot{x}_2,\dot{x}_4,\dot{\varphi}_1,t) - F_6(x_2,x_4,\varphi_2,\dot{x}_2,\dot{x}_4,\dot{\varphi}_2,t) = -F_{\mu 4}(\dot{x}_4) - F_{m4}
\end{cases}
\tag{7-1}
$$

式中，F_{m1} 为机头驱动装置和刨头之间刨链重力的分力，单位为 N，$F_{m1} = m_1 g\sin\alpha$；$F_{\mu 1}(\dot{x}_1, x_2)$ 为机头驱动装置和刨头之间刨链的摩擦力，单位为 N，$F_{\mu 1}(\dot{x}_1, x_2) = \mu_c \cdot m_1(x_2) g\cos\alpha\,\mathrm{sgn}\,\dot{x}_1$；$F_{m2}$、$F_{\mu 2}(\dot{x}_2, t)$ 分别为刨头重力的分力和刨头的摩擦力，单位为 N，$F_{m2} = m_2 g\sin\alpha$，$F_{\mu 2}(\dot{x}_2, t) = \mu_b m_2 g\cos\alpha\mathrm{sgn}\dot{x}_2 + \mu_X F_X(\dot{x}_2, t)\mathrm{sgn}\dot{x}_2$；$F_{m3}$ 为机尾传动装置和刨头之间刨链重力的分力，单位为 N，$F_{m3} = m_3 g\sin\alpha$；$F_{\mu 3}(\dot{x}_3, x_2)$ 为机尾传动装置和刨头之间刨链的摩擦力，单位为 N，$F_{\mu 3}(\dot{x}_3, x_2) = \mu_c m_3(x_2) g\cos\alpha\,\mathrm{sgn}\,\dot{x}_3$；$F_{m4}$ 为机头驱动装置和机尾传动装置之间刨链重力的分力，单位为 N，$F_{m4} = m_4 g\sin\alpha$；$F_{\mu 4}(\dot{x}_4)$ 为机头驱动装置和机尾传动装置之间刨链的摩擦力，单位为 N，$F_{\mu 4}(\dot{x}_4) = \mu_c m_4 g\cos\alpha\,\mathrm{sgn}\,\dot{x}_4$。

由于刨屑很少并且细碎，完全散落在底板上，未形成刨头运行前方的散料堆，这里近似认为装煤阻力 F_L 为 0，但对仿真结果无影响。

根据建立的多自由度动力学方程（7-1），通过 MATLAB/Simulink 进行求解和仿真，求得系统的动态响应，得到刨链张力。仿真基本参数为：刨链规格为 18×64；刨链单位长度质量 $q = 6.6\text{kg/m}$；刨链截面面积 $A_L = 5.089\times10^{-4}\ \text{m}^2$；刨链刚度系数 $k = 2.84\times10^{7}\ \text{N/m}$；阻尼系数为 500N·s/m；链轮齿数 $N_L = 7$，链轮半径为 $R_1 = R_2 =$

0.144m；机尾传动装置、机头驱动装置的等效转动惯量分别为 $J_1 = 1.4\text{kg}\cdot\text{m}^2$、$J_2 = 73.5\text{kg}\cdot\text{m}^2$；电机功率 $P_e = 75\text{kW}$；同步转速 $n_0 = 1500\text{r/min}$；额定转速 $n_e = 1480\text{r/min}$；$k_m = 2.2$；传动效率 $\eta = 0.9$；传动比 $i = 8$；$L = 15.34\text{m}$；$L_0 = 2\text{m}$；刨头质量 $m_2 = 1.8\times10^3\text{ kg}$；刨头与滑架之间的摩擦系数 $\mu_b = 0.5$；刨刀与人工煤壁之间的摩擦系数 $\mu_X = 0.3$；刨链与滑架之间的摩擦系数 $\mu_c = 0.25$；侧向力系数 $K_X = 0.15$；位移初值 $\varphi_1(0) = \varphi_2(0) = x_1(0) = x_2(0) = x_3(0) = x_4(0) = 0$，速度初值 $\dot{\varphi}_1(0) = 1.117/R_1$、$\dot{\varphi}_2(0) = 1.117/R_2$，$\dot{x}_1(0) = \dot{x}_2(0) = \dot{x}_3(0) = \dot{x}_4(0) = 1.117$。

计算不同刨削深度情况下的刨削阻力，所用到的主要参数为：抗截强度 $A = 1500\text{N/cm}$，刨刀工作部分计算宽度 $b = 15\text{mm}$，截割一侧的刨刀平均间距 $t = 7.8\text{cm}$，其他系数按相应的条件取值。

当实际平均刨削深度为 3mm 时，所有刨刀受力为 $F = 1574\text{N}$，则仿真时刨削阻力平均值取为 1574N，变异系数为 0.7，得到呈正态分布的随机刨削阻力，刨头运行前方靠近刨头一侧的刨链张力如图 7-12 所示。当实际平均刨削深度为 5.75mm 时，所有刨刀受力为 $F = 3453\text{N}$，则仿真时刨削阻力平均值取为 3453N，变异系数为 0.7，得到呈正态分布的随机刨削阻力，刨头运行前方靠近刨头一侧的刨链张力如图 7-13 所示。当实际平均刨削深度为 10.4mm，所有刨刀受力为 $F = 4865\text{N}$ 时，仿真时刨削阻力平均值取为 4865N，变异系数为 0.7，得到呈正态分布的随机刨削阻力，刨头运行前方靠近刨头一侧的刨链张力如图 7-14 所示。

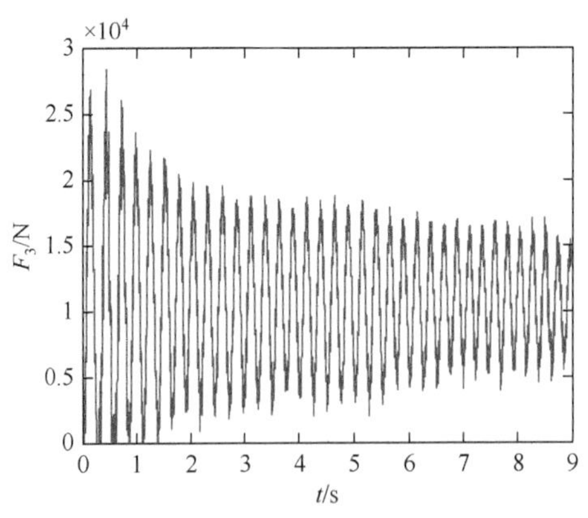

图 7-12　平均刨削深度为 3mm 时的刨链张力

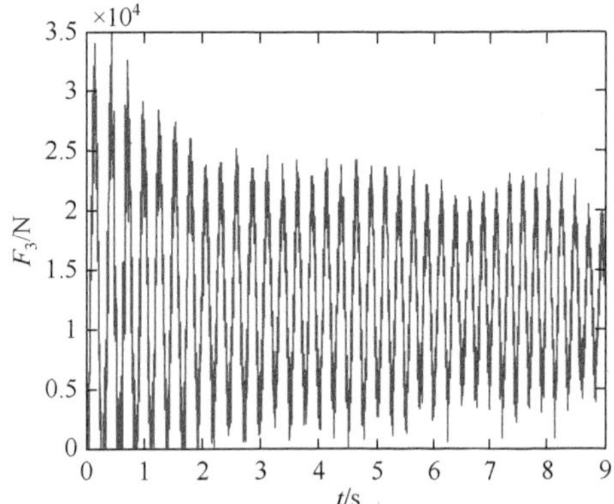

图 7-13　平均刨削深度为 5.75mm 时的刨链张力

由实验曲线及仿真曲线得到的刨链张力的平均值、标准差、均方根值、变异系数及其相对偏差如表 7-1 所示。

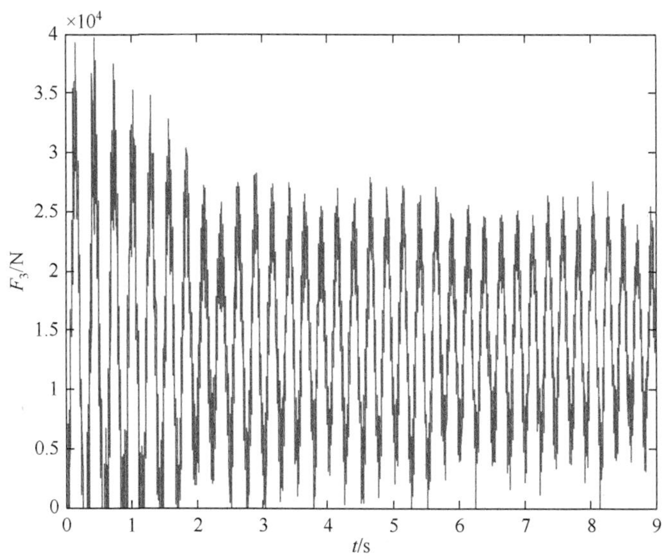

图 7-14　平均刨削深度为 10.4mm 时的刨链张力

表 7-1　刨链张力实验和仿真曲线统计

刨削深度/mm	刨链张力											
	平均值/N		相对偏差/%	标准差/N		相对偏差/%	均方根值/N		相对偏差/%	变异系数		相对偏差/%
	实验值	仿真值		实验值	仿真值		实验值	仿真值		实验值	仿真值	
3	10543	10797	2.41	5219.3	5341.3	2.34	11762	12046	2.41	0.4950	0.4947	−0.06
5.75	12489	12885	3.17	6472.1	6943.8	7.29	14063	14636	4.07	0.5182	0.5389	3.99
10.4	13409	14483	8.01	7737.8	7939.2	2.60	15478	16515	6.70	0.5770	0.5482	−4.99

从实验曲线和表 7-1 中的实验数据统计值来看，随着刨削深度增加，即刨削阻力增大，刨链张力的平均值增加，刨链张力的幅值波动增大。这与 4.3.2 节中数值仿真结果是一致的，与第 4 章中单自由度和多自由度动力学模型仿真得到的刨链张力变化规律也是一致的。

从实验和仿真曲线可以看到，随机煤壁作用力下的多自由度动力学方程得到的刨链张力响应曲线与实验曲线的规律较为符合。实验的煤壁为人工合成，各种性质和真实的煤壁存在一定的差距，溜槽推移不是很平直，而且刨头和滑架之间的摩擦力也较大，以及各种参数的选取和实验工况比较复杂，导致刨头的受力出现不均匀的情况。因此，利用动力学模型得到的仿真结果和实验曲线有一些差别，这是必然的，但总体趋势是一致的。又因为刨削人工煤壁过程受到随机的作用力，所以得到的刨链张力信号也是随机的，仿真曲线和实验随机信号的数字特征也比较接近，验证了建立的动力学模型符合实际情况。

7.2.4 刨链疲劳累积损伤分析

根据 7.2.3 节中的实验数据和仿真数据，分析不同刨削深度情况下的刨链疲劳累积损伤。首先由实验得到的刨链张力曲线和仿真曲线数据计算刨链应力时间历程，然后按照雨流计数法编制的程序获得刨链应力幅值循环次数，采用 Palmgren-Miner 疲劳累积损伤法则，计算不同刨削深度下的刨链一个行程疲劳累积损伤及破坏时行程数的实验和仿真数据，如表 7-2 所示。

表 7-2 不同刨削深度下的刨链一个行程疲劳累积损伤及破坏时行程数的实验和仿真数据

刨削深度/mm	一个行程的疲劳累积损伤 D_L		破坏时行程数 k_L/个	
	实验数据	仿真数据	实验数据	仿真数据
3	2.4931×10^{-9}	2.5575×10^{-9}	4.011×10^{8}	3.9101×10^{8}
5.75	1.6285×10^{-8}	1.5927×10^{-8}	6.1407×10^{7}	6.2788×10^{7}
10.4	5.2123×10^{-8}	5.1041×10^{-8}	1.9185×10^{7}	1.9592×10^{7}

由表 7-2 可以看到，实验情况下，随着刨削深度增大，即刨链承受的刨削阻力增加，刨链的累积损伤增加，与 6.2.4 节中对随机刨削阻力作用下刨链累积损伤的仿真预测结果得到的规律是一致的。因此，可以直接通过实验曲线或仿真曲线得到刨链应力的时间历程，进而计算刨链的疲劳累积损伤和疲劳寿命。分析不同工况参数对刨链疲劳寿命的影响，对刨煤机采煤过程有非常重要的指导意义，可据此开展预防性维修，采取具体措施提高刨链可靠性。

7.3 刨煤机功率测试实验及能耗分析

针对刨削时和非刨削时两种情况，并考虑几种主要参数的影响，对刨煤机功率进行测试，分析刨煤机的能耗变化规律。

7.3.1 刨削时刨煤机功率测试及能耗分析

利用自行研制的刨煤机实验台进行刨煤机功率测试。刨煤机实验台装机功率较小，因此实验是在较小的刨削深度下进行的。将转矩传感器安装在电动机和减速器之间，安装的转矩传感器、安装转矩传感器的传动装置及刨头刨削煤壁情况分别如图 7-15～图 7-17 所示。转矩传感器型号为 JN338-2000AE，并通过转矩转速测量卡将转矩、转速和功率数据采集到计算机上，然后通过 MATLAB 软件函数对刨煤机功率数据进行分析，得到刨煤机能耗。

图 7-15 安装的转矩传感器

图 7-17 刨头刨削煤壁情况

图 7-16 安装转矩传感器的传动装置

对于不同的煤层抗截强度，刨煤机功率测试实验曲线如图 7-18 所示。实验时，电机电源频率 $f = 20\text{Hz}$（刨头速度为 1.117m/s），刨链预紧力为 1764N，平均刨削深度为 4.6mm。三段不同硬度的煤壁长度相同，均为 2.593m，其各段煤壁的煤层抗截强度 A 值分别为 132N/mm、264N/mm 和 396N/mm。通过分析得到不同抗截强度下的刨煤机平均功率、能耗及单位能耗如表 7-3 所示。实验煤壁很硬，刨削深度很小，因此单位能耗较高。实验结果表明，随着抗截强度增大，刨煤机能耗和单位能耗的增加幅度较大。

表 7-3 不同抗截强度下刨煤机平均功率、能耗及单位能耗

抗截强度 A/(N/mm)	平均功率/kW	刨煤机能耗/(kW·h)	刨煤机单位能耗/(kW·h/m^3)
132	16.2416	0.0105	1.7542
264	20.5738	0.0133	2.2229
396	25.7402	0.0166	2.7831

(a) $A=132$N/mm

(b) $A=264$N/mm

(c) $A=396$N/mm

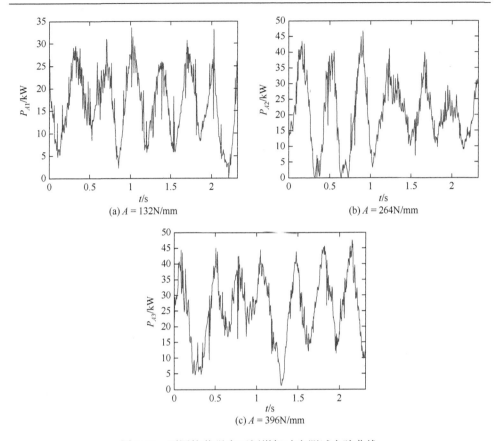

图 7-18　不同抗截强度下刨煤机功率测试实验曲线

当只考虑 $A=264$N/mm 的煤壁段，刨削深度 h 分别为 1mm、4.5mm 和 7.25mm 时的刨煤机功率测试实验曲线如图 7-19 所示，分析得到刨煤机平均功率、能耗及单位能耗如表 7-4 所示。可以看出，随着刨削深度增大，能耗随之增加，但单位能耗降低很明显。

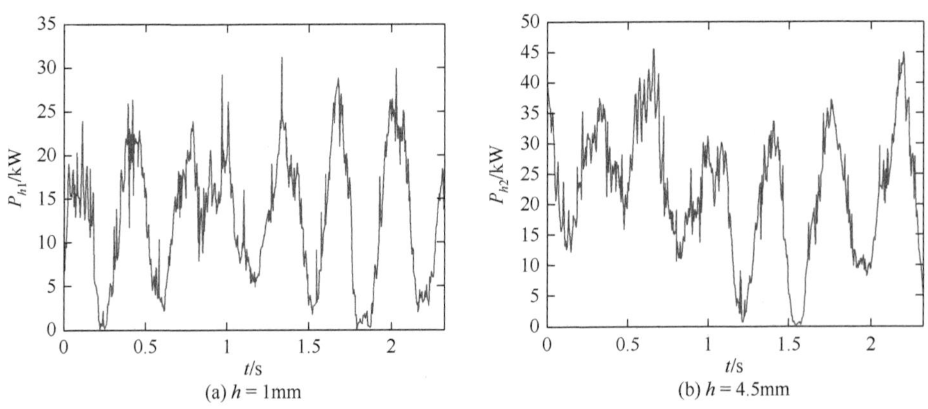

(a) $h=1$mm

(b) $h=4.5$mm

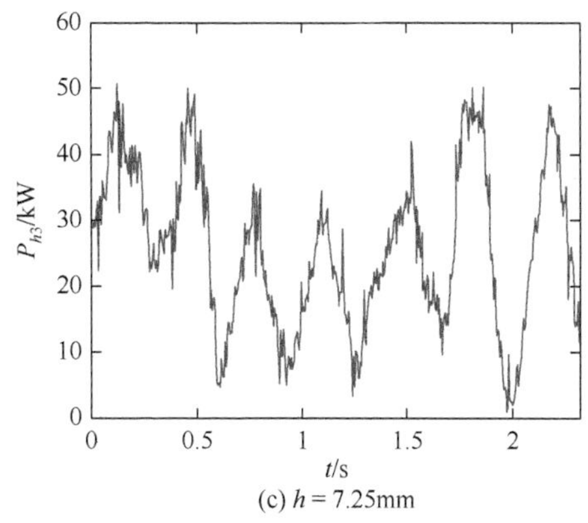

(c) $h = 7.25$mm

图 7-19　不同刨削深度下刨煤机功率测试实验曲线

表 7-4　不同刨削深度下刨煤机平均功率、能耗及单位能耗

刨削深度 h/mm	平均功率/kW	刨煤机能耗/(kW·h)	刨煤机单位能耗/(kW·h/m^3)
1	12.8363	0.0083	6.3920
4.5	22.1696	0.0143	2.4534
7.25	25.6834	0.0166	1.7613

通过分析上述不同抗截强度和刨削深度时的能耗和单位能耗实验结果，可以看到其与第 5 章中理论仿真分析得到的规律一致。

7.3.2　非刨削时刨煤机功率测试及能耗分析

对非刨削时的刨煤机功率进行测试，可以分析刨链预紧力对刨煤机消耗功率的影响。同时，也可以避免在刨削状态时一些不确定因素的干扰。刨煤机机头机尾链轮中心距离为 15.34m，刨头质量为 1800kg。实验时，在不同刨链预紧力条件下测试刨煤机功率，刨煤机运行一个行程（从机头至机尾），在刨头速度不变，电机电源频率 $f = 30$Hz（刨头速度为 1.6759m/s）的条件下，得到非刨削时，刨链预紧力 F_v 分别为 2.058kN、4.018kN 和 5.978kN 时的刨煤机功率测试实验曲线如图 7-20 所示，分析得到不同刨链预紧力下刨煤机的平均功率和能耗如表 7-5 所示。

由上述实验测试结果可以看到，随着刨链预紧力增加，刨煤机平均功率增加，能耗也增加。根据实验条件参数，由式（5-10）可计算出刨链理想预紧力 $F_{vi} = 3.748$kN，由表 7-5 可以看到，当施加的刨链预紧力小于或接近理想预紧力时，刨煤机能耗增加较均匀，不是很明显，然而当刨链预紧力超出理想预紧力时，刨煤机能耗增加很大，实验结果与 5.2 节中仿真结果得到的规律一致。因此，可以根据理论仿真和实验分析指导刨煤机的设计和使用。

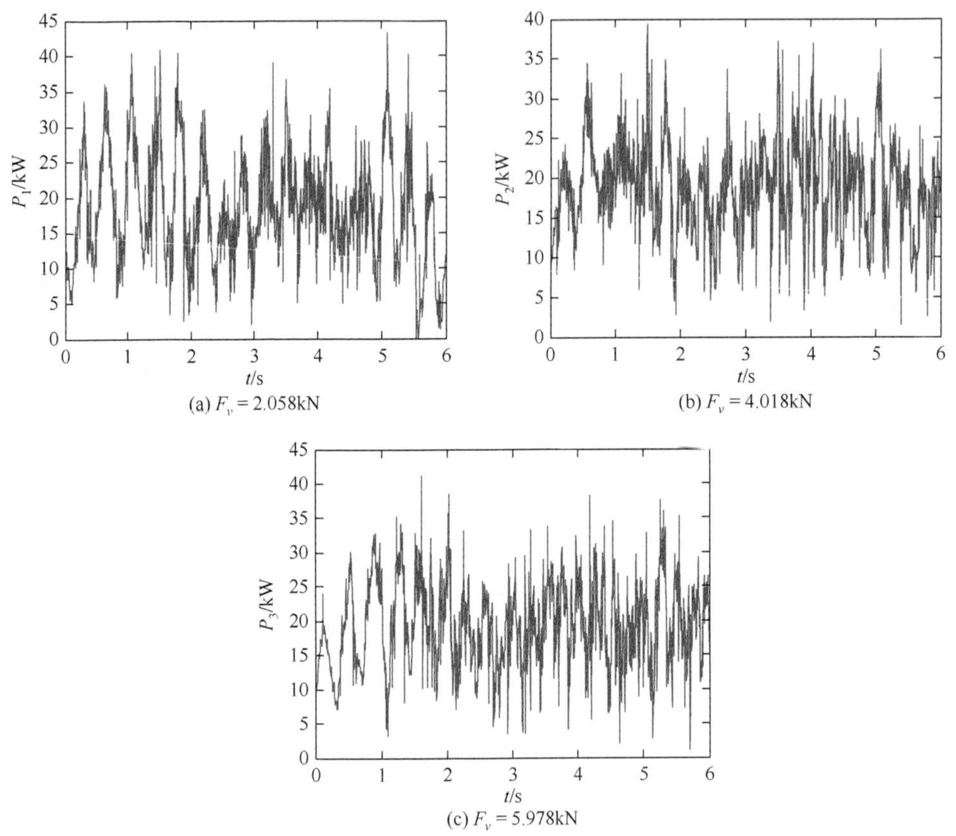

(a) $F_v = 2.058$kN　(b) $F_v = 4.018$kN　(c) $F_v = 5.978$kN

图 7-20　不同刨链预紧力下刨煤机功率测试实验曲线

表 7-5　非刨削时不同刨链预紧力下刨煤机平均功率和能耗

刨链预紧力 F_v/kN	平均功率/kW	刨煤机能耗/(kW·h)
2.058	18.3760	0.0306
4.018	18.5704	0.0309
5.978	19.3010	0.0322

7.4　刨煤机综采工作面假壁刨削实验

2015 年 1 月，由辽宁工程技术大学机械工程学院、建筑工程学院与中国煤矿机械装备有限责任公司共同承担的“国家能源采掘装备研发实验中心”项目在中煤张家口煤矿机械有限公司正式通过国家能源局的验收，该研发实验中心如图 7-21 所示。

图 7-21　国家能源采掘装备研发实验中心

“国家能源采掘装备研发实验中心”是由国家能源局批复的我国煤炭行业唯一的国家能源研发中心，总装机功率为 7500kW，是目前世界上较大的采掘成套装备联动实验室之一，具备模拟井下采煤工作面实际工况的能力。该研发实验中心完成了世界首创的模拟煤矿井下实际工况环境建设，搭建了国际领先水平的煤机装备实验、测试平台，为煤炭采掘装备领域提供了实验、测试及检验技术服务平台，为产学研用合作提供了基础条件，对提升我国煤炭采掘机械设备技术创新能力具有重要意义。该研发实验中心装备有采煤机工作面成套装备和刨煤机工作面成套装备。在该研发实验中心进行的刨煤机综采工作面假壁刨削实验如图 7-22 所示，其中假壁长度为 70m，高度为 1.5m，安装的实验刨煤机型号为 BH38/2×400。

图 7-22　刨煤机综采工作面假壁刨削实验

该研发实验中心的关键在于假壁，借助浇筑材料的适当组配，通过特殊的施工工艺，力求假壁高度接近井下煤层的构造特点和物理机械性质，确保在实验过程中采煤机械对假壁的刨削（截割）工况趋近于井下煤壁。该研发实验中心的建成结束了我国采煤机械用井下工业性试验代替地面截割加载实验的历史，这将有力地促进我国采煤机械的研发和创新，更好地实施个性化设计与制造，进而满足不同用户的不同需求，对缩短研发周期、提高采煤机械可靠性也尤为重要。

第 8 章　刨煤机的设计理论与方法

刨煤机的设计理论和方法是刨煤机设计制造和应用的基础和依据，刨煤机的工况参数确定和刨头结构设计是其中的重要组成部分。因此，应慎重选取和确定刨煤机工况参数和刨头结构参数，并且需要经过反复多次计算才能确定。关于刨刀和刨头受力分析计算、刨头稳定性、刨链预紧力分析计算等内容在第 3 章各节中已有详细论述，因此本章在刨煤机静力学分析基础上，探讨刨煤机的工况参数确定和刨头结构设计。

8.1　刨煤机工况参数

刨煤机的基本工况参数有刨头速度、输送机链速、刨削深度、刨煤机理论生产能力、输送机理论输送能力等。下面首先介绍与这些参数息息相关的刨煤机运行方式，然后详细分析这些参数及其确定方法。

8.1.1　刨煤机运行方式

按刨煤机刨头速度 V_b 和工作面刮板输送机（本章简称为输送机）链速 V_s 之间的关系，刨煤机的工作方式可分为以下几种。

1. 低速刨煤法

低速刨煤法又称为普通刨煤法、常速刨煤法。低速刨煤法的特点是：刨头速度 V_b 小于输送机链速 V_s，并且刨头速度 V_b、输送机链速 V_s 和刨削深度 h 在刨头上、下行刨煤过程中不变。

2. 高速刨煤法

高速刨煤法又称为超速刨煤法，其特点是：刨头速度 V_b 大于输送机链速 V_s，并且刨头速度 V_b、输送机链速 V_s 和刨削深度 h 在刨头上、下行刨煤过程中不变。高速刨煤法是目前应用较普遍的方法。

3. 组合刨煤法

组合刨煤法指采用低速刨煤法与高速刨煤法相结合的方式，上、下行采用不同的刨头速度，又可以分为以下三种情况：

1）组合刨煤法 1

此方法采用两种刨头速度（上行刨头速度 V_{bs}、下行刨头速度 V_{bx}）和两种刨削深度（上行刨削深度 h_s、下行刨削深度 h_x）。上行时，$V_{bs}>V_s$，刨削深度为 h_s；下行时，$V_{bx}<V_s$，刨削深度为 h_x。输送机链速 V_s 在刨头上、下行刨煤过程中保持不变。

2）组合刨煤法 2

此方法采用两种刨头速度，上行时，$V_{bs}>V_s$；下行时，$V_{bx}<V_s$。刨头上、下行刨煤过程中，输送机链速 V_s 和刨削深度 h 不变。

3）组合刨煤法 3

此方法采用两种刨头速度、两种刨削深度和两种输送机链速（上行输送机链速 V_{ss}、下行输送机链速 V_{sx}）。上行时，$V_{bs}>V_{ss}$，刨削深度为 h_s；下行时，$V_{bx}<V_{sx}$，刨削深度为 h_x。

8.1.2　刨煤机理论生产能力与输送机理论输送能力

1. 刨煤机理论生产能力

刨煤机理论生产能力是根据用户要求的生产能力及实际生产经验等确定的。刨煤机理论生产能力 Q_t 如式（8-1）所示：

$$Q_t = 3600HhV_b\rho \tag{8-1}$$

式中，H 为工作面煤层厚度，单位为 m；h 为刨削深度，单位为 m；V_b 为刨头速度，单位为 m/s；ρ 为煤的实体密度，单位为 t/m^3。

2. 输送机理论输送能力

输送机理论输送能力是根据刨煤机理论生产能力，并结合工作面煤层等情况确定的。输送机理论输送能力 Q_s 可表示为

$$Q_s = 3600A_0k_\psi V_s\rho_s \tag{8-2}$$

式中，A_0 为输送机允许的装载断面积，单位为 m^2；k_ψ 为输送机溜槽充满系数；V_s 为输送机链速，单位为 m/s；ρ_s 为煤的松散密度，单位为 t/m^3。

8.1.3　刨头速度与输送机链速

1. 低速刨煤法刨头速度与输送机链速确定

一般情况下，输送机链速变化范围较小，因此首先根据用户要求的生产能力 Q（$Q_t \geq Q$）来选择输送机链速和允许的装载断面积 A_0，即由 Q 来确定输送机输送能力 Q_s，进而确定输送机链速，然后确定刨头速度。

设刨头速度与输送机链速之比为

$$k_v = \frac{V_b}{V_s} \tag{8-3}$$

设刨煤时上行和下行装载一次的断面积分别为 A_s、A_x，低速刨煤法刨煤过程中，A_s、A_x 分别表示为

$$A_s = \frac{HhV_bk_s}{V_b + V_s}, \quad A_x = \frac{HhV_bk_s}{|V_s - V_b|} \tag{8-4}$$

式中，k_s 为煤的松散系数，$k_s = \dfrac{\rho}{\rho_s}$。

对于低速刨煤法，上行、下行各出现一次装载，且下行输送机装载的断面积 A_x 较大，以 A_x 作为输送机允许的装载断面积 A_0，并将式（8-3）代入，得

$$A_0 = A_x = \frac{Hhk_vk_s}{|1 - k_v|} \tag{8-5}$$

设装载均匀性系数 k_p 为刨煤机理论生产能力与输送机理论输送能力之比，则

$$k_p = \frac{Q_t}{Q_s} \tag{8-6}$$

将式（8-1）～式（8-2）、式（8-5）代入式（8-6），得

$$k_p = \frac{1 - k_v}{k_\psi} \tag{8-7}$$

因此，得到

$$k_v = 1 - k_pk_\psi \tag{8-8}$$

即可在 V_s 确定的情况下由式（8-8）求得刨头速度。

2. 高速刨煤法刨头速度与输送机链速确定

对于高速刨煤法，确定 V_s 后，目前刨头速度是输送机链速的 2～3 倍，最多出现 3 次装载，因此将 $2A_s + A_x$ 作为输送机允许的装载断面积 A_0，并将式（8-3）代入，可得

$$A_0 = \frac{Hhk_sk_v(3k_v - 1)}{k_v^2 - 1} \tag{8-9}$$

进一步得到 k_p 为

$$k_p = \frac{k_v^2 - 1}{k_\psi(3k_v - 1)} \tag{8-10}$$

因此，可得

$$k_v = \frac{3k_pk_\psi + \sqrt{9k_p^2k_\psi^2 - 4k_pk_\psi + 4}}{2} \tag{8-11}$$

即可求得刨头速度。

3. 组合刨煤法刨头速度与输送机链速确定

1）组合刨煤法 1

对于组合刨煤法 1，上、下行刨煤采用不同刨削深度，刨煤机理论生产能力 Q_t 如式（8-12）所示。

$$Q_t = 3600 H h_p V_{bp} \rho \tag{8-12}$$

式中，h_p 为上、下行平均刨削深度，如式（8-13）所示；V_{bp} 为上、下行平均刨头速度，如式（8-14）所示。

$$h_p = \frac{h_s + h_x}{2} \tag{8-13}$$

$$V_{bp} = \frac{2V_{bs}V_{bx}}{V_{bs} + V_{bx}} \tag{8-14}$$

确定 V_s 后，设上行刨头速度与上行输送机链速之比 k_{vs}、下行刨头速度与下行输送机链速之比 k_{vx} 分别为

$$k_{vs} = \frac{V_{bs}}{V_s}, \quad k_{vx} = \frac{V_{bx}}{V_s} \tag{8-15}$$

设 λ_h 为上行刨削深度与下行刨削深度之比，表示为

$$\lambda_h = \frac{h_s}{h_x} \tag{8-16}$$

由于上行刨削深度大于下行刨削深度，这里可认为上行刨削深度 h_s 取为最大刨削深度，若已确定了 λ_h，则可得到 h_x。

对于三种组合刨煤法，上、下行也只出现 1 次装载情况，因此以比较大的下行输送机装载断面积 A_x 作为输送机允许的装载断面积 A_0，则

$$A_0 = A_x = \frac{H h_x k_{vx} k_s}{1 - k_{vx}} \tag{8-17}$$

则可得到

$$k_{vx} = \frac{A_0}{H h_x k_s + A_0} \tag{8-18}$$

还可得到 k_p 为

$$k_p = \frac{(\lambda_h + 1) k_{vs} (1 - k_{vx})}{k_\psi (k_{vs} + k_{vx})} \tag{8-19}$$

则由式（8-19）得到

$$k_{vs} = \frac{k_p k_{vx} k_\psi}{(1 - k_{vx})(\lambda_h + 1) - k_p k_\psi} \tag{8-20}$$

求得 k_{vx}、k_{vs}，进一步可由式（8-15）得到 V_{bs}、V_{bx}。

2）组合刨煤法 2

对于组合刨煤法 2，刨煤机理论生产能力 Q_t 如式（8-21）所示：

$$Q_t = 3600HhV_{bp}\rho \tag{8-21}$$

V_s 确定后，k_{vs}、k_{vx} 同式（8-15），同样以 A_x 作为输送机允许的装载断面积 A_0，A_0 如式（8-22）所示：

$$A_0 = \frac{Hhk_{vx}k_s}{1-k_{vx}} \tag{8-22}$$

经过推导，得到 k_p 为

$$k_p = \frac{2(1-k_{vx})k_{vs}}{k_\psi(k_{vs}+k_{vx})} \tag{8-23}$$

则可得到

$$k_{vx} = \frac{k_{vs}(2-k_pk_\psi)}{k_pk_\psi+2k_{vs}} \tag{8-24}$$

因此，可通过式（8-24）求得 V_{bx}。

由于上行刨头速度高于下行刨头速度，则这里认为上行刨头速度可取为最大刨头速度，若最大刨头速度已确定，则可得到 $k_{vs}=\dfrac{V_{bs}}{V_s}$，代入式（8-24），得到 k_{vx}。

3）组合刨煤法 3

对于组合刨煤法 3，上行刨头速度高于上行输送机链速；下行刨头速度低于下行输送机链速。此外，还应注意上行和下行刨削深度的合理选择，即上行采用较大刨削深度，下行采用较小刨削深度。刨削深度可在满足用户要求的基础上做适当调整。

刨煤机理论生产能力 Q_t 如式（8-12）所示，输送机理论输送能力 Q_s 如式（8-25）所示：

$$Q_s = 3600A_0k_\psi V_{sp}\rho_s \tag{8-25}$$

式中，V_{sp} 为上、下行平均输送机链速，如式（8-26）所示。

$$V_{sp} = \frac{V_{ss}V_{bx}+V_{sx}V_{bs}}{V_{bs}+V_{bx}} \tag{8-26}$$

设 $k_{vs}=\dfrac{V_{bs}}{V_{ss}}$、$k_{vx}=\dfrac{V_{bx}}{V_{sx}}$、$k_p=\dfrac{Q_t}{Q_s}$、$\lambda_h=\dfrac{h_s}{h_x}$，已确定 V_{ss}、V_{sx} 后，同样用 A_x 作为输送机允许的装载断面积 A_0，A_0 如式（8-27）所示：

$$A_0 = \frac{Hh_xk_sk_{vx}}{1-k_{vx}} \tag{8-27}$$

经过推导，得到 k_p 与式（8-19）相同、k_{vs} 与式（8-20）相同、k_{vx} 与式（8-18）相同，即

$$k_p = \frac{(\lambda_h + 1)k_{vs}(1 - k_{vx})}{k_\psi(k_{vs} + k_{vx})}, \quad k_{vx} = \frac{A_0}{Hh_x k_s + A_0}, \quad k_{vs} = \frac{k_p k_{vx} k_\psi}{(1 - k_{vx})(\lambda_h + 1) - k_p k_\psi}$$

h_s 取为最大刨削深度，确定 λ_h 后，可得到 h_x，进一步得到 V_{bs}、V_{bx}。

4. 刨头速度与输送机链速确定算例

1）高速刨煤法

针对高速刨煤法（$V_b > V_s$），根据 8.1.3 节中的分析过程确定刨头速度和输送机链速。为得到 k_v，需要先确定相关参数 k_p、k_ψ。

假设用户要求的生产能力 $Q = 240$t/h，则刨煤机理论生产能力 Q_t 应大于等于 Q，这里考虑 $Q_t = 300$t/h。选择的输送机装载断面积 $A_0 = 0.194\text{m}^2$，输送机链速 $V_s = 1.0$m/s。假设输送机溜槽充满系数 $k_\psi = 1.0$，此值可以根据实际工况调整。煤的实体密度 $\rho = 1.35\text{t/m}^3$，煤的松散密度 $\rho_s = 1.0\text{t/m}^3$，煤的松散系数 $k_s = 1.35$。

经式（8-2）计算得到 Q_s 为

$$\begin{aligned} Q_s &= 3600 A_0 k_\psi V_s \gamma_s \\ &= 3600 \times 0.194 \times 1.0 \times 1.0 \times 1.0 \\ &= 698.4(\text{t/h}) \end{aligned}$$

则由式（8-6）计算得到：$k_p = \dfrac{Q_t}{Q_s} = 0.43$，将 k_p、k_ψ 代入式（8-11），得到 $k_v = 1.64$，所以 $V_b = k_v V_s = 1.64$m/s。

2）组合刨煤法 1

假设用户要求的生产能力 $Q = 800$t/h，则刨煤机理论生产能力 Q_t 应大于等于 Q，这里考虑 $Q_t = 900$t/h。假设输送机溜槽充满系数 $k_\psi = 1.0$，选择的输送机允许装载断面积 $A_0 = 0.41\text{m}^2$，输送机链速 $V_s = 1.32$ m/s，最大刨削深度 $h_{\max} = h_s = 0.09$m，$h_x = \dfrac{h_{s\max}}{\lambda_h}$，上、下行刨削深度之比 $\lambda_h = 1.5$，工作面采高 $H = 2$m。

经式（8-2）计算得到 Q_s 为

$$\begin{aligned} Q_s &= 3600 A_0 k_\psi V_s \gamma_s \\ &= 3600 \times 0.41 \times 1.0 \times 1.32 \times 1.0 \\ &= 1948.3(\text{t/h}) \end{aligned}$$

则得到 $k_p = \dfrac{Q_t}{Q_s} = \dfrac{900}{1948.3} = 0.46$

由式（8-16）计算得

$$h_x = \frac{h_s}{\lambda_h} = \frac{0.09}{1.5} = 0.06(\text{cm})$$

由式（8-18）计算得

$$k_{vx}=\frac{A_0}{Hh_x k_s + A_0}=\frac{0.41}{2\times 0.06\times 1.35+0.41}=0.717$$

由式（8-20）计算得

$$k_{vs}=\frac{k_p k_{vx} k_\psi}{(1-k_{vx})(\lambda_h+1)-k_p k_\psi}=\frac{0.46\times 0.717\times 1.0}{(1-0.717)\times(1.5+1)-0.46\times 1.0}=1.319$$

因此，可计算得出

$$V_{bs}=k_{vs}V_s=1.319\times 1.32=1.741(\text{m/s}),\quad V_{bx}=k_{vx}V_s=0.717\times 1.32=0.946(\text{m/s})$$

8.1.4　输送机装载量分析及平均装载断面积的计算方法

对于不同的刨煤机运行方式，在刨煤过程中，输送机的装载量和装载断面积是影响刨煤机设计、参数选择及配套设备选择的关键问题。低速刨煤法只装载 1 次，输送机装载量较易计算，所以略去分析低速刨煤法，这里重点研究普遍应用的高速刨煤法的输送机装载量，并进一步提出平均装载断面积的计算方法，为计算断面积和选择合理的刨煤机参数提供直接有效的依据（康晓敏等，2016b）。

为了充分了解高速刨煤法情况下输送机的装载量情况，下面具体分析刨头速度和输送机链速之比不同时的装载量。设刨头速度与输送机链速的比值为 k_v，刨头速度在不断提高，因此分析$1<k_v\leqslant 4$的情况。这里省略了详细的推导过程，速度比值不同时的输送机装载量简化如图 8-1 所示。

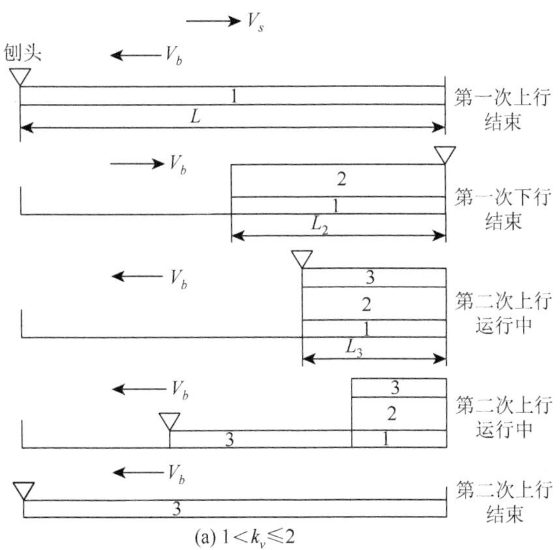

(a) $1<k_v\leqslant 2$

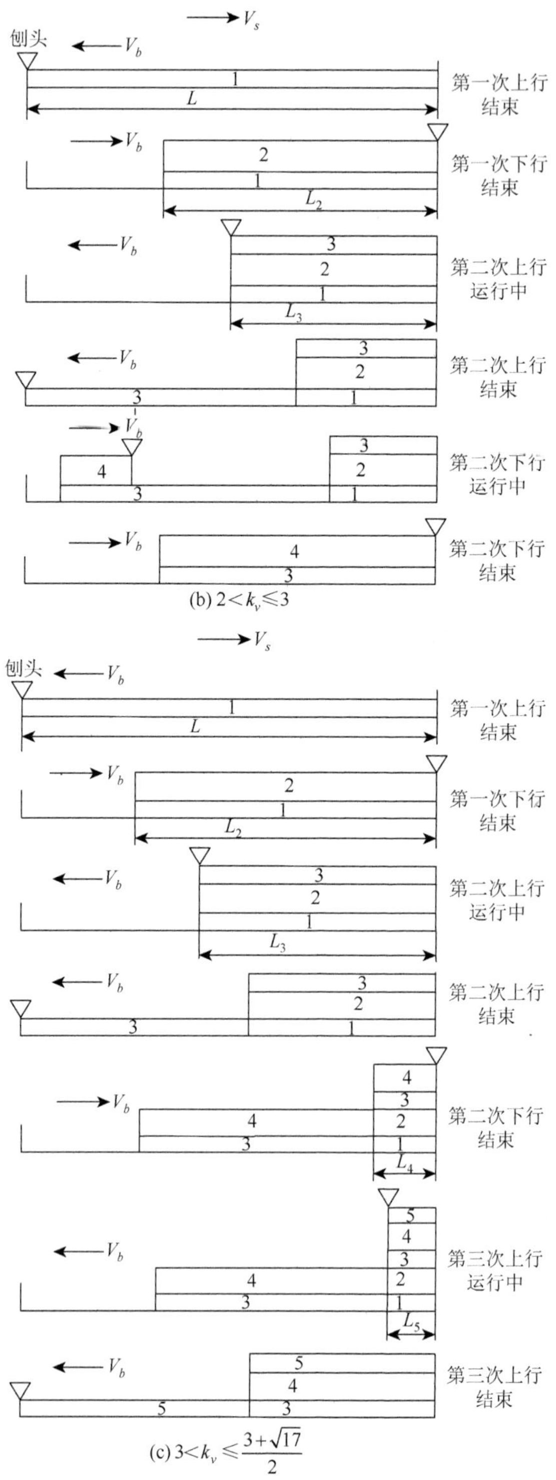

(b) $2<k_v\leqslant 3$

(c) $3<k_v\leqslant\frac{3+\sqrt{17}}{2}$

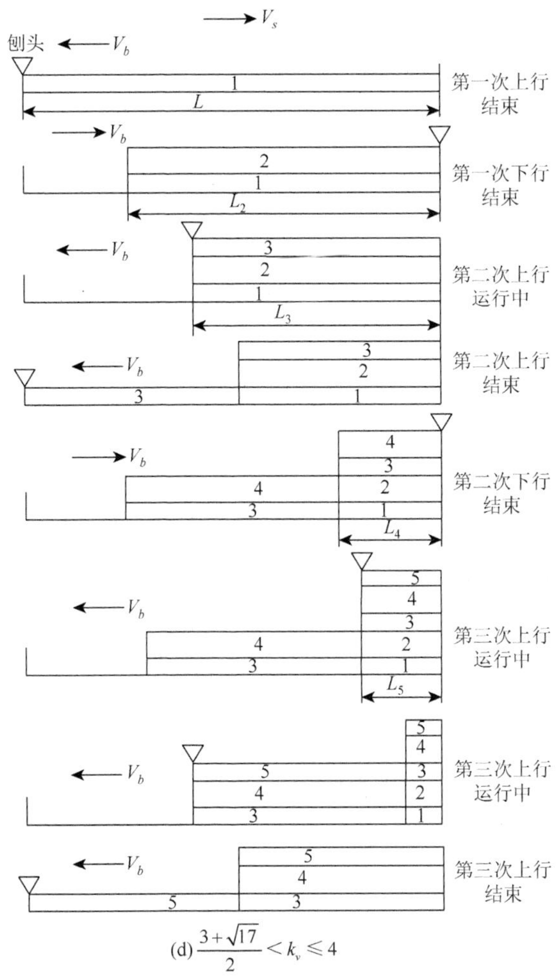

(d) $\frac{3+\sqrt{17}}{2}<k_v\leqslant 4$

图 8-1　速度比值不同时的输送机装载量简化图

由图 8-1 可以看到，当$1<k_v\leqslant 3$时，输送机最多出现 3 次装载的情况；当$3<k_v\leqslant 4$时，输送机最多出现 5 次装载的情况。同时，可以观察到，在输送机整个长度上，会出现几种不同的装载量，如图 8-1（b）第二次下行运行中的情况，同时存在装载 1 次、2 次、3 次的长度。

因此，衡量装载断面积，同时还要考虑到速度比值不同造成的装载量不同甚至差别很大的情况。这里提出一种计算平均装载断面积的方法，考虑各种装载次数对断面积的影响，在某一确定的速度比值条件下，首先得到每种装载次数在输送机上出现的最大长度，然后将各装载次数断面积按照其最大长度所占比例求加权平均值，得到平均装载断面积。由于多次装载的情况较多，这里不考虑 1 次装载的影响，计算公式如下。

（1）当$1 < k_v \leqslant 3$时。

对于高速刨煤法，刨煤时上行和下行装载 1 次的断面积 A_s、A_x 分别如式（8-4）所示。

将$k_v = \dfrac{V_b}{V_s}$代入式（8-4），得

$$A_s = \frac{Hhk_v k_s}{k_v + 1} \tag{8-28}$$

$$A_x = \frac{Hhk_v k_s}{|1 - k_v|} \tag{8-29}$$

图 8-1（a）、（b）中，装载 2 次的断面积为$A_s + A_x$，在输送机上的最大长度设为 L_2。装载 3 次的断面积为$2A_s + A_x$，在输送机上的最大长度设为 L_3。L_2、L_3 可分别由图 8-1 推导计算：

$$L_2 = \frac{L(k_v - 1)}{k_v} \tag{8-30}$$

$$L_3 = \frac{L(k_v - 1)}{k_v + 1} \tag{8-31}$$

针对多次装载对断面积的影响，将各不同装载次数断面积按最大长度所占比例求加权平均值，得到平均装载断面积 A_p 的公式，如式（8-32）所示：

$$A_p = \frac{(A_s + A_x)L_2 + (2A_s + A_x)L_3}{L_2 + L_3} \tag{8-32}$$

将式（8-29）～式（8-31）代入式（8-32），得

$$A_p = \frac{Hh\gamma k_v^2 (5k_v + 1)}{(k_v - 1)(2k_v + 1)(k_v + 1)} \tag{8-33}$$

（2）当$3 < k_v \leqslant 4$时。

装载 2 次和 3 次的最大长度公式与式（8-30）和式（8-31）相同。由图 8-1（c）、（d）可知，装载 4 次的断面积为$2A_s + 2A_x$，在输送机上的最大长度设为 L_4。装载 5 次的断面积为$3A_s + 2A_x$，在输送机上的最大长度设为 L_5。L_4、L_5 可分别由图 8-1 经过推导计算得出

$$L_4 = \frac{L(k_v - 3)}{k_v} \tag{8-34}$$

$$L_5 = \frac{L(k_v - 3)}{k_v + 1} \tag{8-35}$$

得到平均装载断面积 A_p 的计算公式为

$$A_p = \frac{(A_s + A_x)L_2 + (2A_s + A_x)L_3 + (2A_s + 2A_x)L_4 + (3A_s + 2A_x)L_5}{L_2 + L_3 + L_4 + L_5} \tag{8-36}$$

将式（8-29）～式（8-31）、式（8-34）～式（8-35）代入式（8-36），得

$$A_p = \frac{Hhk_s k_v^2 (7k_v^2 - 14k_v - 5)}{(2k_v + 1)(k_v - 2)(k_v + 1)(k_v - 1)} \tag{8-37}$$

下面分析各装载次数最大长度占工作面长度 L 的比例与速度比值的关系。设 $H = 1.4\text{m}$，$h = 0.05\text{m}$，$L = 150\text{m}$，$k_s = 1.5$，可计算得到结果如图 8-2 所示。图 8-2（a）为$1 < k_v \leqslant 3$时，分别装载 2 次和 3 次的最大长度占工作面长度 L 的比例。从图中可以看到，随着速度比值增加，所占比例逐渐增加。图 8-2（b）为$3 < k_v \leqslant 4$时，分别装载 2 次、3 次、4 次和 5 次的最大长度占工作面长度 L 的比例。可以看到，2 次、3 次装载最大长度所占比例均在 50%以上；随着速度比值增加，4 次、5 次装载所占比例增加，但所占比例没有超过 25%。因此，前面提出的平均装载断面积计算方法是比较合适的。

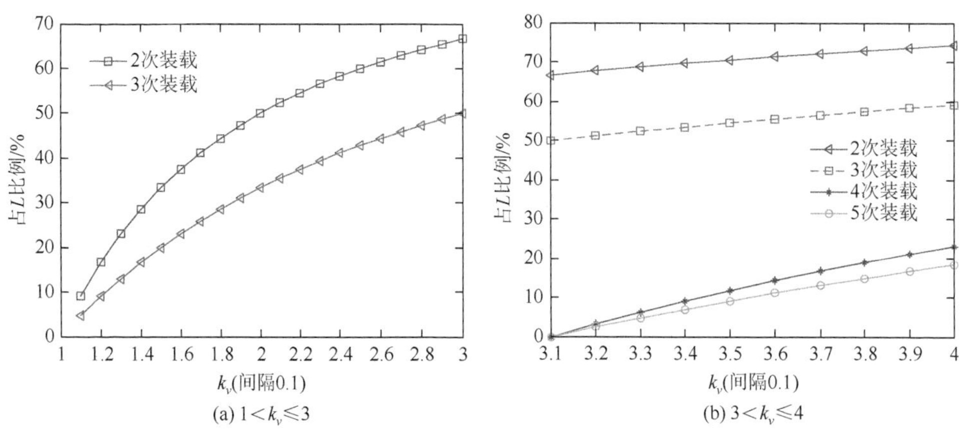

(a) $1 < k_v \leqslant 3$　　(b) $3 < k_v \leqslant 4$

图 8-2　不同速度比值时装载最大长度占工作面长度 L 的比例

下面进一步将求得的平均装载断面积与不同装载次数的断面积比较，如图 8-3 所示。当$1 < k_v \leqslant 3$时，利用公式求得的平均装载断面积，接近于 2 次和 3 次装载断面积的中间值。当$3 < k_v \leqslant 4$时，平均装载断面积和 5 次装载的断面积相差较大，与 3 次装载的断面积比较接近，这是因为 4 次、5 次装载的断面积较大，但其所占比例较小。在实际运行过程中，会出现煤层垮落，以及刨落的煤装入输送机后存在自然安息角的情况，所以这里考虑占长度比例最大的装载情况，也为了

更加充分利用输送机的装载断面积。结合图 8-2 和图 8-3，可以得出，平均装载断面积的计算方法是比较合理的。

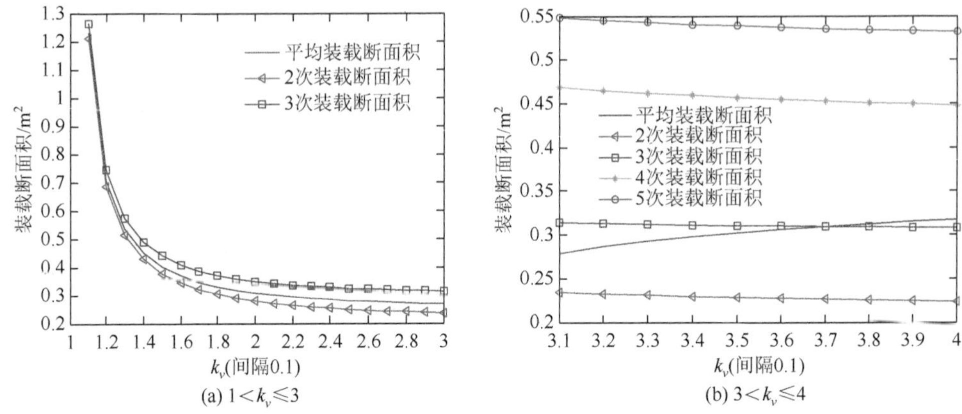

(a) $1<k_v\leqslant 3$　　(b) $3<k_v\leqslant 4$

图 8-3　平均装载断面积与多次装载断面积的比较

8.1.5　刨削深度

采用刨煤机采煤的过程中，刨削深度范围的确定是至关重要的。下面探讨如何确定刨削深度的范围。

1. 刨削深度最小值

刨削深度的最小值可通过刨煤机生产能力大于等于用户要求的生产能力来确定。在各种刨煤方式中，上、下行的刨削深度和刨头速度不同，因此这里主要分析平均刨削深度和平均刨头速度。以组合刨煤法 3 为例，确定平均刨削深度的最小值如下。

由 $Q_t = 3600Hh_pV_{bp}\rho \geqslant Q$，可得

$$h_p \geqslant \frac{Q}{3600HV_{bp}\rho} \tag{8-38}$$

式中，h_p 为上、下行平均刨削深度；V_{bp} 为上、下行刨头速度的平均值。

2. 刨削深度最大值

刨削深度最大值的确定需要考虑如下两个方面：

1）按刨刀的外露长度确定刨削深度

刨煤过程中，为了减小刨头阻力和提高刨刀的使用寿命，应确保安装在刨头上的刨刀座不能插入煤壁中。因此，刨削深度的最大值应小于刨刀的外露长度 l_p，即 $h<l_p$。若刨削脆性较大的煤层，由于截割过程中煤层的崩落角较大，可适当增加刨削深度。

2）按输送机允许的装载断面积确定刨削深度

输送机装载断面积应小于等于输送机允许的装载断面积 A_0。对于各种不同的刨煤方式，输送机装载断面积的最大值也不同。

（1）对于低速刨煤法和组合刨煤法，下行装载断面积最大。因此下行装载断面积 A_x 应满足 $A_x = \dfrac{Hh_xV_{bx}k_s}{V_{sx} - V_{bx}} \leqslant A_0$，则得到刨削深度应满足式（8-39）。

$$h_x \leqslant \frac{A_0(V_{sx} - V_{bx})}{HV_{bx}k_s} \tag{8-39}$$

（2）对于高速刨煤法，当 $1 < k_v < 2$ 时，由于多次装载的时间较少，为简化计算，仅考虑装载一次的下行装载断面积，有 $A_x = \dfrac{HhV_bk_s}{V_b - V_s} \leqslant A_0$，可得

$$h \leqslant \frac{A_0(V_b - V_s)}{HV_bk_s} \tag{8-40}$$

当 $2 \leqslant k_v \leqslant 3$ 时，由于装载两次的时间较多，为简化计算，考虑一次上行和一次下行装载断面积之和，即 $A_s + A_x \leqslant A_0$，可得

$$h \leqslant \frac{A_0(V_b + V_s)(V_b - V_s)}{2HV_b^2k_s} \tag{8-41}$$

这里也可以按照 8.1.4 节中提出的高速刨煤法的输送机装载量公式来分析和计算刨削深度最大值的范围。

8.1.6　刨削深度的优化

在刨煤机的工况参数中，刨削深度的选取是非常关键的。刨削深度选取过大，会导致刨头载荷过大，同时可能引起输送机过载，影响正常运行；刨削深度选取过小，刨煤量不能满足生产能力要求。5.3 节在分析刨煤机运行工况条件、考虑多种影响因素、建立全面的动力学模型基础上，以单位能耗最低、生产能力最大、零部件动态响应最低作为目标对刨削深度等参数进行多目标优化，得到刨削深度的参考范围，为刨煤机参数选择和设计运行提供更准确全面的理论依据。为使刨煤机设计使用人员实现简捷的参数分析和选择，本节在静力学分析基础上，提出简单的优化目标和计算方法分析优化刨削深度，为刨煤机设计提供更加直接简捷的计算依据。

1. 以单位能耗最小为目标优化刨削深度

刨煤时，在需要克服的刨煤机运行阻力中，刨削阻力和装煤阻力是主要组成部分，消耗的能量和刨削深度有关，而单位能耗是衡量刨煤能量利用率的重要指标。因此，本小节针对单位能耗最小为目标优化刨削深度的方法予以论述（康晓敏等，2004）。

1）确定设计变量

在刨煤机的相关参数中，对于确定的煤层，煤层抗截强度 A 是确定的，刨头结构、刨刀的相关参数及其他系数均为定值，刨刀受力计算公式中，部分参数也可表示为刨削深度 h 的函数。因此，将刨削深度 h 作为设计变量，有

$$X=[h]=[x] \tag{8-42}$$

2）建立目标函数

在刨煤过程中，消耗在落煤和装煤的能量是设计刨煤机时需要考虑的关键问题之一。这里仅考虑刨削力和刨头装煤力所做的功，因此以单位能耗作为目标函数，表示为

$$f(X)=H_W=\frac{W_1+W_2}{V} \tag{8-43}$$

式中，H_W 为单位能耗，单位为 kW·h/m^3；W_1 为由刨削力所做的功，单位为 kW·h；W_2 为由装煤力所做的功，单位为 kW·h；V 为刨削煤的体积，单位为 m^3。

刨削下来煤的体积 V 可由式（8-44）表示：

$$V=HhL_b \tag{8-44}$$

式中，H 为刨煤机工作面煤层厚度，单位为 m；h 为刨削深度，单位为 m；L_b 为刨头运行的距离，单位为 m。

由刨削力所做的功由式（8-45）表示：

$$W_1=F_ZL_b \tag{8-45}$$

式中，W_1 为刨削力所做的功，单位为 N·m；F_Z 为刨削力，单位为 N，刨削力与刨削阻力数值相同，方向相反，也用 F_Z 表示。

由于刨头上刨刀类型、刨刀安装位置等因素不同，刨刀受力情况较复杂，这里简化计算，只计算一把位于刨头中间的直线排列刨刀的刨削力，再由刨头截线条数计算得到，刨削力表示为

$$F_Z=n_jZ_p \tag{8-46}$$

式中，n_j 为刨头截线条数；Z_p 为单个刨刀受到的平均刨削阻力，单位为 N。

刨头截线条数 n_j 可由煤层厚度 H（此处单位为 cm）计算得出

$$n_j=\frac{H}{t_a}+1 \tag{8-47}$$

式中，t_a 为刨刀间距，单位为 cm，可表示为（索洛德等，1989）

$$t_a=b+2h\tan\psi \tag{8-48}$$

式中，b 为刨刀宽度，单位为 cm；ψ 为截槽侧面崩落角，单位为（°）。

由式（3-4）ψ 与 h 的关系，代入式（8-48）得

$$t_a=b+0.9h+4.6 \tag{8-49}$$

Z_p 可由式（3-1）～式（3-3）计算得到。

把式（8-46）～式（8-49）代入式（8-45）中，并引入设计变量 x，则 W_1 可表示为 x 的函数：

$$W_1 = f_1(x) \tag{8-50}$$

由装煤力所做的功表示为

$$W_2 = F_L L_b \tag{8-51}$$

式中，W_2 为装煤力所做的功，单位为 N·m；F_L 为装煤力，单位为 N。

影响 F_L 的因素很多，如刨头结构参数、工况参数、工作环境、煤的性质等。这些因素可归结为刨头前被装煤堆的重量 G_L 和装煤阻力系数 μ，则有

$$F_L = \mu G_L \tag{8-52}$$

而 G_L 是刨削深度 h（即设计变量 x）的函数，则由式（8-51）和式（8-52）得到，W_2 可表示为 x 的函数：

$$W_2 = f_2(x) \tag{8-53}$$

3）给定约束条件

刨削深度受刨刀的结构限制，不应超过刨刀露于刀座之外的长度（即刨刀外露长度 l_p），若在脆性很大的煤层，截割时崩落角很大，可适当增加刨削深度进行刨削，但以不超过刀座较宽部位为宜。因此，有

$$0 < h \leqslant l_p$$

4）优化数学模型

以单位能耗最小为目标的优化设计数学模型为

$$X = [x]$$

$$\min f(X) = \frac{f_1(x) + f_2(x)}{HL_b x}$$

$$\text{s.t.}\ \ g_1(X) = x > 0$$

$$g_2(X) = l_p - x \geqslant 0$$

可编制程序对刨削深度进行优化，得到优化结果。经过多次反复计算，再考虑其他因素，就能给出刨削深度的合理变化范围。

5）计算实例

某煤矿工作面参数及刨煤机部分参数为：煤层采高 H 为 1.3m；煤层的抗截强度 A 为 1500N/cm；刨刀宽度 b 为 2.3cm，刨刀外露长度 l_p 为 6.5cm；装煤阻力系数 μ 为 0.5～1；煤的实体密度 ρ 为 1.35t/m^3。

由优化程序得到的优化结果：刨削深度 h 为 6.5cm 时，单位能耗最小，为 0.41kW·h/m^3。还要结合其他影响因素，才能最终确定合理的刨削深度。优化结果表明，刨削深度越大，单位能耗越小。因此，在设计时应尽量选择较大的刨削深度，以降低能耗。但在实际应用中，需要考虑输送机装载情况及生产能力等情况合理选择。

目前，在我国刨煤机的设计和使用中，已经采纳本设计思想，使刨煤机有了更好的使用效果。

2. 以输送机装载断面积均匀化为目标优化刨削深度

在刨煤机运行中，刨削深度的选取是影响刨煤机和输送机运行的重要因素。在刨煤机工作过程中，由刨头刨落下来的煤被直接装入工作面输送机中，上、下行装煤过程中，输送机装载断面积是否均匀不仅会影响输送机断面积利用率，而且还直接影响输送机驱动功率的负荷波动，从而影响输送机动特性及运行可靠性。因此，研究输送机装载断面积均匀性与刨削深度的关系也是非常重要的。本小节论述以工作面输送机装载断面积均匀化为目标优化刨削深度的方法（康晓敏等，2005）。经简化分析，下面给出一种适用于多数刨煤机运行方式的优化数学模型。

1）确定设计变量

刨煤过程中，上、下行装载断面积与刨削深度、刨头速度和输送机链速有关，刨头速度和输送机链速在设计刨煤机时就已经确定，而刨削深度是随时可调的，因此输送机装载断面积是刨削深度的函数。设刨头上、下行刨削深度分别为 h_s 和 h_x，则设计变量为

$$X=\begin{bmatrix}h_s\\h_x\end{bmatrix}=\begin{bmatrix}x_1\\x_2\end{bmatrix}\tag{8-54}$$

2）建立目标函数

上、下行刨头速度分别表示为V_{bs}、V_{bx}，上、下行输送机链速分别表示为V_{ss}、V_{sx}，则上、下行输送机装载断面积分别表示为

$$A_s=\frac{Hh_sV_{bs}k_s}{V_{bs}+V_{ss}}\tag{8-55}$$

$$A_x=\frac{Hh_xV_{bx}k_s}{|V_{sx}-V_{bx}|}\tag{8-56}$$

通常刨煤机下行刨煤时输送机装载断面积 A_x 大于上行刨煤时的装载断面积 A_s，为减小输送机溜槽上装载断面积变化，将断面积之差 A_x-A_s 作为目标函数，则有

$$\begin{aligned}f(X)&=A_x-A_s\\&=\frac{Hh_xV_{bx}k_s}{|V_{sx}-V_{bx}|}-\frac{Hh_sV_{bs}k_s}{V_{bs}+V_{ss}}\end{aligned}\tag{8-57}$$

3）给定约束条件

刨煤机刨煤量应满足用户要求的生产能力。因此，认为在 1h 内刨下的煤量应大于给定的生产能力。并假设在 1h 内刨头的停顿时间极短，可忽略不计，因此有

$$m_{ss}Hh_sL\gamma + n_{sx}Hh_xL\gamma \geqslant Q \tag{8-58}$$

式中，m_{ss}、n_{sx} 分别为刨头在 1h 内上、下行的次数。

为确定刨头在 1h 内的上、下行次数 m_{ss}、n_{sx}，需确定 1h 内刨头的往复次数，由式（8-59）确定：

$$k = 3600 / (t_{s1} + t_{x2}),\quad t_{s1} = L / V_{bs},\quad t_{x2} = L / V_{bx} \tag{8-59}$$

式中，k 为刨头在 1h 内的往复次数；t_{s1} 为刨头上行一次所需的时间，单位为 s；t_{x2} 为刨头下行一次所需的时间，单位为 s。

当确定了 1h 内的往复次数 k 后，则可确定 m_{ss}、n_{sx}。刨削深度应不大于刨刀的外露长度 l_p，因此有 $h \leqslant l_p$。为满足上、下行的刨煤量，以及输送机装载均匀，上行刨削深度应大于下行刨削深度，因此有 $h_s > h_x$。设 A_0 为按输送机结构允许的最大装载断面积，则应有 $A_0 \geqslant A_x$。

4）优化数学模型

以输送机装载断面积均匀化为目标的优化设计数学模型为

$$X = \begin{bmatrix} x_1 \\ x_2 \end{bmatrix}$$

$$\min f(X) = Hk_s\left(\frac{x_2V_{bx}}{|V_{sx} - V_{bx}|} - \frac{x_1V_{bs}}{V_{bs} + V_{ss}}\right)$$

$$\begin{aligned}
\text{s.t.}\ & g_1(X) = x_1 > 0 \\
& g_2(X) = x_2 > 0 \\
& g_3(X) = l_p - x_1 \geqslant 0 \\
& g_4(X) = l_p - x_2 \geqslant 0 \\
& g_5(X) = x_1 - x_2 > 0 \\
& g_6(X) = HL\gamma(mx_1 + nx_2) - Q \geqslant 0 \\
& g_7(X) = A_0 - \frac{HV_{bx}k_sx_2}{|V_{sx} - V_{bx}|} \geqslant 0
\end{aligned}$$

采用此优化数学模型进行优化时，对于低速刨煤法、高速刨煤法及组合刨煤法中的组合刨煤法 2，刨削深度 $h_s = h_x = h$、输送机链速 $V_{ss} = V_{sx} = V_s$，低速刨煤法和高速刨煤法的刨头速度 $V_{bs} = V_{bx} = V_b$；对于组合刨煤法中的组合刨煤法 1，$V_{ss} = V_{sx} = V_s$；组合刨煤法 3 的参数与该优化数学模型中完全一致。

5）应用实例

某煤矿刨煤机工作面相关参数如下：

工作面参数：煤层采高 H 为 1.6m；工作面长度 L 为 200m；煤的实体密度 ρ 为 1.35t/m^3；煤的松散系数 k_s 为 1.5。

输送机：输送机链速 V_s 为 1.32m/s；输送机结构允许的最大装载断面积 A_0 为 0.471m^2。

刨煤机：刨刀外露长度 l_p 为 11cm；上行刨头速度 V_{bs} 为 1.76m/s；下行刨头速度 V_{bx} 为 0.88m/s。

按用户要求的生产能力 $Q = 700$t/h，得到的优化结果为：$h_s = 11$cm，$h_x = 3.731$cm，$A_x - A_s = 0.0282309$m^2。

计算结果表明，在刨煤机上、下行刨煤时，上行刨削深度最大，下行刨削深度小，输送机装载断面积差很小。但从单位能耗合理的观点出发，这样小的刨削深度不利于降低单位能耗。因此，应把单位能耗最小和输送机装载断面积均匀化的要求结合起来考虑，可适当增加刨削深度。虽然这是按刨煤机和工作面输送机的一种特定工况参数搭配给出的优化方法，但是这种方法同样适合不同工况参数的情况。当采用高速刨煤法时，输送机上会出现多层装载，而多层装载出现在输送机上的长度较短，因此在计算装载时可不考虑装载最多的区域。这里只考虑输送机上下行只有一层装载的情况，以比较其装载断面积的大小。

总之，在刨煤机工作面，刨削深度是重要的工况参数，绝不能随意给定，一定要经过科学的分析和计算，综合考虑多方面因素，最后确定合理的刨削深度。

8.1.7 刨煤机驱动功率及刨链强度校核

1. 刨链总牵引力计算和刨链强度校核

1）考虑输送机溜槽转角影响的刨链总牵引力

在 3.2 节中已给出刨链的总牵引力计算公式（3-14），即

$$F_0 = F_b + F_c$$

考虑输送机溜槽转角对刨链总牵引力的影响时的刨链总牵引力 F_0' 表示为

$$F_0' = k_a F_0 \tag{8-60}$$

式中，k_a 为输送机溜槽转角对刨链总牵引力的影响系数，通常取 $k_a = 1.0$～1.1。

2）刨链强度校核

根据刨链的规格，确定刨链的断裂载荷 f_m，则刨链的计算安全系数 n_{bj} 表示为

$$n_{bj} = \frac{f_m}{F_0'} \tag{8-61}$$

设刨链的许用安全系数为 n_x，则刨链的计算安全系数 n_{bj} 应该大于等于刨链的许用安全系数 n_x，即

$$n_{bj} \geqslant n_x \tag{8-62}$$

2. 刨煤机总功率、单位能耗及能效率

1）考虑转角的刨煤机所需功率

$$P_x = \frac{F_0' V_{b\max}}{\eta} \tag{8-63}$$

式中，$V_{b\max}$ 为刨煤机所采用的最大刨头速度，单位为 m/s；η 为刨煤机总传动效率。

根据计算得到的刨煤机所需功率 P_x，选定刨煤机实际的总功率 P。

2）刨削单位能耗和刨煤机单位能耗及能效率

刨削单位能耗 H_{WZ} 是衡量刨煤机破碎煤层效果的一项重要指标。刨削单位能耗 H_{WZ} 也可表示为刨煤机刨削单位体积的煤时刨削阻力所消耗的功率，表示为

$$H_{WZ} = \frac{F_Z V_b}{3600 H h V_b} \tag{8-64}$$

式中，H_{WZ} 为刨削单位能耗，单位为 $\mathrm{kW \cdot h / m^3}$；$F_Z$ 为刨刀刨削阻力，单位为 kN；H 为工作面煤层厚度，单位为 m；h 为刨削深度，单位为 m；V_b 为刨头速度，单位为 m/s。

刨煤机单位能耗 H_W 是衡量刨煤机生产能力和破碎能力的一项综合性指标。刨煤机单位能耗 H_W 也可表示为刨煤机刨削单位体积的煤时整个刨煤机所消耗的功率，表示为

$$H_W = \frac{P}{3600 H h V_b} \tag{8-65}$$

式中，H_W 为刨煤机单位能耗，单位为 $\mathrm{kW \cdot h / m^3}$；$P$ 为刨煤机的总功率，单位为 kW。

刨煤机能效率 η_W 是指刨削单位能耗 H_{WZ} 与刨煤机单位能耗 H_W 的比值，表示为

$$\eta_W = \frac{H_{WZ}}{H_W} \times 100\% \tag{8-66}$$

3. 刨链安全系数校核

刨链断裂载荷安全系数 n_{xpj} 表示为

$$n_{xpj} = \frac{f_m V_{b\max}}{\lambda P \eta} \tag{8-67}$$

$$n_{xpj} \geqslant n_{xp} \tag{8-68}$$

式中，λ 为电动机的过载系数；n_{xp} 为刨链断裂载荷许用安全系数。

刨链工作载荷校核是指检验刨链的工作载荷许用安全系数是否能满足刨链工作性能的要求，刨链工作载荷计算安全系数 n_{xzj} 表示为

$$n_{xzj}=\frac{0.5f_mV_{b\max}}{\lambda P\eta} \tag{8-69}$$

$$n_{xzj}\geqslant n_{xz} \tag{8-70}$$

式中，n_{xz}为刨链工作载荷许用安全系数。

8.2 刨头结构设计

刨头的长度、宽度、高度简图如图 8-4 所示。

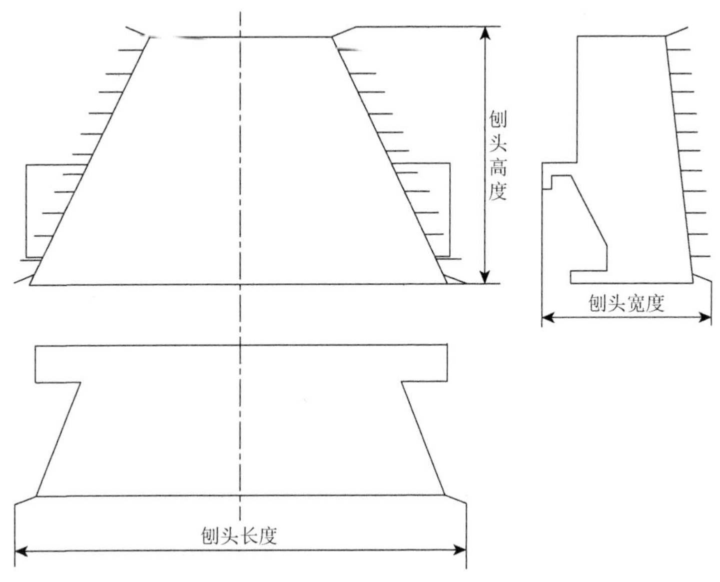

图 8-4　刨头长度、宽度和高度简图

8.2.1 刨头长度和宽度

刨头长度的确定需要考虑每节输送机中部槽的长度。假设输送机中部槽的长度为 L_z，考虑到刨头稳定性和刨头运行中可能被输送机溜槽卡住的情况，为了减小摩擦阻力，通常刨头的长度应该为 L_z～$2L_z$。

刨头宽度应由输送机滑架宽度及刨刀排列外形来确定，此外刨头的宽度还应该考虑到刨头的稳定性。

8.2.2 刨头高度

刨头高度应能适应最大和最小煤层厚度，对于具体的刨煤机工作面，应根据工作面的实际采高，通过增加加高块的数量来达到刨头的工作高度。

1. 刨头最小高度

刨头是刨煤机的刨煤和装煤机构，是刨煤机非常重要的组成部分。刨头的最小高度 $H_{b\min}$ 是指对应具体的工作面采高的最小高度，如式（8-71）所示（索洛德等，1989）。

$$H_{b\min} = H_z + 0.048H_{\min}h_{\max} + \Delta \tag{8-71}$$

式中，$H_{b\min}$ 为刨头的最小高度，单位为 cm；H_z 为刨头装煤高度（从煤层底板到滑架最上沿之间的距离），单位为 cm，H_z 如图 3-3 所示；$H_{\min}$ 为工作面煤层的最小厚度，单位为 cm；$h_{\max}$ 为最大刨削深度，单位为 cm；Δ 为刨头刨刀座顶部刨刀的超高量，一般取 2～5cm。

对于低速刨煤法和组合刨煤法，应考虑式（8-39）所确定的刨削深度最大值 $h_{\max}$；对于高速刨煤法，应考虑式（8-40）～式（8-41）的刨削深度最大值。同时，还要考虑 8.1.6 节中刨削深度的优化结果，以及 5.3 节中刨削深度的多目标优化结果，确定实际刨削深度的最大值。

2. 刨头最大高度

刨头最大高度 $H_{b\max}$ 是指对应于具体的工作面煤层厚度，刨头应达到的最大高度，$H_{b\max}$ 表示为

$$H_{b\max} = H_{\max} - H_k \tag{8-72}$$

式中，$H_{b\max}$ 为刨头的最大高度，单位为 cm；$H_{\max}$ 为工作面煤层的最大厚度，单位为 cm；H_k 为煤层自行垮落的高度，单位为 cm。

参考上面的计算结果和刨头在设计过程中需考虑的相关因素及煤层性质，确定最后的刨头高度。

8.2.3 刨刀排列

1. 刨刀的排列方式

刨刀排列方式对刨刀和刨头受力有很大影响。同时，刨刀排列方式决定着刨头的装煤效果，下面分别介绍三种不同形式的刨刀排列。

1）直线式排列

直线式排列是将所有刨刀布置在同一直线上，如图 8-5 所示。采用这种排列方式时，刨刀受力均匀，能耗比较低。

2）阶梯式排列

阶梯式排列是指下排刨刀比上排刨刀超前，每把刨刀都受到向下的煤壁侧向力，如图 8-6 所示。这种排列方式，刨头不易飘刀，刨头的重心较低，稳定性较好。有实验表明，阶梯式排列比直线式排列的能耗高约 17%。

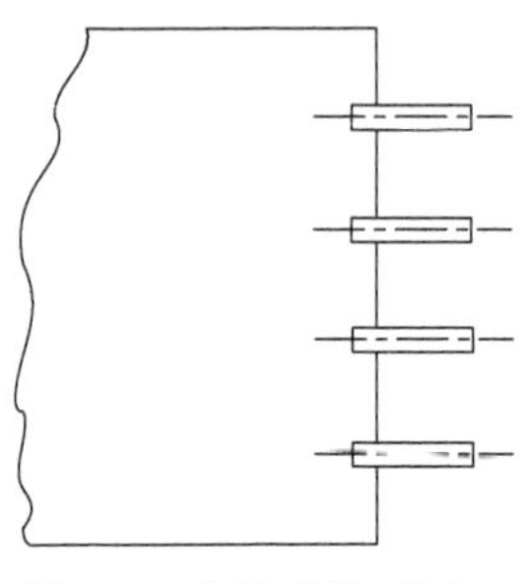

图 8-5　直线式排列刨刀

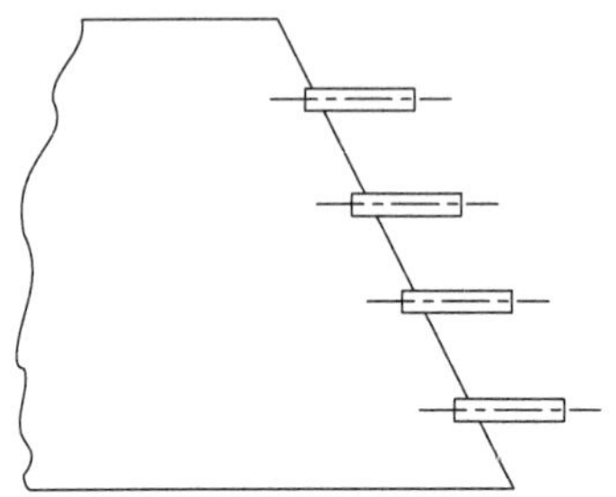

图 8-6　阶梯式排列刨刀

3）混合式排列

混合式排列是指刨头上的一部分刨刀按阶梯式排列，其余按直线式排列，如图 8-7 所示。刨刀阶梯式排列的角度 δ 建议取 55°～65°（索洛德等，1989）。

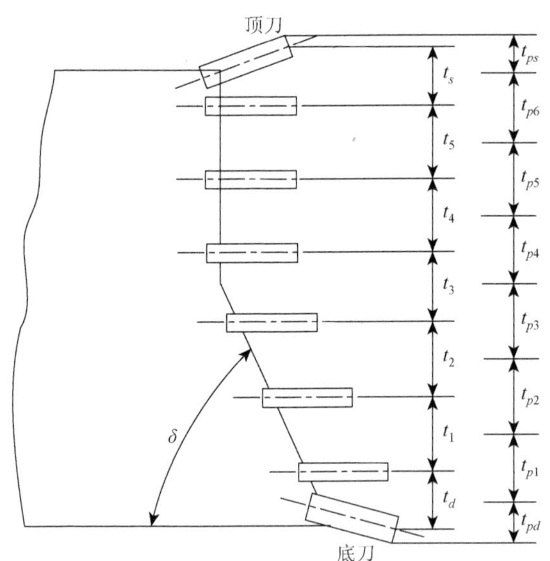

图 8-7　混合式排列刨刀

2. 刨刀间距

两刨刀间的距离，即刨刀间距，合适的刨刀间距能使刨刀把煤刨落下来，即刨削煤壁后，两刨刀间不留下煤脊。刨刀间距如图 8-7 中 t_d、t_1、t_2、t_3、t_4、t_5、t_s所示。

1）刨刀平均间距

对于各种不同刨削深度的情况，刨刀间距应是各种刨削深度情况下刨刀间距的平均值。不同刨削深度情况下的刨刀间距 t_i 如式（8-73）所示（索洛德等，1989）：

$$t_i = \left(\frac{7.5h_i}{h_i + 0.65} + 0.3h_i + b_p - 2 \right) K_x \tag{8-73}$$

式中，h_i 为第 i 种刨削深度，单位为 cm；K_x 为刨槽的宽度系数，对于韧性煤，$K_x = 0.85$，对于脆性煤，$K_x = 1.0$，对于特脆煤，$K_x = 1.15$。

将不同刨削深度 h_i 对应的刨刀间距 t_i 求出，可进一步得到各种刨削深度下刨刀间距的平均值为（索洛德等，1989）

$$t_a = \sum_{i=1}^{m} t_i \Big/ m \tag{8-74}$$

式中，t_a 为平均间距，单位为 cm；m 为求和项的项数。

2）刨刀间距临界值

刨刀间距不宜过大，也不宜过小。间距过大，刨刀不能一次将煤刨落；间距过小，会增加能耗。图 8-8 表示的是刨刀间距过大的情况，刨削后刨刀之间留有煤脊。对于一种特定的煤岩体，截槽侧面崩落角 ψ 是确定的，因此，刨刀间距存在一个临界值，刨刀间距的临界值 t_j 为（李贵轩和李晓豁，1994）

$$t_j = b_p + 2h\tan\psi \tag{8-75}$$

设任意刨刀间距为 t_m，为不在两刨刀间留下煤脊，刨刀间距 t_m 应满足：

$$t_m \leqslant t_j$$

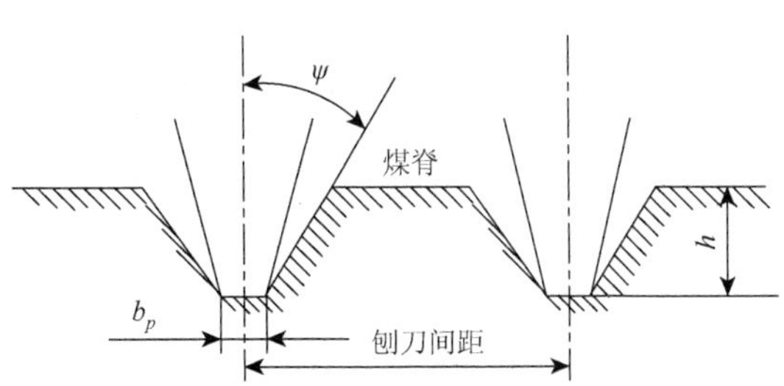

图 8-8　刨刀间距过大情况

3）刨头截线数与刨刀间距

刨头最小截线数 $n_{\min}$ 为（索洛德等，1989）

$$n_{\min} = \frac{H_{b\min}}{t_a} + 1 \tag{8-76}$$

刨头最大截线数 $n_{\max}$ 为（索洛德等，1989）

$$n_{\max} = \frac{H_{b\max}}{t_a} + 1 \tag{8-77}$$

刨刀个数与刨头截线数相等，因此计算得到最小截线数、最大截线数后，可以确定刨头最小和最大高度所对应的刨头单侧刨刀数量。把计算得到的最小和最大截线数圆整为最近似的较大数值，将圆整的截线数 $n'_{\min}$、$n'_{\max}$ 代入式（8-78）～式（8-79）计算刨刀间距。

对于刨头最小高度：

$$t_{zj} = \frac{H_{b\min}}{n'_{\min} - 1} \tag{8-78}$$

对于刨头最大高度：

$$t_{zj} = \frac{H_{b\max}}{n'_{\max} - 1} \tag{8-79}$$

确定刨刀间距时，直线式排列刨刀间距一般不应超过 11cm，顶部和底部刨刀间距应取较小值，但不应小于 5cm（索洛德等，1989）；考虑到煤层性质不同，可对刨刀间距计算值进行适当调整；刨刀间距取值时还要考虑使刨头高度较为合理。

3. 刨槽宽度

刨槽宽度是指刨刀刨削煤壁后，在煤壁表面留下煤槽的宽度。刨槽宽度如图 8-7 中 t_{p1}、t_{pd} 等所示。对于安装在刨头不同位置上的刨刀，刨槽宽度计算方式不同。

1）顶部和底部刨刀的刨槽宽度

顶部和底部刨刀刨削环境较恶劣，顶部刨刀刨削接近顶板的煤，底部刨刀还可用于装煤。顶部和底部刨刀的刨槽宽度是相邻两刨刀距离的一半与刨刀宽度一半之和，分别如图 8-7 中 t_{ps} 和 t_{pd} 所示。

2）其他刨刀的刨槽宽度

其他刨刀的刨槽宽度是指相邻刨刀间距中线之间的距离，如图 8-7 中 t_{p1}、t_{p2} 等所示。

8.3 刨煤机设计原则

设计是决定产品性能的至关重要的环节。作为一种采煤机械，刨煤机设计除了应遵循机械产品设计的基本原则外，还需考虑其应用环境的条件和特点。下面给出主要的设计原则。

1. 依据“量体裁衣”原则，做到个性化设计

不同的煤层条件下，刨煤机的结构和运行参数均不同，为了更好地实现开采，

必然要“量体裁衣”，针对具体的煤层条件和用户要求，进行个性化设计，并做到快速响应市场需求。

因此，充分掌握用户需求、煤层赋存条件和煤层性质是设计刨煤机的前提。煤层可刨性等性质直接影响到刨煤机结构设计和运行参数选择，只有利用各种测定方法，充分掌握煤层性质和可刨性，才能真正做到设计适合煤层条件和用户需求的刨煤机。

2. 采用有效先进的设计方法

为了更好地设计刨煤机零部件结构，如刨刀和刨头，提高零部件可靠性，必须采用先进有效的设计方法。采用有限元分析、优化设计、动力学仿真等手段进行数字化设计，可以实现零部件的优化创新。采用系列化和模块化设计，充分展示大数据的优越性，可以提高对市场变化的适应力。采用各种先进的设计方法，积极参与实施“中国制造 2025”战略，可以实现采煤装备的创新设计和智能制造。

3. 合理确定刨煤机运行参数，并实现设计制造和使用过程中的数据管理与共享

确定刨煤机运行参数是刨煤机设计的关键环节。综合通过先进设计手段得到的分析结果及实践经验，合理确定各种运行参数，如刨削深度、刨头速度和刨链预紧力等。应用计算机软件及二次开发程序实现刨煤机的参数化设计，做到参数选择的计算机辅助设计。

在分析确定刨煤机参数及刨煤机设计过程中，需要进行反复设计和修改。且刨煤机在设计、制造和使用维护过程中会产生大量数据，只有将这些数据统一管理，利用数据分析手段，实现数据管理与共享，才能更好地为设计提供条件。

4. 提高刨煤机成套设备自动化、智能化水平

刨煤机的自动控制系统是保证刨煤机安全高效运行的基础，也是刨煤机设计的关键。刨煤机成套设备自动化、智能化是在保障煤矿采煤机械化的前提下，实现智能开采、煤矿区工作面无人化的关键技术。实现刨煤机成套设备智能化是我国《能源技术革命创新行动计划（2016—2030 年）》中提出的目标，也是设计工作者的奋斗目标。

5. 注重节能环保，做到绿色设计

绿色设计的原则是减少环境污染、减小能源消耗，实现产品和零部件的回收再生循环或重新利用。绿色设计中非常重要的一点是节能降耗，对于刨煤机设计，节能降耗应受到足够重视，设计工作者在设计阶段就应寻求合理和优化的结构和方案，使资源消耗和环境负影响降到最低。在刨煤机产品的整个生命周期内，应该保证零部件应有的功能、使用寿命、质量等，还要满足环境目标的要求。因此，尽可能减少资源的消耗及其给环境带来的负担、注重节能环保，必将成为刨煤机设计和使用过程中越来越值得关注的问题。

第 9 章　刨煤机应用与运行

半个世纪以来，我国在刨煤机自主研制和应用上都积累了一定的实践经验，但刨煤机理论与技术的研究还需进一步深化，近十几年来，刨煤机的理论研究才受到一定的关注。由于能源的需求及合理绿色开采的需要，薄煤层自动化开采日趋重要。刨煤机不仅可以开采薄煤层，还可以开采中厚煤层，并且还能够加大功率开采硬煤层，适用性较广。刨煤机的研究虽没有得到足够重视，但刨煤机拥有广阔的应用前景。因此，本章对刨煤机的应用实践进行总结，探讨刨煤机发展面临的问题及对策。

9.1　刨煤机成功应用范例

我国刨煤机采煤技术的研制和应用始于 1965 年徐州矿务局韩桥煤矿，经过了实验、定型和发展三个阶段（陈引亮，2000）。20 世纪 80 年代，在煤炭科学研究总院上海分院、张家口煤矿机械厂和淮南煤矿机械厂、徐州煤矿机械厂等单位的努力下，制造出多种型号的刨煤机 200 多台。当时全国有 20 多个矿务局使用国产或进口刨煤机，积累了大量的实践经验，部分取得了较好的效果。90 年代后，我国刨煤机采煤技术未能得以更广泛的应用，原因是多方面的：有设备性能的问题，有薄煤层开采投入多产出少的因素，也有刨煤机采煤技术研究不足等原因（陈引亮，2000）。

自 2000 年以来，铁法煤业（集团）有限责任公司（简称铁法煤业集团）、山西离柳焦煤集团有限公司、西山煤电（集团）有限责任公司、山西晋城无烟煤矿业集团有限责任公司、大同煤矿集团有限责任公司和沈阳煤业（集团）有限责任公司等先后从德国引进了十余套刨煤机成套设备。其中，仅铁法煤业（集团）有限责任公司就引进了 4 套，山西离柳焦煤集团有限公司引进了拖钩刨煤机。

国产刨煤机的研发任务也是刻不容缓。三一重装国际控股有限公司研制的 BH38/2×400 型刨煤机于 2010 年 11 月～2011 年 3 月在晓明煤矿 $N_2$419 工作面进行了工业性试验。中煤张家口煤矿机械有限责任公司研发的 BH38/2×400 型大功率刨煤机成套设备于 2012 年在陕西省南梁煤矿进行了井下工业性试验。

下面针对近十几年来引进刨煤机和国产刨煤机的应用情况进行总结。主要从煤层赋存条件、工作面情况、刨煤机型号参数和使用管理等几方面展开。

9.1.1　引进刨煤机的应用

1. 辽宁铁法煤业集团引进和使用刨煤机的情况

铁法矿区现有薄煤层储量为 6.2 亿吨，占总储量的 26%，为改善薄煤层开采技术状况，铁法煤业集团通过与德国 DBT 公司合作，于 2000 年 9 月引进了我国第一套全自动化刨煤机生产技术装备。该套设备于 2000 年 12 月 15 日在小青煤矿 W_1E703 薄煤层工作面投入试生产并取得成功，相继完成了 5 个工作面的开采，取得了较好的经济效益。在此基础上，铁法煤业集团于 2002 年 9 月从德国 DBT 公司引进了第二套改进后的全自动化刨煤机生产系统，两套设备先后已生产原煤 300 余万吨，特别是在晓南煤矿 W_3410 工作面，2003 年 8 月创出月产 165567t、平均日产 5617t、回采工效为 192.5t/工的刨煤机工作面月产最高纪录，10 月 20 日创出日产 9126t 的刨煤机工作面日产最高水平（邵柏库，2005）。

晓南煤矿 W_3410 工作面煤层为单斜构造，煤层倾角为 3°～10°，工作面煤层赋存较稳定，煤层厚度为 1.03～1.70m，平均厚度为 1.50m，煤层普氏系数 f 为 2～3，节理层理发育（邵柏库，2005）。

铁法能源有限责任公司共投资 4.23 亿元，先后引进四套全自动化刨煤机，并在小青煤矿、晓南煤矿、大明煤矿推广应用，每一套都在前一套的基础上进行创新，实现了改进、升级、提高，设备适应范围越来越宽。据《中国能源报》2011 年 11 月报道，截至 2011 年 10 月 30 日，辽宁铁法能源有限责任公司应用刨煤机生产煤炭超过 1000 万吨，开采薄煤层工作面 22 个。

在成功开采厚度为 1.3～1.6m 薄煤层的基础上，铁法煤业集团又组织专业人员开展技术攻关，破解 1.0m 以下薄煤层刨煤机全自动化开采技术难题，并于 2014 年成功打造了“铁法模式”升级版，取得了 1.0m 以下薄煤层年产 100 万吨以上的技术成果（杨清成和冯志伟，2015）。工作面概况及生产情况：铁法煤业集团大兴煤矿 N1E-902 工作面煤层平均厚度为 0.9m，垂直节理发育，属于易刨煤层，设计可采储量 9.17 万吨；选取 GH9-38Ve/5.7N 型刨煤机，N1E-902 工作面，于 2014 年 3 月完成安装及调试工作，开始正常回采至结束，平均月产 7.5 万吨，实际回采煤炭 12.67 万吨，取得了良好的使用效果，实现了安全高效的目标（杨清成和冯志伟，2015）。

铁法煤业集团引进的德国 DBT 公司生产的滑行刨煤机，其基本参数如表 9-1 所示。

表 9-1　铁法煤业集团引进的滑行刨煤机参数

刨煤机参数	第一套	第二套	第三套	第四套
型号	GH9-34Ve/4.7	GH9-38Ve/5.7	GH9-38Ve/5.7	GH9-38Ve/5.7N
刨头高度/mm	800～1675	880～1645	880～1645	800～1585
装机功率/kW	2×160/315	2×200/400	2×200/400	2×200/400
刨头速度/(m/s)	0.88/1.76	0.88/1.76	0.96/1.92	0.96/1.92

2. 大同煤矿集团有限责任公司晋华宫煤矿引进和使用刨煤机的情况

大同煤田为侏罗系和石炭二叠系双系煤田重叠赋存，其中侏罗系是目前的主要开采煤系。大同煤矿集团有限责任公司部分矿井薄煤层储量所占比例很大，例如，晋华宫煤矿可采储量为 2.42 亿吨，其中薄煤层可采储量为 0.89 亿吨（占 36.8%）；姜家湾煤矿可采储量为 0.341 万吨，其中薄煤层可采储量为 0.142 亿吨（占 41.6%）。侏罗系薄煤层及较薄煤层多为近水平煤层，部分区域含 1～2 层夹石，普氏系数 f 一般为 3～4，地质构造较为复杂，顶板为粉砂岩、中粗砂岩，多含有长石、石英等结构，坚硬难冒（郭永长，2008）。

大同煤矿集团有限责任公司的煤层地质条件为“两硬（坚硬顶板，坚硬煤层）”难采煤层。为了满足坚硬煤层的刨煤要求，2005 年 3 月，晋华宫煤矿引进德国 DBT 公司生产的 GH9-38Ve/5.7 型刨煤机，配套 PF3/822 型输送机和国产 ZY4600/7.5/16.5 型液压支架。截至 2008 年 6 月，在 301 盘区 10 号层和 12-2 号层共采出 4 个工作面，累计生产原煤 116.3 万吨，平均月产 3.23 万吨，最高日产 6185t，最高月产 10.003 万吨（郭永长，2008）。

晋华宫煤矿引进的刨煤机参数如表 9-2 所示。

表 9-2　晋华宫煤矿引进的刨煤机参数

型号	装机功率/kW	生产能力/(t/h)	刨头高度/mm	刨头速度/(m/s)
GH9-38Ve/5.7	2×200/400	700	880～1645	1.47/2.94

在开采过程中，该套设备中的电液控制系统及电气控制系统等运行良好，但产量并没有完全达到预期目标，原因主要为以下几个方面（卢国梁和吴兴利，2006）：①工作面煤层较低，普遍为 1～1.3m，且尾部煤层起伏变化较大，影响工作面整体推进速度；②由于大同矿区的煤质较硬，刨削深度一般设定为 20～30mm（偏小），生产效率降低；③煤层有夹石，刨刀消耗量较大；④由于坚硬煤层刨削阻力大，输送机在刨煤过程中出现上下窜动的现象，从而造成头尾维护困难，影响到正常的生产组织。

在大同“两硬”地质条件下利用刨煤机对薄煤层实现综合机械化开采，经晋华宫煤矿首采工作面的实践证明是可行的，但因其适应煤层地质条件性能差，受冲刷、断层、煤层局部变薄区、顶底板不平、煤层硬度大等开采条件影响，单产低、日常投入大、成本高、设备搬家和维修费用高，最终被淘汰（郭永长，2008）。

3. 晋城凤凰山煤矿引进和使用刨煤机的情况

凤凰山煤矿可采煤层共有三层，属低瓦斯矿井，煤质较硬，普氏系数f为2～3，矿井可采煤层主要是薄煤层（牛海明，2006）。凤凰山煤矿于 2003 年从德国DBT 公司引进了 1 台 GH9-38Ve/5.7 型刨煤机，其参数如表 9-3 所示。

表 9-3　凤凰山煤矿引进的刨煤机参数

型号	装机功率/kW	生产能力/(t/h)	刨头高度/mm	刨头速度/(m/s)
GH9-38Ve/5.7	2×200/400	676	880～1645	0.72/1.44

德国 DBT 公司生产的全自动化刨煤机系统自 2003 年 12 月在 92304 工作面投产后，在短短 3 个月时间内创出日产 8750t 的好成绩，之后又创出日产 11650t、月产15.1 万吨的纪录（牛海明，2006）。92304 工作面长 214m，走向长 738m，煤层厚度为 0.7～1.7m，平均厚度为 1.49m，工作面采高为 1.3～1.65m，机头、机尾与工作面有 0.6～1m 的落差。整个工作面煤层比较稳定，结构简单，煤层倾角为 2°～9°，平均为 6°，煤层普氏系数f为 3（边强，2006）。

9.1.2　国产刨煤机的应用

目前，国产大功率刨煤机主要有三一重装国际控股有限公司和中煤张家口煤矿机械有限责任公司生产的 BH38/2×400 型刨煤机。下面分别介绍这两家公司刨煤机的使用情况。

1. 三一重装国际控股有限公司

三一重装国际控股有限公司（简称三一重装）研制的 BH38/2×400 型刨煤机是国内首套全自动化刨煤机成套设备，于 2010 年 11 月～2011 年 3 月在晓明煤矿$N_2$419 工作面进行工业性试验，标志着国产全自动化刨煤机组成套设备开始在煤矿展开实际应用（黄东风等，2012）。刨煤机主要参数如表 9-4 所示。

表 9-4　三一重装生产的刨煤机主要参数

型号	刨头驱动功率/kW	生产能力/(t/h)	适应煤层厚度/mm	刨头速度/(m/s)
BH38/2×400	2×400（变频电动机）	1000	800～2000	0～3（可调）

工作面内煤层整体呈单斜构造，煤层厚度由北向南逐渐变薄，工作面内煤层平均厚度为 1.40m，地质构造简单，煤层赋存较稳定，煤层普氏系数 f<3，节理层理发育，局部夹矸，矸石普氏系数 f<4（黄东风等，2012）。

根据井下实际情况，通过调整刨煤机的不同参数，达到刨削深度和刨头速度的最佳匹配，工作面于 2010 年 11 月 5 日正式开采出煤，截止到 2011 年 3 月 5 日，累计推进 390m，生产原煤 14.3 万吨，实际生产天数为 68 天，平均日产量为 2100t，最高日推进 8.6m，最高日产量为 3163.5t（黄东风等，2012）。

国产全自动化刨煤机与引进的 DBT 全自动化刨煤机相比，在某些配置和技术的应用方面有所优势。例如，采用控制器局域网络（controller area network，CAN）总线通信，传输距离远，稳定性、可靠性高；采用变频电机，速度可以根据现场工况条件在规定范围内设定，实现真正意义上的“软启动”，无断链事故；但在设备整体的稳定性、可靠性方面存在差距（黄东风等，2012）。

2. 中煤张家口煤矿机械有限责任公司

为了解决我国薄煤层开采过程中工作环境恶劣、安全性差、劳动强度大、回采效率低、经济效益差、机械化开采难度大等共性问题，中煤张家口煤矿机械有限责任公司（简称中煤）自主研发了国内首套薄煤层全自动化刨煤机工作面成套设备。2012 年，该成套设备在陕西省南梁煤矿进行了井下工业性试验，中煤生产的刨煤机主要参数如表 9-5 所示。

表 9-5　中煤生产的刨煤机主要参数

型号	刨头驱动功率/kW	生产能力/(t/h)	适应煤层厚度/mm	刨头速度/(m/s)
BH38/2×400	2×400	800	1000～1700	0～3.3（变频调速）

南梁煤矿位于陕北侏罗纪煤田神府地方开采区中部。煤层平均厚度为 1.40m，倾角为 1°～3°，煤层普氏系数 f<3，黏度大，煤层顶板为细粒长石砂岩和粉砂岩，厚度为 12.70m，底板为泥岩，厚度为 1.35m，工作面涌水量较小，瓦斯含量低，底板底鼓现象严重（张建军等，2014）。

刨煤机工作面成套设备井下工业性试验主要经历了成套设备井下安装与调试、成套设备联合运转、成套设备分项实验及刨煤机工作面工业性生产四个阶段，完成了近 20 项的实验研究工作（张建军等，2014）。该成套设备突破了强韧性极难刨煤层的开采技术和开采工艺瓶颈，取得了最大小时产量 380t、最大班产量 900t 的成绩，实现了成套设备的自动化运行，达到了预期的研发目标和设计要求，为后续刨煤机的改进与提高积累了丰富的经验（张建军等，2014）。特别是在设计、制造和工作面管理等方面缺少经验的条件下，中煤研究人员针对南梁煤矿的复杂地质条件，通过实验研究，在刨煤机工作面管理、设备使用与维护、设备改进与提高、恶劣条件下工作面处理办法与工作面设备推进方式等方面积累了大量经验（张建军等，2014）。

9.2　刨煤机使用中存在的问题

铁法煤业集团引进的四套刨煤机应用效果较好，成功实现了薄煤层安全、高效开采。山西省晋城市凤凰山煤矿、大同煤矿集团有限责任公司在晋华宫煤矿等投入的刨煤机设备，取得了一定的效果，但总体应用不是很成功，有些矿区已放弃使用。总结各煤矿引进刨煤机和国产刨煤机的使用情况，可以得到刨煤机应用中存在的主要问题。

1. 煤层地质条件对刨煤机生产的影响

例如，大同市晋华宫煤矿煤层硬度大，普氏系数一般为 3～4，顶板坚硬，是典型的“两硬”煤层，而且受到冲刷、断层、煤层局部变薄区、顶底板不平等开采条件的影响。

凤凰山煤矿 92304 工作面第 1 阶段不能正常生产，这种状况与工作面经常出现小断层、煤层挤压带有一定关系，而且存在底板软的情况。

在晓明煤矿回采过程中，工作面存在小断层，同时工作面个别地段伪顶较厚且随采随冒，工作面顶板难以控制，使刨煤机无法正常生产，易损件损坏较多。由于工作面大部分底板较软、矸多，生产过程中基本上不能实现自动拉架。

南梁煤矿的煤层韧性大，属于极难刨煤层，此外还存在底板软、顶板破碎、淋水多等恶劣地质条件。

从上面这些分析可以得出，煤层地质条件对刨煤机的使用影响很大。铁法煤业集团应用刨煤机较好，地质条件有利也是一个重要的原因。

2. 设备设计制造问题

总结引进的刨煤机和国产刨煤机在生产中出现的问题，主要有断刨链、接链环破坏、刨刀磨损丢失消耗大，以及一些零部件的损坏等，例如，晓明煤矿工作面生产期间，刨煤机滑靴损坏事故频繁，并因此造成刨链接链环断链事故及牵引组件损坏，重新改造后，未再出现问题。另外，刨煤机过载保护、喷雾和冷却系统、运行轨道设计尺寸等也存在问题。

3. 配套设备运行的影响

与刨煤机配套的其他设备如输送机等也会影响刨煤机生产，主要问题有以下两个方面。

一方面是配套工作面输送机问题。例如，凤凰山煤矿 92304 工作面有输送机的上窜下滑的问题。晓明煤矿生产过程中也由于工作面输送机的上窜下滑问题影响了正常生产。在大同晋华宫煤矿，由于坚硬煤层刨削阻力大，输送机在刨煤过程中出现上下窜动的现象，从而造成头尾维护困难，影响到正常的生产组织。

另一方面是配套工作面输送机、转载机、破碎机、巷道胶带机的运输能力与刨煤机生产能力匹配的问题。例如，胶带机运输能力不足，在工作面地质条件好、设备无事故的情况下，制约了刨煤机生产能力的发挥，特别是破碎机憋堵、胶带机经常性超负荷运转的问题。

4. 设备使用管理的因素

设备使用管理也是影响刨煤机生产的重要因素。铁法能源有限责任公司积累了较为成熟的刨煤机引进、使用和管理经验，培养了一支刨煤机技术过硬、经验丰富的员工队伍，提高了员工作业环境安全度，保证了煤炭产量。在引进和使用过程中，结合实际情况，大胆创新、定期查找和总结设备存在的缺陷和不足，研讨解决方案，先后对刨煤机刨头运行轨道系统和刨煤机自动化系统进行升级改造。

5. 刨煤工艺方法的影响

合理选择刨煤工艺可以使刨煤机有效运行。例如，为了减少端头刨煤时间，开采小青煤矿时不采用双切进刀，而是通过调整参数采用增加两头刨削深度的“Z”字形刨煤方式（赵士华和孙军，2003）。另外，还有工作面两巷、支护问题的影响。

6. 刨煤机运行参数的设定和调整

刨削深度、刨头速度等是刨煤机运行的主要参数，这些参数的设定和调整至关重要。例如，凤凰山煤矿、小青煤矿根据工作面等情况，调整合适的刨削深度。刨煤机的刨削深度、刨头速度还可以影响刨煤机生产能力，这些参数设定不合理时会导致零部件的破坏，如刨链断裂、刨刀损坏，以及破碎机前堆煤严重等现象。

7. 大多数煤矿企业对薄煤层开采的积极性不高

8. 投入产出比大

尤其是引进的刨煤机，引进成本高，并且刨刀、刨链等配件消耗大，投入产出比大。

通过以上分析可以看到，铁法煤业集团引进的四套刨煤机，应用的煤层条件较好，同时针对设备和生产中遇到的问题，敢于创新探索，对设备进行升级，并且培养了一支强大的管理队伍。而在大同、晋城等地引进的刨煤机，由于煤层地质条件和管理等因素，没有使刨煤机的优势显现出来。对国产刨煤机进行的工业性试验，也是由于煤层地质条件、零部件可靠性、管理等因素，没能使其得到充分的发挥利用。

9.3　刨煤机的应用前景及发展对策

9.3.1　刨煤机在我国的应用前景

我国薄煤层资源丰富，分布面广，而且煤质较好。据统计，全国薄煤层的储量占全部可采储量的 20%，在近 80 个矿区中的 400 多个矿井中就有 750 多层为薄煤层。其中，厚度在 0.8～1.3m 的共占 86.02%，厚度小于 0.8m 的占 13.98%，且 0.8～1.3m 的缓倾斜煤层占 73.4%，开采条件相对较好。一些地区的薄煤层储量所占比例很大，贵州省占 37%，山东省占 52%，四川省占 60%。尽管有较好的储存条件，但由于受“劳动强度大、机械化程度低、安全系数低、工作效率低”的“一大三低”影响，每年从薄煤层中采出的煤量仅占全国总储量的 10.4%，而且还有继续下降的趋势。产量与储量的比例严重失调，造成国家资源浪费、矿井服务年限缩短。

薄煤层资源是非常宝贵的不可再生能源，发展薄煤层安全高效开采技术，是提高煤炭资源回收率、实现可持续发展的重要途径。为合理开发和保护煤炭资源，提高煤炭资源回采率，2012 年 12 月，国家发展和改革委员会发布了《生产煤矿回采率管理暂行规定》，并于 2013 年 1 月 9 日起施行。该规定要求，煤矿企业应当根据地质条件和煤层赋存状况，选择合理的采煤方法，不得吃肥丢瘦、浪费煤炭资源。矿井开采煤层群时，应当按照由上而下的顺序进行开采，不得弃采薄煤层。井工煤矿煤层厚度小于等于 1.3m 的采区回采率必须大于等于 85%，露天煤矿煤层厚度小于等于 1.3m 的采区回采率必须大于等于 70%。

因此，薄煤层开采机械化、自动化，实现安全、高产、高效是必然趋势，也是目标。目前，煤炭行业面临新的调整，但在未来的几十年里，煤炭仍将是我国的主要能源，因此煤炭产业的升级必将到来。国家发展和改革委员会、国家能源局联合发布的《能源技术革命创新行动计划（2016—2030 年）》中提出，到 2030 年，实现智能化开采，重点煤矿区基本实现工作面无人化、顺槽集中控制，全国煤矿采煤机械化程度达到 95%以上，掘进机械化程度达到 80%以上。煤炭开采要求实现高产高效、智能开采。因此，新形势下采煤机械的发展趋势，必定是向高端综采设备自动化、智能化、低能耗方向发展。对于采煤机械，总的发展趋势是相同的，刨煤机也不例外。然而，刨煤机也有其特殊性，刨煤机的适用煤层厚度目前能达到 2m 左右，并且刨煤机功率在逐渐加大，因此刨煤机不仅可以应用于薄煤层，还可以应用于中厚煤层，其应用空间在不断拓宽。刨煤机的优势也是毋庸置疑的，主要有：结构简单可靠，成本低；刨落的煤块度大，采煤工作面粉尘浓度低；刨削深度较小，瓦斯涌出量均匀，更适用于瓦斯含量高的煤层；能充分利用顶板对煤壁的压张效应，单位能耗低；刨煤机体积小、通风阻力小，便于瓦斯管理和降低粉尘；自动化程度高，能实现工作面无人作业，安全性高；刨煤机采用定高开采、浅截深多循环的落煤方式，易于维护顶板；刨头体积小，对小地质构造适应能力强；与普通综采设备相比，刨煤机过煤空间大；工作面运行轨道可随煤层变化进行推进，适应性强。刨煤机的这些优点使其得到了较好发展，并能够应用在薄煤层甚至中厚煤层。

从前述总结分析2000年以来我国引进刨煤机和国产刨煤机的主要应用情况来看，各煤矿为应用刨煤机提供了宝贵丰富的生产、使用和管理经验，并为设计和制造刨煤机提出了宝贵的建议。作为薄煤层和中厚煤层开采的有力设备，刨煤机的应用和发展问题摆在了我们面前，主要有如下几个方面。

1. 复杂的煤层条件和水文地质条件

我国的煤矿矿区地域分布广泛，薄煤层的赋存条件相对复杂，赋存形式千差万别，煤层夹矸较多，煤层倾角较大，顶板破碎、底板松软等条件都是影响和制约刨煤机工作面全自动化的重要因素。

矿井水文地质条件对刨煤机的应用也有一定的影响，如顶板淋水，不利于对刨煤机各种精密设备的维护和管理；如底板有水，容易造成底板松软，自动拉架困难，无法实现整套设备的全自动化功能。

刨煤机对煤层地质条件的适应性有一定局限，也进一步影响了刨煤机的使用发展。对煤层性质的测定以及根据不同的煤层条件制定适合的刨煤机成套设备方案，都是发挥刨煤机作用的前提。

2. 设备设计制造的关键技术问题

设备设计制造的关键技术问题有：①刨煤机结构设计整体方案制定问题；②刨煤机主要零部件的可靠性问题，如刨刀和刨链的损坏失效；③自动控制系统等关键技术的突破问题，如刨头位置监测和刨削深度控制等；④刨煤机成套设备智能化问题；⑤刨煤机配套设备，如液压支架、输送机、转载机和破碎机等的有效运行问题。

3. 智能开采下的刨煤机设备实时管理

为了实现智能开采，刨煤机设备的数据管理和共享问题非常严峻。在刨煤机设计、制造和使用运行过程中，设计单位、生产厂家和煤矿企业等产生的数据量非常大，数据信息的处理需满足数据的使用和实时管理。尤其在设备使用过程中，应及时发现问题、解决问题，并做好数据管理和共享。

9.3.2　刨煤机产品系统模型及发展对策

为了能够全面分析刨煤机在设计、制造和使用等过程中涉及的各方面问题，这里综合前述刨煤机面临的问题及刨煤机产品研发的整个过程，提出一个刨煤机产品系统模型，为刨煤机产品全生命周期涉及的问题提供清晰的分析思路，为刨煤机发展提供系统模型的理论基础。

产品的全生命周期可以分为产品研究、产品规划、产品设计、产品试制、产品制造、产品销售、产品使用及产品报废和回收等阶段（宁汝新和赵汝嘉，2005）。在产品全生命周期的条件下，建立的刨煤机产品系统模型如图 9-1 所示。

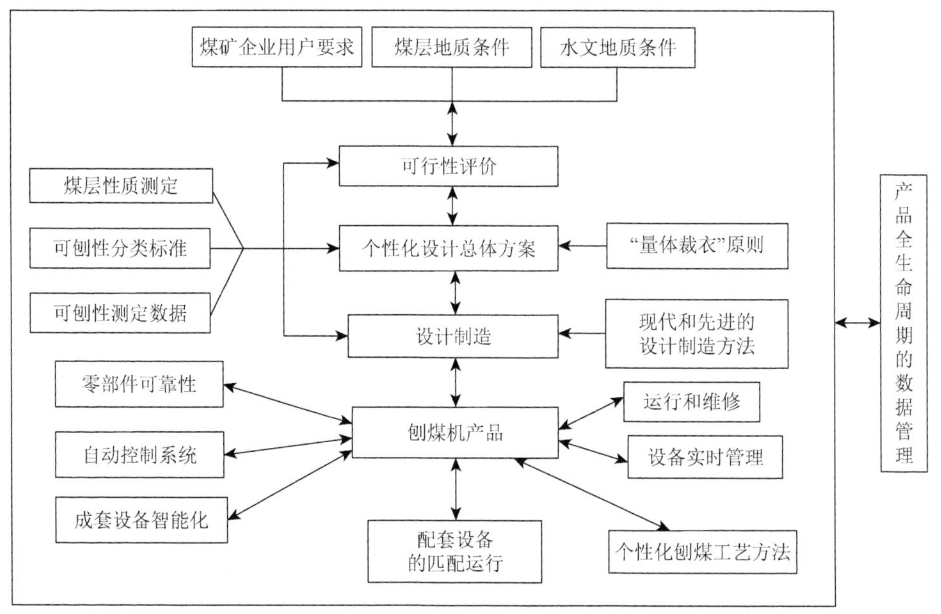

图 9-1　刨煤机产品系统模型

在刨煤机产品系统模型中，各部分之间相互传递信息数据、协调工作，为刨煤机产品最终的设计改进和应用反馈提供畅通有效的渠道。模型中，可刨性测定数据、个性化设计总体方案、零部件可靠性、自动控制系统、成套设备智能化和产品全生命周期的数据管理是非常重要的环节，也是我国刨煤机产品的薄弱环节。

针对刨煤机发展面临的问题及产品系统模型中的薄弱环节，下面从四个方面探讨我国刨煤机发展的对策。

1. 加强基础理论研究

我国还需加强刨煤机研发应用的基础理论研究，包括煤层可刨性测定方法、煤层可刨性分类标准、可刨性测定装置、刨煤机结构分析及力学性能、零部件可靠性等理论研究。

2. 个性化刨煤机的研发生产

在充分开展煤层地质条件调查研究的前提下，针对不同的地质状况和可刨性测定数据及用户需求，基于互联网，实现数据采集分析，设计个性化的刨煤机，做到“量体裁衣”，并针对煤层地质条件和设备情况，探索不同的刨煤机开采工艺，开发适合复杂地质条件的刨煤机，包括配套设备的研制。

3. 加强刨煤机成套设备智能化研究

智能化是未来采煤机械的发展方向，刨煤机成套设备的智能化是实现智能开采的前提。刨煤机成套设备智能化的关键在于自动控制系统的研究，如刨头位置监测、刨削深度控制等。因此，实现控制系统国产化、工作面全自动化，以及进一步实现智能化，才能真正实现智能开采。

4. 产品全生命周期的数据管理与共享

刨煤机设计、制造和使用过程产生的大量数据，以及配套设备如液压支架、输送机、装载机、破碎机运行的数据，需要实现有效的管理和共享。同时，应加强使用管理人员的培训，总结经验，形成经验数据。这些数据的管理与共享是实现煤炭智能开采必不可少的条件。

为推动刨煤机的进一步发展，广大生产企业、煤业公司及科研技术工作者需要共同努力，加强研究，总结经验，大胆创新，这将为煤炭行业的机械化、智能化和实现安全高效生产做出新的贡献。

参 考 文 献

保晋 E З, 也拉麦德 B З, 顿 B B, 1992. 采煤机破煤理论. 王庆康, 门迎春, 译. 北京: 煤炭工业出版社.

边强, 2006. 刨煤机在凤凰山矿 92304 工作面应用分析. 煤矿开采, 11(6): 45-46.

别隆 A И, 卡赞斯基 A C, 列依包夫 B M, 等, 1965. 煤炭切削原理. 王兴祚, 译. 北京: 中国工业出版社.

陈传尧, 2002. 疲劳与断裂. 武汉: 华中科技大学出版社.

陈引亮, 2000. 中国刨煤机采煤技术. 北京: 煤炭工业出版社.

陈予恕, 2002. 非线性振动. 北京: 高等教育出版社.

郭永长, 2008. "两硬"条件下薄煤层机械化开采实践与发展方向. 科技情报开发与经济, 18(36): 166-167.

郭永利, 2006. 刨煤机在薄煤层开采中的技术实践. 山西煤炭管理干部学院学报(2): 80-81.

洪晓华, 2005. 矿井运输提升. 徐州: 中国矿业大学出版社.

黄东风, 郝胜礼, 姜海雨, 2012. 国产全自动化刨煤机在晓明矿的成功应用. 中国标准导报(8): 33-35.

吉迪宾斯基 A, 1989. 矿井地质技术与采掘工程. 刘天泉, 张金婷, 于振海, 译. 北京: 煤炭科学研究总院北京开采研究所.

康晓敏, 2009. 刨煤机动力学分析及对刨链可靠性影响的研究. 阜新: 辽宁工程技术大学.

康晓敏, 李贵轩, 2009. 单自由度刨煤机动力学模型的建立与仿真研究. 振动与冲击, 28(2): 191-195.

康晓敏, 李贵轩, 2010a. 多自由度刨煤机动力学模型的建立与仿真. 振动与冲击, 29(7): 139-144.

康晓敏, 李贵轩, 2010b. 随机动载荷作用下刨煤机刨链疲劳寿命预测. 煤炭学报, 35(3): 503-508.

康晓敏, 李贵轩, 2012. 刨煤机刨头的稳定性分析. 中国机械工程, 23(22): 2739-2743.

康晓敏, 李贵轩, 郝志勇, 2004. 以极小化单位能耗为目标优化刨削深度. 煤矿机械(9): 42-43.

康晓敏, 李贵轩, 郝志勇, 2005. 以输送机装载断面积均匀化为目标优化刨削深度. 矿山机械(2): 14-16.

康晓敏, 王伟超, 魏晓华, 2016a. 高速刨煤法刨煤机工况参数的多目标优化. 世界科技研究与发展, 38(5): 1060-1066.

康晓敏, 郑连宏, 师建国, 等, 2016b. 刨煤机刨链预紧力的计算方法及其对刨煤机能耗的影响. 机械设计, 33(11): 53-59.

赖增春, 徐春超, 2007. 浅议刨煤机工作面开采实践. 企业标准化(8): 64-65.

李贵轩, 李晓豁, 1994. 采煤机械设计. 沈阳: 辽宁大学出版社.

李舜酩, 2006. 机械疲劳与可靠性设计. 北京: 科学出版社.

李增学, 2009. 煤地质学. 北京: 地质出版社.

刘惟信, 1996. 机械可靠性设计. 北京: 清华大学出版社.
刘延柱, 陈文良, 陈立群, 1998. 振动力学. 北京: 高等教育出版社.
卢国梁, 吴兴利, 2006. 大同“两硬”条件下刨煤机系统的应用实践. 煤矿机电(3): 63-64.
宁汝新, 赵汝嘉, 2005. CAD/CAM 技术. 2 版. 北京: 机械工业出版社.
牛东民, 1993. 刀具切削破煤机理研究. 煤炭学报, 18(5): 49-54.
牛海明, 2006. 全自动化刨煤机系统在凤凰山煤矿的应用. 煤矿机电(5): 59-62.
邵柏库, 2005. 应用刨煤机技术实现薄煤层的高产高效. 煤矿机电(1): 1-4,7.
索洛德 B И, 格托帕诺夫 B H, 拉切克 B M, 1989. 采矿机械与综合机组的设计计算. 殷永龄, 翟培祥, 译. 北京: 煤炭工业出版社.
王春华, 2004. 截齿截割作用下煤体变形破坏规律研究. 阜新: 辽宁工程技术大学.
王琦, 2002. 镐形齿截煤时煤的断裂模式的探讨. 阜新: 辽宁工程技术大学.
闻邦椿, 李以农, 韩清凯, 2001. 非线性振动理论中的解析方法及工程应用. 沈阳: 东北大学出版社.
徐小荷, 余静, 1984. 岩石破碎学. 北京: 煤岩工业出版社.
杨清成, 冯志伟, 2015. 1.0 米以下薄煤层全自动化刨煤机开采技术研究与实践. 科技创新与应用(21): 95-96.
姚宝恒, 2000. 镐形截齿破煤机理研究. 阜新: 辽宁工程技术大学.
张建军, 党亚歌, 袁智, 等, 2014. 国产全自动刨煤机工业性试验研究. 煤矿机械, 35(11): 67-69.
张荣立, 何国纬, 李铎, 2005. 采矿工程设计手册(上册). 北京: 煤炭工业出版社.
赵士华, 孙军, 2003. 全自动刨煤机工作面生产管理经验浅谈. 煤矿安全, 34(1): 24-26.
朱位秋, 1998. 随机振动. 北京: 科学出版社.
Bernhard S, 1972. Die Mechanik des Hobels, Teil III. Glückauf-Foreschungshefte, 33(4): 62-72.
Evans I, 1984. Basic mechanics of the point-attack pick. Colliery Guardian, 232(5): 189-192.
Paschedag U, 2011. Plow technology-history and today’s state-of-the-art. International Mining Forum, London.
Voß H-W, Bittner M, 2003. Stand der Gewinnungstechnik in Flözen geringer bis mittlerer Mächtigkeit in Deutschland. Glückauf, 139(6): 316-322.